ADVANCES IN
Applied Microbiology
*CUMULATIVE SUBJECT INDEX
VOLUMES 22–42*

ADVANCES IN

Applied Microbiology

Cumulative Subject Index
Volumes 22–42

Edited by

SAUL L. NEIDLEMAN
Oakland, California

ALLEN I. LASKIN
Somerset, New Jersey

VOLUME 46

Academic Press
San Diego London Boston
New York Sydney Tokyo Toronto

This book is printed on acid-free paper.

Copyright © 1997 by ACADEMIC PRESS

All Rights Reserved.
No part of this publication may be reproduced or transmitted in any form or by any means, electronic or mechanical, including photocopy, recording, or any information storage and retrieval system, without permission in writing from the Publisher.
The appearance of the code at the bottom of the first page of a chapter in this book indicates the Publisher's consent that copies of the chapter may be made for personal or internal use of specific clients. This consent is given on the condition, however, that the copier pay the stated per copy fee through the Copyright Clearance Center, Inc. (222 Rosewood Drive, Danvers, Massachusetts 01923), for copying beyond that permitted by Sections 107 or 108 of the U.S. Copyright Law. This consent does not extend to other kinds of copying, such as copying for general distribution, for advertising or promotional purposes, for creating new collective works, or for resale. Copy fees for pre-1997 chapters are as shown on the title pages. If no fee code appears on the title page, the copy fee is the same as for current chapters.
0065-2164/97 $25.00

Academic Press
a division of Harcourt Brace & Company
525 B Street, Suite 1900, San Diego, California 92101-4495, USA
http://www.apnet.com

Academic Press Limited
24-28 Oval Road, London NW1 7DX, UK
http://www.hbuk.co.uk/ap/

International Standard Book Number: 0-12-002646-5

PRINTED IN THE UNITED STATES OF AMERICA
97 98 99 00 01 02 MM 9 8 7 6 5 4 3 2 1

CONTENTS

Contents of Volumes 22–42 vii
Cumulative Subject Index 1
Contributor Index 173

CONTENTS OF VOLUMES 22–42

VOLUME 22

Transformations of Organic Compounds by Immobilized Microbial Cells 1
ICHIRO CHIBATA AND TETSUYA TOSA

Microbial Cleavage of Sterol Side Chains 29
CHRISTOPH K. A. MARTIN

Zearalenone and Some Derivatives: Production and Biological Activities 59
P. H. HIDY, R. S. BALDWIN, R. L. GREASHAM, C. L. KEITH, AND J. R. MCMULLEN

Mode of Action of Mycotoxins and Related Compounds 83
F. S. CHU

Some Aspects of the Microbial Production of Biotin 145
YOSHIKAZU IZUMI AND KOICHI OGATA

Polyether Antibiotics: Versatile Carboxylic Acid Ionophores Produced by Streptomyces 177
J. W. WESTLEY

The Microbiology of Aquatic Oil Spills 225
R. BARTHA AND R. M. ATLAS

Comparative Technical and Economic Aspects of Single-Cell Protein Processes 267
JOHN H. LITCHFIELD

VOLUME 23

Biology of *Bacillus popilliae* 1
LEE A. BULLA, JR., RALPH N. COSTILOW, AND EUGENE S. SHARPE

Production of Microbial Polysaccharides 19
M. E. SLODKI AND M. C. CADMUS

Effects of Cadmium on the Biota:
Influence of Environmental Factors 55
H. BABICH AND G. STOTZKY

Microbial Utilization of Straw (A Review) 119
YOUN W. HAN

The Slow-Growing Pigmented Water Bacteria:
Problems and Sources 155
LLOYD G. HERMAN

The Biodegradation of Polyethylene Glycols 173
DONALD P. COX

Introduction to Injury and Repair of Microbial Cells 195
F. F. BUSTA

Injury and Recovery of Yeasts and Mold 203
K. E. STEVENSON AND T. R. GRAUMLICH

Injury and Repair of Gram-Negative Bacteria,
with Special Consideration of the Involvement
of the Cytoplasmic Membrane 219
L. R. BEUCHAT

Heat Injury of Bacterial Spores 245
DANIEL M. ADAMS

The Involvement of Nucleic Acids in Bacterial Injury 263
M. D. Pierson, R. F. Gomez, and S. E. Martin

VOLUME 24

Preservation of Microorganisms 1
Robert J. Heckly

Streptococcus mutans Dextransucrase: A Review 55
Thomas J. Montville, Charles L. Cooney,
and Anthony J. Sinskey

Microbiology of Activated Sludge Bulking 85
Wesley O. Pipes

Mixed Cultures in Industrial Fermentation Processes 129
David E. F. Harrison

Utilization of Methanol by Yeasts 165
Yoshiki Tani, Nobuo Kato, and Hideaki Yamada

Recent Chemical Studies on Peptide Antibiotics 187
Jun'ichi Shoji

The CBS Fungus Collection 215
J. A. Von Arx and M. A. A. Schipper

Microbiology and Biochemistry of Oil-Palm Wine 237
Nduka Okafor

Bacterial α-Amylases 257
M. B. Ingle and R. J. Erickson

VOLUME 25

Introduction of Extracellular Enzymes:
From the Ribosome to the Market Place 1
Rudy J. Wodzinski

Applications of Microbial Enzymes in Food Systems
and in Biotechnology 7
MATTHEW J. TAYLOR AND TOM RICHARDSON

Molecular Biology of Extracellular Enzymes 37
ROBERT F. RAMALEY

Increasing Yields of Extracellular Enzymes 58
DOUGLAS E. EVELEIGH AND BLAND S. MONTENECOURT

Regulation of Chorismate-Derived Antibiotic Production 75
VEDPAL S. MALIK

Structure–Activity Relationships in Fusidic Acid-Type Antibiotics ... 95
W. VON DAEHNE, W. O. GODTFREDSEN, AND P. R. RASMUSSEN

Antibiotic Tolerance in Producer Organisms 147
LEO C. VINING

Microbial Models for Drug Metabolism 169
JOHN P. ROSAZZA AND ROBERT V. SMITH

Plant Cell Cultures, a Potential Source of Pharmaceuticals 209
W. G. W. KURZ AND F. CONSTABEL

Bacteriophages of the Genus *Clostridium* 241
SEIYA OGATA AND MOTOYOSHI HONGO

VOLUME 26

Microbial Oxidation of Gaseous Hydrocarbons 1
CHING-TSANG HOU

Ecology and Diversity of Methylotrophic Organisms 3
R. S. HANSON

Epoxidation and Ketone Formation by C_1-Utilizing Microbes 41
CHING-TSANG HOU, RAMESH N. PATEL, AND ALLEN I. LASKIN

Oxidation of Hydrocarbons by Methane Monooxygenases
from a Variety of Microbes 71
HOWARD DALTON

Propane Utilization by Microorganisms 89
JEROME J. PERRY

Production of Intracellular and Extracellular Protein
from *n*-Butane by *Pseudomonas butanovra* sp. nov. 117
JOJI TAKAHASHI

Effects of Microwave Irradiation on Microorganisms 129
JOHN R. CHIPLEY

Ethanol Production by Fermentation: An Alternative Liquid Fuel 148
N. KOSARIC, D. C. M. NG, I. RUSSELL, AND G. C. STEWART

Surface-Active Compounds from Microorganisms 229
D. G. COOPER AND J. E. ZAJIC

VOLUME 27

Recombinant DNA Technology 1
VEDPAL SINGH MALIK

Nisin 85
A. HURST

The Coumermycins: Developments in the Late 1970s 125
JOHN C. GODFREY

Instrumentation for Process Control in Cell Culture 137
ROBERT J. FLEISCHAKER, JAMES C. WEAVER,
AND ANTHONY J. SINSKEY

Rapid Counting Methods for Coliform Bacteria 169
A. M. CUNDELL

Training in Microbiology at Indiana University–Bloomington 185
L. S. McCLUNG

VOLUME 28

Immobilized Plant Cells 1
P. BRODELIUS AND K. MOSBACH

Genetics and Biochemistry of Secondary Metabolism 27
VEDPAL SINGH MALIK

Partition Affinity Ligand Assay (PALA): Applications
in the Analysis of Haptens, Macromolecules, and Cells 117
BO MATTIASSON, MATTS RAMSTORP, AND TORBJÖRN G. I. LING

Accumulation, Metabolism, and Effects
of Organophosphorus Insecticides on Microorganisms 149
RUP LAL

Solid Substrate Fermentations 201
K. E. AIDOO, R. HENDRY, AND B. J. B. WOOD

Microbiology and Biochemistry
of Miso (Soy Paste) Fermentation 239
SUMBO H. ABIOSE, M. C. ALLAN, AND B. J. B. WOOD

VOLUME 29

Stabilization of Enzymes against Thermal Inactivation 1
ALEXANDER M. KLIBANOV

Production of Flavor Compounds by Microorganisms 29
G. M. KEMPLER

New Perspectives on Aflatoxin Biosynthesis 53
J. W. Bennett and Siegfried B. Christensen

Biofilms and Microbial Fouling 93
W. G. Characklis and K. E. Cooksey

Microbial Inulinases: Fermentation Process, Properties,
and Applications 139
Erick J. Vandamme and Dirk G. Derycke

Enumeration of Indicator Bacteria Exposed to Chlorine 177
Gordon A. McFeters and Anne K. Camper

Toxicity of Nickel to Microbes: Environmental Aspects 195
H. Babich and G. Stotzky

VOLUME 30

Interactions of Bacteriophages with Lactic Streptococci 1
Todd R. Klaenhammer

Microbial Metabolism of Polycyclic Aromatic Hydrocarbons 31
Carl E. Cerniglia

Microbiology of Potable Water 73
Betty H. Olson and Laslo A. Nagy

Applied and Theoretical Aspects of Virus Adsorption
to Surfaces 133
Charles P. Gerba

Computer Applications in Applied Genetic Engineering 169
Joseph L. Modelevsky

Reduction of Fading of Fluorescent Reaction Product for
Microphotometric Quantitation 197
G. L. Picciolo and D. S. Kaplan

VOLUME 31

Genetics and Biochemistry of *Clostridium* Relevant to Development of Fermentation Processes 1

PALMER ROGERS

The Acetone Butanol Fermentation 61

B. MCNEIL AND B. KRISTIANSEN

Survival of, and Genetic Transfer by, Genetically Engineered Bacteria in Natural Environments 93

G. STOTZKY AND H. BABICH

Apparatus and Methodology for Microcarrier Cell Culture 139

S. REUVENY AND R. W. THOMA

Naturally Occurring Monobactams 181

WILLIAM L. PARKER, JOSEPH O'SULLIVAN, AND RICHARD B. SYKES

New Frontiers in Applied Sediment Microbiology 207

DOUGLAS GUNNISON

Ecology and Metabolism of *Thermothrix thiopara* 233

DANIEL K. BRANNAN AND DOUGLAS E. CALDWELL

Enzyme-Linked Immunoassays for the Detection of Microbial Antigens and Their Antibodies 271

JOHN E. HERRMANN

The Identification of Gram-Negative, Nonfermentative Bacteria from Water: Problems and Alternative Approaches to Identification 294

N. ROBERT WARD, ROY L. WOLFE, CAROL A. JUSTICE, AND BETTY H. OLSON

VOLUME 32

Microbial Corrosion of Metals 1

WARREN P. IVERSON

Economics of the Bioconversion of Biomass to Methane
and Other Vendable Products 37

RUDY J. WODZINSKI, ROBERT N. GENNARO,
AND MICHAEL H. SCHOLLA

The Microbial Production of 2,3-Butanediol 89

ROBERT J. MAGEE AND NAIM KOSARIC

Microbial Sucrose Phosphorylase: Fermentation
Process, Properties, and Biotechnical Applications 163

ERICK J. VANDAMME, JAN VAN LOO, LIEVE MACHTELINCKX,
AND ANDRE DE LAPORTE

Antitumor Anthracyclines Produced by *Streptomyces peucetius* 203

A. GREIN

VOLUME 33

The Cellulosome of *Clostridium thermocellum* 1

RAPHAEL LAMED AND EDWARD A. BAYER

Clonal Populations with Special Reference
to *Bacillus sphaericus* 47

SAMUEL SINGER

Molecular Mechanisms of Viral Inactivation
by Water Disinfectants 75

R. B. THERMAN AND C. P. GERBA

Microbial Ecology of the Terrestrial Subsurface 107

WILLIAM C. GHIORSE AND JOHN T. WILSON

Foam Control in Submerged Fermentation: State of the Art 173

N. P. GHILDYAL, B. K. LONSANE, AND N. G. KARANTH

Applications and Mode of Action of Formaldehyde
Condensate Biocides 223

H. W. ROSSMOORE AND M. SONDOSSI

Occurrence and Mechanisms of Microbial Oxidation of Manganese 279
KENNETH H. NEALSON, BRADLEY M. TEBO, AND REINHARDT A. ROSSON

Recovery of Bioproducts in China: A General Review 319
XIONG ZHENPING

VOLUME 34

What's in a Name?—Microbial Secondary Metabolism 1
J. W. BENNETT AND RONALD BENTLEY

Microbial Production of Gibberellins: State of the Art 29
P. K. R. KUMAR AND B. K. LONSANE

Microbial Dehydrogenations of Monosaccharides 141
MILOŠ KULHÁNEK

Antitumor and Antiviral Substances from Fungi 183
SHUNG-CHANG JONG AND RICHARD DONOVICK

Biotechnology—The Golden Age 263
V. S. MALIK

VOLUME 35

Production of Bacterial Thermostable α-Amylase by Solid-State Fermentation: A Potential Tool for Achieving Economy in Enzyme Production and Starch Hydrolysis 1
B. K. LONSANE AND M. V. RAMESH

Methods for Studying Bacterial Gene Transfer in Soil by Conjugation and Transduction 57
G. STOTZKY, MONICA A. DEVANAS, AND LAWRENCE R. ZEPH

Microbial Levan 171
YOUN W. HAN

Review and Evaluation of the Effects of Xenobiotic Chemicals on Microorganisms in Soil 197
R. J. HICKS, G. STOTZKY, AND P. VAN VORIS

Disclosure Requirements for Biological Materials in Patent Law 256
SHUNG-CHANG JONG AND JEANNETTE M. BIRMINGHAM

VOLUME 36

Microbial Transformations of Herbicides and Pesticides 1
DOUGLAS J. CORK AND JAMES P. KRUEGER

An Environmental Assessment of Biotechnological Processes 67
M. S. THAKUR, M. J. KENNEDY, AND N. G. KARANTH

Fate of Recombinant *Escherichia coli* K-12 Strains in the Environment 87
GREGG BOGOSIAN AND JAMES F. KANE

Microbial Cytochromes P-450 and Xenobiotic Metabolism 133
F. SIMA SARIASLANI

Foodborne Yeasts 179
T. DEÁK

High-Resolution Electrophoretic Purification and Structural Microanalysis of Peptides and Proteins 280
ERIK P. LILLEHOJ AND VEDPAL S. MALIK

VOLUME 37

Microbial Degradation of Nitroaromatic Compounds 1
FRANK K. HIGSON

An Evaluation of Bacterial Standards and Disinfection Practices Used for the Assessment and Treatment of Stormwater 21
MARIE L. O'SHEA AND RICHARD FIELD

Haloperoxidases: Their Properties and Their Use
in Organic Synthesis 41

M. C. R. Franssen and H. C. van der Plas

Medicinal Benefits of the Mushroom *Ganoderma* 101

S. C. Jong and J. M. Birmingham

Microbial Degradation of Biphenyl and Its Derivatives 135

Frank K. Higson

The Sensitivity of Biocatalysts to Hydrodynamic Shear Stress 165

Ales Prokop and Rakesh K. Bajpai

Bipotentialities of the Basidiomacromycetes 234

Somasundaram Rajarathnam, Mysore Nanjarajurs Shashirekha, and Zakia Bano

VOLUME 38

Selected Methods for the Detection and Assessment
of Ecological Effects Resulting from the Release of Genetically
Engineered Microorganisms to the Terrestrial Environment 1

G. Stotzky, M. W. Broder, J. D. Doyle, and R. A. Jones

Biochemical Engineering Aspects of Solid-State Fermentation 99

M. V. Ramana Murthy, N. G. Karanth,
and K. S. M. S. Raghava Rao

The New Antibody Technologies 149

Erik P. Lillehoj and Vedpal S. Malik

Anoxygenic Phototrophic Bacteria: Physiology and Advances in
Hydrogen Production Technology 211

K. Sasikala, Ch. V. Ramana, P. Raghuveer Rao,
and K. L. Kovacs

VOLUME 39

Asepsis in Bioreactors 1

M. C. Sharma and A. K. Gurtu

Lipids of *n*-Alkane-Utilizing Microorganisms and Their Application Potential 29

Samir S. Radwan and Naser A. Sorkhoh

Microbial Pentose Utilization 91

Prashant Mishra and Ajay Singh

Medicinal and Therapeutic Value of the Shiitake Mushroom 153

S. C. Jong and J. M. Birmingham

Yeast Lipid Biotechnology 185

Z. Jacob

Pectin, Pectinase, and Protopectinase: Production, Properties, and Applications 213

Takuo Sakai, Tatsuji Sakamoto, Johan Hallaert, and Erick J. Vandamme

Physiocochemical and Biological Treatments for Enzymatic/Microbial Conversion of Lignocellulosic Biomass 295

Purnendu Ghosh and Ajay Singh

VOLUME 40

Microbial Cellulases: Protein Architecture, Molecular Properties, and Biosynthesis 1

Ajay Singh and Kiyoshi Hayashi

Factors Inhibiting and Stimulating Bacterial Growth in Milk: An Historical Perspective 45

D. K. O'Toole

Challenges in Commercial Biotechnology. Part I. Product, Process, and Market Discovery 95
ALEŠ PROKOP

Challenges in Commercial Biotechnology. Part II. Product, Process, and Market Development 155
ALEŠ PROKOP

Effects of Genetically Engineered Microorganisms on Microbial Populations and Processes in Natural Habitats 237
JACK D. DOYLE, GUENTHER STOTZKY, GWENDOLYN MCCLUNG, AND CHARLES W. HENDRICKS

Detection, Isolation, and Stability of Megaplasmid-Encoded Chloroaromatic Herbicide-Degrading Genes within *Pseudomonas* Species 289
DOUGLAS J. CORK AND AMJAD KHALIL

VOLUME 41

Microbial Oxidation of Unsaturated Fatty Acids 1
CHING T. HOU

Improving Productivity of Heterologous Proteins in Recombinant *Saccharomyces cerevisiae* Fermentations 25
AMIT VASAVADA

Manipulations of Catabolic Genes for the Degradation and Detoxification of Xenobiotics 55
RUP LAL, SUKANYA LAL, P. S. DHANARAJ, AND D. M. SAXENA

Aqueous Two-Phase Extraction for Downstream Processing of Enzymes/Proteins 98
K. S. M. S. RAGHAVARAO, N. K. RASTOGI, M. K. GOWTHAMAN, AND N. G. KARANTH

Biotechnological Potentials of Anoxygenic Phototrophic Bacteria.
I. Production of Single Cell Protein, Vitamins, Ubiquinones,
Hormones, and Enzymes and Use in Waste Treatment............ 173

Ch. Sasikala and Ch. V. Ramana

Biotechnological Potentials of Anoxygenic Phototrophic Bacteria.
II. Biopolyesters, Biopesticide, Biofuel, and Biofertilizer............ 227

Ch. Sasikala and Ch. V. Ramana

VOLUME 42

The Insecticidal Proteins of *Bacillus thuringiensis*................... 1

P. Ananda Kumar, R. P. Sharma, and V. S. Malik

Microbiological Production of Lactic Acid 45

John H. Litchfield

Biodegradable Polyesters 97

Ch. Sasikala

The Utility of Strains of Morphological Group II *Bacillus*............ 219

Samuel Singer

Phytase 263

Rudy J. Wodzinski and A. H. J. Ullah

CUMULATIVE SUBJECT INDEX

Boldface numerals indicate volume number.

A

Aabomycin, possible tolerance to, **25**:152
Absidia
　glauca, PAH metabolism, **30**:36
　pseudocylindrospora, PAH metabolism, **30**:36
　ramosa, PAH metabolism, **30**:36
　spinosa, PAH metabolism, **30**:36
Acanthamoeba, in drinking water, **30**:107, 108
Acenaphthene, biodegradation in subsurface, **33**:148
Acer pseudoplatanus, hydrodynamic shear stress, **37**:212
Acetate
　anoxygenic phototrophic bacteria
　　carbon assimilation, **38**:264, 266
　　hydrogen production, **38**:224–227, 236, 269
　in 2,3-butanediol bacterial production
　　induction of enzymes, **32**:100
　　medium supplement effect, **32**:110, 115–116
　fermentations by clostridia, **31**:4, 6, 8, 9–15
　secondary metabolism, **34**:17
Acetate polymalonate, pathway for, **28**:60–63
Acetic acid
　acetone/butanol fermentation and, **31**:76–78
　bacteria, glycol metabolism by, **23**:188
　biotechnology and, **34**:268
　foodborne yeasts and, **36**:227, 249, 253
　monosaccharides and, **34**:10
　production
　　aeration effects, **39**:136
　　pentose
　　　concentration, **39**:136
　　　fermentation, **39**:99, 123–125
　protein analysis and, **36**:295
　toxicity, pentose fermentation and, **39**:138–139

Acetivibrio cellulolyticus, **33**:39
Acetoacyl-CoA reductase, **42**:140–142
Acetobacter, monosaccharides and, **34**:156, 171
Acetobacterium woodii, requirement for nickel, **32**:26
Acetobacter xylinum, monosaccharides and, **34**:150, 151
Acetoin reductase
　pH effect, **32**:102
　pyruvate conversion to 2,3-butanediol, **32**:99, 100
　pathways of, **32**:101–102
　stereospecificity, **32**:101
Acetolactate decarboxylase, pyruvate conversion to 2,3-butanediol, **32**:99, 100, 101
Acetolactate synthase
　induction by acetate, **32**:100
　in mixed acid-2,3-butanediol pathway, **32**:99
　pH optimum, **32**:100
Acetone
　anoxygenic phototrophic bacteria and, **38**:251
　–butanol fermentation
　　biochemistry of, **31**:81–84
　　continuous culture and, **31**:86–88
　　economics of
　　　product recovery, **31**:85–86
　　　raw materials, **31**:84–85
　　factors affecting fermentation process
　　　bacteriocin production and autolysis, **31**:79–80
　　　butanol toxicity, **31**:73–74
　　　butyric and acetic acids, **31**:76–78
　　　effect of repeated subculturing, **31**:80–81
　　　metals, **31**:78–79
　　　nitrogen, **31**:76
　　　oxygen, **31**:74–76
　　　sugar concentration, **31**:73
　　　temperature, **31**:79
　　　vitamin requirements, **31**:72

Acetone (*continued*)
  fermentation process
    growth rate in batch culture, 31:71–72
    inoculum preparation, 31:65
    production of solvents
      from molasses, 31:67–71
      from other raw materials, 31:71
      from starches, 31:65–67
    historical background, 31:62–63
    immobilized cells and, 31:88–89
    organisms used, 31:63–65
  production
    nutritional factors affecting, 39:133
    oxygenation affecting, 39:133–134
    pH effects, 39:132
    temperature effects, 39:132–133
  from xylose fermentation, 39:119–121
Acetovibrio cellulolyticus, cellulolytic enzyme source, 40:3, 5–6
Acetylcholine, antibody technologies and, 38:156
Acetyl coenzyme A
  gibberellins and, 34:52, 79, 81, 90
  secondary metabolism and, 34:6
Acetylene
  genetically engineered microorganisms and, 38:94
  xenobiotics and, 35:226, 240
Acetylene dibromide, biodegradation in subsurface, 33:144–145
N-Acetylglucosamine, solid-state fermentation and, 38:130
Achromobacter
  metabolism of PAH, 30:35
  in potable water, 30:91
  in water supply systems, 30:93
Achromobacter, biphenyl degradation, 37:138
Achromobacter xerosis, biphenyl degradation, 37:152
Acidification
  foodborne yeasts and, 36:223, 231–232
  and precipitation, 42:82
Acid phosphatases
  active site determinations, 42:284–285
  characterization, 42:279–281
  cloning, 42:288–291
  enzyme engineering studies, 42:285–288
  genetically engineered microorganisms and, 38:3, 94
  methods of study, 38:16, 36–38
  results, 38:69, 78
  immobilization studies, 42:291–292
  sequence studies, 42:281–284
Acid-preserved foods, foodborne yeasts and, 36:227–228
Acids, *see also specific acids*
  α–amylase production and enzyme characteristics, 35:14, 29, 30
  modes for economy, 35:3
  present status, 35:14, 29, 30
  foodborne yeasts and, 36:180, 185, 187–188, 190, 249
  hydrolysis of cellulosic wastes, 26:180–182
  levan and, 35:189
  protein analysis and, 36:297
Acinetobacter
  biphenyl degradation, 37:139, 141–143, 145, 150
  in drinking water, public health importance, 30:98–99
  glycol metabolism by, 23:189
  in water supply systems, 30:93, 96
Acinetobacter calcoaceticus
  herbicides and pesticides and, 36:16
  hydrocarbon degradation, 41:57
  microbial cytochromes P450 and, 36:148, 150–151
  in water supply systems, 30:93
Aclacinomycin, production by Streptomyces species, 32:208
Acquired immune deficiency syndrome
  antibody technologies and, 38:174–175
  associated virus, shiitake mushroom effects, 39:172
  biotechnology and, 34:290, 295
  substances from fungi and, 34:183, 202
Acremonium
  cytochrome P450 in, 25:178
  from drinking water, 30:102
Acridine orange, to elucidate mechanism of fading, 30:213
Acronycine, as drug metabolism model, 25:188
ACTH purification, 33:339

Actin
    hydrodynamic shear stress, **37**:169, 201, 206–208
    protein analysis and, **36**:308, 314
Actinomyces, microbial cytochromes P450 and, **36**:151–162
Actinomycetes
    delignification, **39**:321–322
    in drinking water, **30**:100
    importance of, **30**:101
    on drinking water distribution system wall/pipe surfaces, **30**:101
    effect of water treatment practices on, **30**:86
    foodborne yeasts and, **36**:233
    genetically engineered microorganisms and, **38**:56
    gibberellins and, **34**:49, 51
    glycolipid toxicity, **39**:79–80
    overt toxicity of nickel toward growth of, **29**:201–202
    produced glycolipids, **39**:74–75
    substances from fungi and, **34**:184, 202
    in water supply systems, **30**:93
    xenobiotics and, **35**:204, 228, 244
Actinomycins, tolerance to, in producer organisms, **25**:156–157
Actinophages, of *streptomyces*, as DNA host-vector systems, **27**:41–43
Actinorhodin, genetics of biosynthesis of, **28**:41–42
Activated sludge, **42**:164–165
    bulking problem, **24**:86–93
        operation, **24**:86
            process variables, **24**:87–89
            settling curve, **24**:89–90
            solids loss, **24**:91–93
        filamentous organisms, **24**:95–114
            actinomycetes, **24**:113
            bacteria, **24**:95–113
            blue-green algae, **24**:113–114
            fungi, **24**:114
        genetically engineered microorganism effects, **40**:248–249
        relationship to bulking floc form, **24**:93–94
    test, for polyethylene glycol degradation, **23**:178–184
Activators, of inulinase, **29**:166

Acute-phase transport protein-inducing factor, lentinan activity and, **39**:161
Acylglycerols
    from alkane-utilizing microorganisms, **39**:59–61
    yeast, **39**:60, 193
Adaptation
    foodborne yeasts and, **36**:181, 254
    herbicides and pesticides and, **36**:61
    rate, herbicides and pesticides and, **36**:15–17
Adenosine monophosphate, **33**:86
Adenovirus, **30**:159
    removal, during sludge treatment, **30**:157
Adherence-defective mutant
    characterization, **33**:32–33
    isolation, **33**:15, 17–19
    ultrastructure, **33**:33–37
Adhesion
    α–amylase production and, **35**:11
    bacterial gene transfer in soil and, **35**:74
Adjuvants, antibody technologies and, **38**:153–155, 182
Adonitol, monosaccharides and, **34**:162
ADP(adenosine 5'-diphosphate)
    anoxygenic phototrophic bacteria and, **38**:246
    monosaccharides and, **34**:149
(ADP-ribose) N-glycohydrolase, anoxygenic phototrophic bacteria and, **38**:245
ADP-ribosylation
    anoxygenic phototrophic bacteria and, **38**:245
    antibody technologies and, **38**:184
ADP-ribosyl-[dinitrogen reductase] hydrolase, anoxygenic phototrophic bacteria and, **38**:245
Adrenal ferredoxin, microbial cytochromes P450 and, **36**:148
Adrenocorticotropin purification, **33**:339
Adsorption
    bioproduct, **33**:331–333
    herbicides and pesticides and, **36**:12–15
    xenobiotics and, **35**:217, 221
Aedes aegypti, rearing, **42**:222
Aeration
    α–amylase production and, **35**:33, 34
    effects on

Aeration (*continued*)
  acetone and butanol production,
    39:133–134
  butanediol production, **39**:135
  2,3-butanediol production
    air volume/culture unit
      volume/minute, measurement,
      32:117–120
    dissolved oxygen tension,
      measurement, **32**:117–120
    glucose as substrate and,
      32:118–122
    maximum oxygen utilization rate,
      measurement, **32**:118
    rate of oxygen transfer to culture,
      measurement, **32**:117–118
    shake flask cultures, **32**:118
    xylose as substrate and, **32**:120–122
  ethanol production, **39**:129–131
  organic acid production, **39**:136
  gibberellins and
    economics, **34**:117
    submerged fermentation, **34**:62, 63,
      79, 88
  inulinase production and, **29**:151
  in production of lactic acid, **42**:63
  solid-state fermentation and,
    38:107–108, 111, 114
Aeromonas hydrophila
  2,3-butanediol generation, **32**:94
    stereoisomers of, **32**:93
  diol-hydrogen fermentation,
    32:102, 103
  in drinking water, public health
    importance, **30**:98–99
  glucose dissimilation, **32**:91, 104
  metabolism of PAH, **30**:35
  naphthalene metabolism, **30**:43–44
  in water supply systems, **30**:93, 96
Affinity chromatography
  antibody technologies and, **38**:160–161
  of bioproducts, **33**:343
  protein analysis and, **36**:316
  of trypsin, **33**:345
    inhibitor, **33**:344, 345
Affinity partitioning, biomolecules in
  aqueous two-phase extraction,
  41:148–151
Affinity purification, antibody
  technologies and, **38**:152, 192

Aflatoxin
  biological activity, **29**:55–57
  biosynthesis
    ^{13}C-NMR studies, **29**:64–75
    ^{14}C studies, **29**:61–64
    end of pathway, **29**:76
    inhibitors, **29**:76–78
    evolution of pathway, **29**:82–84
    history, **29**:53–55
    metabolism of, **29**:57–58
    NMR studies, **29**:65–66
    as polyketides, **29**:59–60
    relationship of pathway to primary
      metabolism, **29**:78–82
    as secondary metabolites, **29**:58–59
    substances from fungi and,
      34:211, 229
Agaricus
  applications of spent substrate,
    37:326–328
  biology, **37**:236, 238, 241–242
  growth substrate changes, **37**:291, 293,
    295, 300–302, 307, 310, 313, 315
  lignocellulosic substrates, **37**:258, 261
  lignocellulosic wastes, **37**:270–272, 274,
    280–281, 284, 287
  mycelium, **37**:331–332, 334
  values, **37**:246
Agar plates, for water bacteria cultivation,
  23:156–157
Agglutinin, in milk, **40**:53–56
Agitation
  gibberellins
    and economics, **34**:117
    and submerged fermentation, **34**:62,
      63, 79, 82
  in production of lactic acid, **42**:63
Agmenellum quadruplicatum
  naphthalene metabolism, **30**:45–46
  PAH metabolism, **30**:37, 38
Agricultural Research Service Culture
  Collection, patent law and, **35**:257,
  258, 271
Agriculture
  biofertilizer production, **41**:257,
    260–269
  biotechnological processes and, **36**:76,
    79–80
  microbial cytochromes P450 and,
    36:133

Agrobacterium, biotechnological
    processes and, **36:**71
Agrobacterium rhizogenes, hydrodynamic
    shear stress, **37:**215
Agrocybe
    growth substrate changes, **37:**290, 307
    mycelium, **37:**332
    values, **37:**245
Air
    -liquid interface, hydrodynamic shear
        stress, **37:**186, 190
    –liquid transfer, bioreactor
        contamination, **39:**6
    solid-state fermentation and,
        38:107–108, 110, 113–114
Air system, bioreactor, **39:**18–19
Ajmalicine, biosynthesis of, on
    immobilized plant cells, **28:**19, 20
Alamethicin
    activity of, **22:**183
    structure of, **22:**181
Alanine production by immobilized cells,
    22:4
Alborixin
    microbial source of, **22:**191
    structure of, **22:**185
Albumin, partition affinity ligand studies
    on, **28:**129
Alcaligenes
    biphenyl degradation, **37:**139–141, 147,
        150–151, 154
    glycol metabolism by, **23:**189
    herbicides and pesticides and, **36:**19,
        25, 39
    in potable water, **30:**91
    recombinant *E. coli* K-12 and, **36:**101
    in water supply systems, **30:**93, 96
Alcaligenes eutrophus
    copolyesters, **42:**139
    genetically engineered, in aquatic
        environments, **40:**247–248
    poly(β–hydroxybutyrate) in, **42:**118
Alcaligenes faecalis
    gums produced by strains of, **23:**29–32
    polysaccharide, from polyhydric
        alcohol substrate, **23:**46
Alcohol
    anoxygenic phototrophic bacteria and,
        38:221, 224, 227, 264–265
    beverages, foodborne yeasts and, **36:**179

    ecology, **36:**194, 196–205, 209–214
    identification, **36:**246, 256–257
    fatty, alkane-utilizing microorganisms,
        39:64–65
    fermentation, foodborne yeasts and,
        36:179–180
    ecology, **36:**189, 194
    specific habitats, **36:**213, 225–226
    foodborne yeasts and, **36:**179, 186, 210
    as fuel, **26:**151–152
    microbial cytochromes P450 and,
        36:138, 145, 150, 166–167
Aldehydes
    genetically engineered microorganisms
        and, **38:**9
    haloperoxidases, **37:**75
    monosaccharides and, **34:**145
Alditols, monosaccharides and, **34:**141
    applications, **34:**160–166
    fermentation, **34:**157
    mechanisms, **34:**144
    structure, **34:**150–153
Aldolase, *see* Fructose–biphosphate
    aldolase
Aldonate, monosaccharides and
    applications, **34:**169–174
    structure, **34:**153, 154
Aldonic acids, monosaccharides and,
    34:141
    applications, **34:**168, 172
    fermentation, **34:**156, 157
    mechanisms, **34:**146
    nature, **34:**149
    structure, **34:**152–155
Aldose reductase, yeast, **39:**104–105
Aldoses
    levan and, **35:**175
    monosaccharides and
        applications, **34:**167–169
        fermentation, **34:**156, 157
        structure, **34:**152, 153
Aleurone tissues, gibberellins and, **34:**39,
    40, 44
Alfalfa, composition, **23:**121
Algae
    anoxygenic phototrophic bacteria and,
        38:212, 259, 269, 278
    aphthalene metabolism, **30:**45–46
    biotechnology and, **34:**266, 267–285
    cadmium effects on, **23:**93–95

Algae (*continued*)
  corrosion-inducing species, **32:**10
  in drinking water, **30:**105–106
  importance, **30:**106–107
  on drinking water distribution system wall/pipe surfaces, **30:**106
  in drinking water treatment plants, **30:**87
  fatty acid composition, **39:**56
  gibberellins and, **34:**41, 42
  haloperoxidases, **37:**42, 90, 92
    reactions, **37:**59–60, 64–65, 72, 75, 79
    mechanisms of, **37:**82, 86
    sources, **37:**45, 52
  identification in biofilm on metals, **32:**14–15
  laminaribiose phosphorylase, **32:**165, 166
  nitroaromatic compounds, **37:**2
  overt toxicity of nickel toward growth of, **29:**208–209
  PAH metabolism, **30:**37, 40–41, 64
  patent law and, **35:**262, 266
  trehalose phosphorylase, **32:**165, 166
  xenobiotics and, **35:**245
    activity, **35:**203, 205
    assessment, **35:**234, 238
    effects, **35:**228, 234
Alginic acids, microbial production of, **23:**27–29
Alicyclic hydrocarbon, oxidation by bacterial extracts, **26:**77–78
Aliphatics, microbial cytochromes P450 and, **36:**158–159
Alkali, lignocellulose treatment with, **39:**306–309
Alkaline peroxide, lignocellulose treatment with, **39:**311–312
Alkaline phosphatase
  antibody technologies and, **38:**185, 189–191
  bacterial localization of, **25:**42–44
  genetically engineered microorganisms and, **38:**3, 94
  methods of study, **38:**16, 36–38
  results, **38:**69, 78
Alkaline phosphate purification, **33:**351, 353
Alkaline proteinase, cell separation, **33:**324

Alkaloids
  plant cell biosynthesis of, **25:**224–225
  plant cell transformation of, **25:**224
Alkane
  microbial cytochromes P450 and, **36:**138, 148, 150, 166, 168, 173
  oxidation, by bacterial extracts, **26:**74
    by P(40) fraction of *Methylosinus*, **26:**53
  oxidative attack, **26:**97–98
  as substrates, cell yield from, **26:**107
  utilization
    biomass correlation with, **39:**57
    induced cytological changes, **39:**33–35
  microbes associated with, **39:**31–35
  n-Alkane, polysaccharides produced from substrates of, **23:**44–45
Alkane monooxygenase system, yeast, **39:**48
Alkane oxidation
  mechanisms, **39:**43
  yeast site, **39:**47–48
Alkane-utilizing microorganisms
  acetate incorporation, **39:**39
  acylglycerols, **39:**59–61
  alkane oxidation mechanisms, **39:**43
  biolipid extract, **39:**76–78
  bioremediation using, **39:**78–79
  biotechnological considerations, **39:**41–42, 56–59
  dicarboxylic acid production, **39:**57–58
  environmental considerations, **39:**78–80
  epoxides, **39:**65–66
  fat sources, **39:**41–42
  fatty acid
    accumulation, **39:**55–56
    composition, **39:**47–53
  fatty alcohols, **39:**64–65
  genera containing, **39:**31–35
  glycolipids, **39:**73–75, 79–80
  hydrocarbons, **39:**66
  isolation, **26:**90–91
  ketones, **39:**64–65
  lipid
    characteristics, **39:**30
    classes, **39:**37–41
    content, **39:**35–37
  mycolic acids, **39:**79–80
  oil recovery enhancement using, **39:**79

peptidolipids, **39**:75–76
phospholipids
  composition, **39**:68–72
  environmental effects, **39**:72
  fatty acid composition, **39**:72–73
  photosynthetic microorganisms, **39**:56
  sterols, **39**:61–63
  waxes, **39**:66–67
Alkene
  gaseous, epoxidation of, **26**:41–42
  haloperoxidases, **37**:56–63
  oxidation by methane-grown bacteria, **26**:50
  methane monooxygenase, **26**:74–76
  P(40) fraction of *Methylosinus*, **26**:53
Alkylation, protein analysis and, **36**:303, 308
Alkylbenzenes, in contaminated aquifers, **33**:156–157
Allen plasmid isolation method, from *Pseudomonas*, **40**:307–308
Allergens, plant cell biosynthesis of, **25**:227–228
Alternaria
  from drinking water, **30**:102
  on pipe surfaces, **30**:103
Aluminum
  microbial corrosion
    Cladosporium and, **32**:24–25, 25
    Pseudomonas and, **32**:24–25
    SRB and, **32**:24
  viral inactivation mechanisms, **33**:92
  xenobiotics and, **35**:199, 200
Aluminum hydroxide, antibody technologies and, **38**:153–154
Aluminum oxide, viral inactivation mechanisms, **33**:91–92
Aluminum silicate, genetically engineered microorganisms and, **38**:51
Alzheimer's disease, *Ganoderma*, **37**:123
Amanita, biology, **37**:236
American Type Culture Collection, patent law and, **35**:257, 271, 286, 288, 289
  Budapest Treaty, **35**:271
  deposits, **35**:262–266
  legal decisions, **35**:280, 281
Amides
  microbial cytochromes P450 and, **36**:145
  protein analysis and

electroblotting, **36**:306, 308–309, 313–315
microsequence analysis, **36**:322–323
purification, **36**:316
quality control of recombinant proteins, **36**:325–326
structural analysis, **36**:290, 292, 296–299, 302
Amines
  aromatic, microbial cytochromes P450 and, **36**:158–159
  haloperoxidases, **37**:75–77
  microbial, as corrosive agents, **32**:19
  microbial cytochromes P450 and, **36**:150, 157–158
D-Amino acid oxidase, purification, **33**:351, 354
Amino acids
  anoxygenic phototrophic bacteria and, **38**:279
  classification, **38**:216, 219
  enzymes, **38**:243–255
  hydrogen production, **38**:221, 230
  antibody technologies and, **38**:151–152, 165, 177, 189
  enzyme immunoassay, **38**:189
  immunotoxins, **38**:184
  radiolabels, **38**:186
  recombinant antibodies, **38**:177
  recombinant DNA, **38**:192–194
  bacterial gene transfer in soil and, **35**:99, 105, 122
  basidiomacromycetes
    applications of spent substrate, **37**:318, 326
    growth substrate changes, **37**:291–292, 301, 307, 310
    lignocellulosic substrates, **37**:268
    values, **37**:242–244, 246–247
  biotechnology and
    crop improvement, **34**:286, 287, 289
    human protein, **34**:290
    industrial organism, **34**:266
    inherited diseases, **34**:297
    technology, **34**:271, 274
    vaccines, **34**:294
  biotransformation rate in aquifer, **33**:141
  foodborne yeasts and, **36**:187, 193, 235
  Ganoderma, **37**:102, 109–110, 114, 119
  gibberellins and, **34**:93, 114

Amino acids (continued)
  haloperoxidases, **37**:42, 45–46, 75–78
  medium, genetically engineered microorganisms and, **38**:29–30
  microbial cytochromes P450 and
    eucaryotes, **36**:163, 165, 167
    procaryotes, **36**:141, 145–146, 152, 154, 156
  protein analysis and, **36**:325, 328
    electroblotting, **36**:306–307
    microsequence analysis, **36**:318–321
    purification, **36**:315
    structural analysis, **36**:295–297, 300–301, 303
  recombinant *E. coli* K-12 and, **36**:89, 93, 98
  secondary metabolism and, **34**:17, 18, 22
  as secondary metabolite precursors, **28**:65–73
  substances from fungi and, **34**:235, 243
  in surfactants, **26**:239–342
  ultraviolet light and, **33**:93
  xenobiotics and, **35**:223, 232, 234, 244
Amino acid sequenators, automated, protein analysis and, **36**:297, 299–300
Amino acid sequences, protein analysis and, **36**:280–281, 327
  electroblotting, **36**:305, 307–309, 313–315
  microsequence analysis, **36**:318–319, 321–324
  PAGE, **36**:286, 289
  purification, **36**:315–316
  quality control of recombinant proteins, **36**:325–328
  structural analysis, **36**:291–292, 294, 296–297, 299–301
6-Aminocephalosporanic acid, biotechnology and, **34**:280
7-Aminocephalosporanic acid, biotechnology and, **34**:280
2-Amino-3-chloropyridine, haloperoxidases, **37**:71
5-Aminolevulinic acid
  biosynthesis, **41**:240–242
  mode of action, **41**:243–244
  regulation of production, **41**:242–243
Aminonitrotoluene, nitroaromatic compounds, **37**:3–4
6-Aminopenicillinic acid, production by immobilized cells, **22**:3, 15, 22
m-Aminophenol, biodegradation in subsurface, **33**:146
Aminopterin, antibody technologies and, **38**:161
1-Aminopyrene, microbial metabolism, **30**:62
2-Aminopyridine, *see* α-Aminopyridine
α-Aminopyridine, haloperoxidases, **37**:71
Amioca, solid-state fermentation and, **35**:5
Amipuromycin, tolerance to, in producer organisms, **25**:152
Ammonia
  anhydrous, lignocellulose treatment with, **39**:312
  anoxygenic phototrophic bacteria and, **38**:230, 241, 246, 249
  liquid, lignocellulose treatment with, **39**:308–309
  microbial, in copper and brass corrosion, **32**:19, 23
Ammonification, genetically engineered microorganisms and, **38**:79
Ammonium
  anoxygenic phototrophic bacteria and, **38**:223, 229, 242, 246–247, 253
  genetically engineered microorganisms and, **38**:62, 87
  nitroaromatic compounds, **37**:6–7
Ammonium chloride, anoxygenic phototrophic bacteria and, **38**:223, 229–230
Ammonium hydroxide, lignocellulose treatment with, **39**:307
Ammonium-oxidizer broth, genetically engineered microorganisms and, **38**:25
Amoebae, in drinking water, **30**:107, *See also* Entamoeba
Amoxicillin, biotechnology and, **34**:280
Amphora, PAH metabolism, **30**:37
Ampicillin
  bacterial gene transfer in soil and, **35**:76
  haloperoxidases, **37**:78
  recombinant *E. coli* K-12 and, **36**:98
  resistance
    biotechnological processes and, **36**:73
    recombinant *E. coli* K-12 and, **36**:105, 112

pBR322, **36:**89, 91, 97
  water, **36:**97, 102–103
Amylase
  from bacteria, **41:**203
  pectin extraction, **39:**233
  solid-state fermentation and, **38:**103
α–Amylase
  bacterial
    acidic, sources, **24:**260
    alkaline, sources, **24:**258–259
    biosynthetic aspects
      culture selection, **24:**273–275
      genetic aspects, **24:**271–273
      induction and catabolite repression, **24:**267–271
      relation to growth cycle, **24:**260–263
      relation to RNA metabolism, **24:**264–265
      uses, **24:**257
    thermophilic types, sources, **24:**258–259
  production by solid-state fermentation and, **35:**1–3, 46, 47
    advantages, **35:**8–13
    aeration, **35:**33, 34
    autoclaving, **35:**31
    bacterial cultures, **35:**19–21
    bacterial strains, **35:**7, 8
    clarification, **35:**39, 40
    culture vessels, **35:**30, 31
    economic considerations, **35:**42, 43
    enzyme
      characteristics, **35:**40–42
      recovery, **35:**36–39
      yields, **35:**35, 36
    growth, **35:**34, 35
    history, **35:**18, 19
    incubation, **35:**32, 33
    industrial production, **35:**13–18
    inoculum, **35:**31, 32
    modes for economy, **35:**3–7
    moisture, **35:**26–29
    pH, **35:**29, 30
    research needs, **35:**43–46
    solid substrates, **35:**23, 24
    supplementary nutrients, **35:**25, 26
β–Amylase, solid-state fermentation and, **35:**4
Amyloglucosidase, *see* Glucan 1,4-α-glucosidase

Amylopectin, *see* Amioca
AMY mutants, microbial cytochromes P450 and, **36:**155
Anabaena
  hydrogen production technology and, **38:**279
  PAH metabolism, **30:**37
Anabaena variabilis, hydrogen production technology and, **38:**248
Anabolic pathways, transfer by recombinant DNA technology, **27:**58–61
Anaerobic aromatic metabolism, herbicides and pesticides and, **36:**32–36
Anaerobic methane oxidation, in aquatic environments, **26:**12–18
Anaerobiosis
  anoxygenic phototrophic bacteria and
    carbon assimilation, **38:**259, 262–266
    classification, **38:**216
    enzymes, **38:**243, 255
    hydrogen metabolism, **38:**219–220
    hydrogen production, **38:**220, 225, 229, 268–269, 276
  solid-state fermentation and, **38:**103, 125
Anchorage-dependent cells, hydrodynamic shear stress, **37:**195–202, 218
Anchorage-independent cells, hydrodynamic shear stress, **37:**202–208
Ancillary proteins, microbial cytochromes P450 and, **36:**134–135
Androgens, plant cell transformation of, **25:**222
Anemia, from cadmium, **23:**69
Angiotensin-converting enzyme, *Ganoderma*, **37:**114, 122
Anguidine, substances from fungi and, **34:**229
Anhydrogalacturonic acid, determination methods, **39:**228–229
Anhydrotetracycline hydratase, properties of, **28:**34
Aniline, biodegradation in subsurface, **33:**151
Anilinothiazolinone, protein analysis and, **36:**297, 301

Animals
  biotechnological processes and, **36**:80–82
  cadmium effects on, **23**:67–78
  foodborne yeasts and, **36**:184, 195
  patent law and, **35**:284, 288–291
  vanishing, gene banks from, **27**:61
  waste, bioconversion to methane, **32**:48
    digestion profitability
      beef feedlot, **32**:57, 59–63
      dairy cattle, **32**:53–59
      poultry, **32**:64–66, 67
      swine, **32**:64
    input baseline variables, **32**:39–40
    process parameters, **32**:49, 50
Anions
  exchange capacity, xenobiotics and, **35**:201, 216, 217, 221
  exchange chromatography, antibody technologies and, **38**:159
  inorganic, nickel toxicity and, **29**:226–228
Anisomycin, tolerance to, in producer organisms, **25**:149–150
Ankistrodesmus, **30**:106
Anopheles albimanus, rearing, **42**:222
Anoxygenic phototrophic bacteria, **38**:211–213, 281
  biofuel production, **41**:245–260
  biopolyester production, **41**:227–239
  biotechnical potential, **41**:227–269
  carbon assimilation, **38**:259–267
  classification, **38**:213–217, 219
  degradation of aromatic compounds, **41**:211–212
  enzymes
    hydrogenase, **38**:249–259
    nitrogenase, **38**:240–249
  hydrogen metabolism, **38**:218–220
  hydrogen production, **38**:220–221
    electron donors, **38**:221–224
    immobilization technology, **38**:235–240
    optimization of process, **38**:229–235
    substrate conversion efficiency, **38**:224–229
  technology
    cocultures, **38**:268–269, 271
    photobioreactors, **38**:270–279
    wastewaters, **38**:267–268
  other uses, **41**:215–218
  pesticide production, **41**:234–238
  regulatory proteins in, **41**:69–70
  SCP production, **41**:180–190
  soil, **41**:263–267
  taxonomic groups, **41**:174–180
  use as biofertilizer, **41**:257, 260–269
    for leguminous crops, **41**:267
    in paddy soils, **41**:263–267
  uses, **38**:279–281
  for waste treatment, **41**:204–215
Anthocyanin, fruit juice clarification and, **39**:247
Anthracene, **41**:72–78
  bacterial oxidation, pathway, **30**:47
  biodegradation, in natural habitats, **30**:63
  fungal oxidation, pathway, **30**:48–49
  microbial metabolism, **30**:38, 46–51
  structure, **30**:32
Anthracyclines
  antibiotics, as drug metabolism models, **25**:190–192
  antitumor, production by Streptomyces species, **32**:208
  bioconversion by blocked S. peucetius mutants, **32**:209–210
  production by S. peucetius
    biosynthesis, **32**:204–205, 207, 209
    mutagen-induced mutants and, **32**:203–205
    scheme of, **32**:209
    strain heterogeneity and, **32**:202
    structure, **32**:206
Anthranilate, nitroaromatic compounds, **37**:9
Anthranilate synthetase, in chlora in phenicol production, **25**:87–88
Anthraquinones, plant cell biosynthesis of, **25**:227
Anthrobacter globiformis, carbon assimilation pathway, **26**:28
Antibiotic resistance, *see also specific antibiotic*
  biotechnological processes and, **36**:69, 73, 82
  foodborne yeasts and, **36**:231–232
  genetically engineered microorganisms and, **38**:36
  herbicides and pesticides and, **36**:36, 42

pBR322, **36**:92, 97, 99
phenotypes with, genetically engineered
  microorganisms and, **38**:32–35
recombinant *E. coli* K-12 and, **36**:105,
  109, 115, 116–117, 120, 121
selection, **36**:97–98
water, **36**:102–103
Antibiotics
33-25, **24**:201–202
AB-1, **24**:203
A-3302-B, **24**:212
α–amylase production and, **35**:10
anoxygenic phototrophic bacteria and,
  38:280
antibody technologies and, **38**:195
autotoxic, tolerance to, in producer
  organisms, **25**:152–162
bacterial gene transfer in soil and,
  35:62, 64
  conjugation, **35**:75, 77, 79, 80, 83
  study methods, **35**:122–125, 128
  environmental factors, **35**:67, 70
  recombinants, **35**:140–142
  transduction, **35**:102, 137, 138
biotechnology and, **34**:264, 280, 281
BU 1880, **24**:203
chorismate-derived production of,
  25:75–93
common subunits of, **27**:59
culture resistance to, **25**:76–81
development of, **33**:327
EM–49, **24**:199–202
enzyme inactivation of, **25**:78–80
extraction procedure, **33**:326–330
feedback control of, **25**:162–164
Ganoderma, **37**:102, 123
genetically engineered microorganisms
  and, **38**:69, 91
gibberellins and, **34**:88, 101
product development, **40**:166–169
secondary metabolism and, **34**:5, 7–9,
  12
similar subunit structures in, **28**:33
substances
  from bacteria, **41**:202–203
  from fungi and
    ascomycetes, **34**:242, 243
    basidiomycetes, **34**:238, 240, 241
    fungi imperfecti, **34**:230–232, 234,
      236

history, **34**:184
phycomycetes, **34**:244
production, **34**:186–206
screening, **34**:185
target-site modification by, **25**:152–157
TL-119, **24**:211–212
TM-743, **24**:203
tolerance to
  by excretion-exclusion, **25**:157–162
  in producer organisms, **25**:147–168
V-8495, **24**:203
xenobiotics and, **35**:217
xenotoxic, **25**:149–152
Antibodies
anoxygenic phototrophic bacteria and,
  38:251
biotechnology and, **34**:290, 292, 294
cellular cytotoxicity dependence on,
  antibody technologies and, **38**:171,
  175, 181
Ganoderma, **37**:118–119
hydrodynamic shear stress, **37**:201
labeling, hydrodynamic shear stress,
  37:189
levan and, **35**:180, 190
microbial cytochromes P450 and,
  36:146, 151, 163
protein analysis and, **36**:291, 294, 316,
  318, 323
Antibody technologies
affinity chromatography, **38**:160–161
enzyme immunoassay, **38**:187–191
future, **38**:194–195
high-performance liquid
  chromatography, **38**:158–159
history, **38**:150–151
immunofluorescence, **38**:186–187
immunoglobulin-binding proteins,
  38:157–158
immunotherapy, **38**:180
  cancer, **38**:181–182
  immunoglobulin fragments,
    38:180–181
immunotoxins, **38**:182–183, 185
  Pseudomonas exotoxin, **38**:184–185
  ricin, **38**:183–184
monoclonal antibodies, **38**:161–162
  bispecificity, **38**:166–167
  catalytic antibodies, **38**:167–170
  fusion, **38**:162

Antibody technologies (*continued*)
    hybridomas, **38**:163–164
    nonmurine, **38**:164–165
    specificity, **38**:165–166
    polyclonal antibodies
        adjuvants, **38**:153–155
        delivery, **38**:155
        idiotypes, **38**:155–157
        lipid-derivatized antibodies, **38**:155
        synthetic peptides, **38**:151–153
    precipitation, **38**:158
    radiolabels, **38**:186
    recombinant antibodies
        eukaryotes, **38**:171–172
        heterochimeras, **38**:174–175
        homochimeras, **38**:175–177
        libraries, **38**:172–174
        mutagenesis, **38**:174
        prokaryotes, **38**:170–171
        single chain, **38**:177–179
        size, **38**:179–180
    recombinant DNA
        affinity purification, **38**:192
        epitope mapping, **38**:192–194
        immunoscreening, **38**:191–192
    transplantation, **38**:181
Antiflammatory activity, *Ganoderma*, **37**:119–120
Antifoams
    adverse effects of, **33**:189–191
    carriers, **33**:185, 189
    characteristics, desired, **33**:187–188
    chemical, for fermentations, **33**:181–184
    combined with other defoaming methods, **33**:211–213
    definition of, **33**:180
    foam breakage mechanisms of, **33**:185–186
    oxygen transfer rate and, **33**:191–192
    selection criteria, **33**:186–189
    type and nature of, **33**:180–185
Antifungal agents, from streptomycetes, tolerance to, in producer organisms, **25**:152
Antigens
    antibody technologies and, **38**:150, 187, 192, 194
        enzyme immunoassay, **38**:187–189, 191
        immunotherapy, **38**:180–182
        monoclonal antibodies, **38**:162, 164–167, 169–170
        polyclonal antibodies, **38**:151–156
        recent developments, **38**:160
        recombinant antibodies, **38**:174–177, 179–180
    bacterial gene transfer in soil and, **35**:151
    biotechnological processes and, **36**:77
    biotechnology and, **34**:290, 292, 294, 295
    foodborne yeasts and, **36**:180
    Ganoderma, **37**:118
    levan and, **35**:180, 190
    microbial cytochromes P450 and, **36**:163
    protein analysis and, **36**:291, 316, 323
    recombinant *E. coli* K-12 and, **36**:88, 113–114
Anti-idiotypes, antibody technologies, **38**:155–157, 182
Antimicrobials
    bioreactor asepsis, **39**:22
    genetically engineered microorganisms and, **38**:4, 92
Antimutagen, *Ganoderma*, **37**:124
Antimycins, tolerance to, in producer organisms, **25**:149
Antioxidants, microbial enzymes as, **25**:28
Anti-sense RNA, biotechnology and, **34**:272–274, 288
Antitumor
    activity
        basidiomacromycetes, **37**:248–250
        Ganoderma, **37**:108–112
    alkaloids, plant cell biosynthesis of, **25**:225–226
    preparations, *Ganoderma*, **37**:121–122
Antitumor substances from fungi, *see* Fungi, substances from
Antivirals, from bacteria, **41**:202–203
Antiviral substances from fungi, *see* Fungi, substances from
Aphanocapsa, PAH metabolism, **30**:37
Aphidicolin, substances from fungi and, **34**:232
Aplysia, haloperoxidases, **37**:42, 60
Apoprotein, microbial cytochromes P450 and, **36**:135, 154

Aporphines, as drug metabolism models, **25**:196–198
APPIF, *see* Acute-phase transport protein-inducing factor
Aquatic environment
 anaerobic methane oxidation in, **26**:12–18
 conjugation in, **31**:105–106
 genetically engineered microorganism effects, **40**:245–248
Aqueous tertiary polymer solution, **41**:136–138
Aqueous two-phase extraction, **41**:97–106, 149
 in affinity partitioning, **41**:148–151
 applications, **41**:152–154
 in DNA isolation, **41**:152
 economic aspects, **41**:158–159
 in extractive bioconversion, **41**:145–148
 factors affecting, **41**:102–104
 formation, **41**:99–102, 129–131
 mathematical modeling, **41**:127–139
  biomolecule partitioning, **41**:131–139
  system formation, **41**:129–131
 nomenclature, **41**:162–166
 physical properties, **41**:104–106
 scaleup aspects, **41**:154–158
 transport phenomenon, **41**:106–120
Aquifers
 colonization of, **33**:137
 contaminated
  function of, **33**:154–157
  microbial ecology of, **33**:130–134
 for drinking water, strata similarity of, **33**:110–111
 lateral distribution and origin of microorganisms, **33**:136–138
 pristine
  biodegradation rates in, **33**:143–152
  biomass and biotransformation rates in, **33**:142
  function of, **33**:138–154
  microbial ecology of, **33**:126–129, 134
  relationship between age and depth, **33**:140
 sediment from
  bacterial transport in, **33**:137
  microscopic microbial detection, **33**:122–125
  redox state of, **33**:114

 surface area of, **33**:116
 spatial limitations for microorganisms, **33**:111–112
 vertical distribution of microorganisms, **33**:134–136
Arabidopsis thaliana, haloperoxidases, **37**:79
L-Arabinan, protopectinase-C reaction with, **39**:274
D-Arabinitol, monosaccharides and, **34**:158, 159, 161, 162
Arabinogalactan, structure, **39**:274, 275
Arabinose
 fermentation, acetone-butanol from, **39**:120
 levan and, **35**:173
Arachidonic acid
 Ganoderma, **37**:122
 haloperoxidases, **37**:60
 production, **39**:59
Aranoflavins, substances from fungi and, **34**:242
Aranotins, substances from fungi and, **34**:230, 243
Archaebacteria, carbohydrate-utilizing halophilic, **42**:125
Arginine, biodegradation in subsurface, **33**:143
Aristeromycin, tolerance to, in producer organisms, **25**:152
Aroclors, *see* Polychlorinated biphenyls
Aromatic compounds, *see* Chloroaromatic herbicide-degrading genes
Aromatics
 herbicides and pesticides and, **36**:2, 5, 12–13, 16
 anaerobic aromatic metabolism, **36**:32–36
 microbial cytochromes P450 and, **36**:157–159, 168
Arsenate, effects on sucrose phosphorylase
 good glucosyl acceptor for, **32**:177
 inhibition of, **32**:182
Arthrobacter
 biphenyl degradation, **37**:136, 141–143, 147–148
 manganese oxidation by, **33**:301
 nitroaromatic compounds, **37**:8
 polysaccharide

Arthrobacter (continued)
  production and properties, **23**:26–27
  viscous, from polyhydric alcohol
    substrate, **23**:27, 46
  in water supply systems, **30**:93
Artifacts, enzyme thermostabilization and, **29**:9–10
Arylamine synthetase, in chloramphenicol production, **25**:84–86
Arylsulfatases, genetically engineered microorganisms and, **38**:3, 94
  methods of study, **38**:16, 36, 38–40
  results, **38**:69
Ascochlorin, substances from fungi and, **34**:233
Ascomycetes, substances from fungi and, **34**:202, 206, 236–241
  antibiotics, **34**:186, 202
  screening, **34**:186
Ascophyllum nodosum, haloperoxidases, **37**:92
  reactions, **37**:56, 59, 65, 72, 78, 81
  mechanisms of, **37**:86–87, 89
  sources, **37**:46–47, 52
L-Ascorbic acid, monosaccharides and, **34**:170
Aseptic bioreactor system
  agitator shaft and seal, **39**:13–14
  air system, **39**:18–19
  antimicrobials, **39**:22
  bioreactor internals, **39**:12–13
  liquid transfer system, **39**:19–20
  maintenance, **39**:20–22
  overcautious approaches, **39**:24
  piping and valves, **39**:17–18
  ports, **39**:14–17
  product changeover, **39**:23
  schedules and procedures, **39**:23–24
Ash
  basidiomacromycetes, **37**:295, 327
  in lignocellulosic biomass, **39**:297
L-Asparaginase, **41**:204
Aspartic acid production
  economics of, **22**:16–17
  by immobilized
    aminoacylase, **22**:9
    asparatase, **22**:9
    bacteria, **22**:15
    cells, **22**:5

  E. coli, **22**:10–13
  reactor design and, **22**:16
Aspergillus
  α-amylase production and, **35**:4
  biotechnological processes and, **36**:77
  cellulolytic enzyme source, **40**:3–5, 15
  corrosion-inducing species, **32**:10
  niger, PAH metabolism, **30**:36
  ochraceus
    benzo[a]pyrene hydroxylase, **30**:53, 55
    PAH metabolism, **30**:36
Aspergillus fumigatus, hydrodynamic shear stress, **37**:194
Aspergillus niger
  active site determinations, **42**:284–285
  biphenyl degradation, **37**:154
  mutation studies, **42**:279
  phytase
    isolation, **42**:278–279
    production with, **42**:266–268
  sequence studies, **42**:281–284
  solid-state fermentation and, **38**:120
Aspergillus ochraceus
  microbial cytochromes P450 and, **36**:169–170
  solid-state fermentation and, **38**:113
Aspergillus oryzae, solid-state fermentation and, **38**:119, 132
Assay
  haloperoxidases, **37**:53–56
  for methane-utilizing bacteria, **26**:44–45
  microbial methyl ketone formation, **26**:55–56
Assimilation, foodborne yeasts and, **36**:183, 186
  identification, **36**:237, 246–257
Asterriquinone, substances from fungi and, **34**:235
ATCC, *see* American Type Culture Collection
Atherosclerosis, *Ganoderma*, **37**:116
Atmosphere, foodborne yeasts and, **36**:188–189
ATP(adenosine 5′-triphosphate)
  anoxygenic phototrophic bacteria and, **38**:241–243, 245–246, 253
  citrate lyase, yeast lipid synthesis, **39**:201

genetically engineered microorganisms
    and, **38**:17
monitoring in cell cultures, **27**:163
secondary metabolism and, **34**:22
xenobiotics and, **35**:234, 244
ATPE, *see* Aqueous two-phase extraction
Aureobasidium pullulans
    foodborne yeasts and, **36**:206, 217
    polysaccharide, production and
        properties, **23**:40–44
Auricularia
    biology, **37**:238, 240, 242
    growth substrate changes, **37**:301
    lignocellulosic wastes, **37**:270, 272, 285
    mycelium, **37**:333
    values, **37**:249
Autoclaving
    α-amylase production and, **35**:31
    bacterial gene transfer in soil and,
        35:113, 155, 158
    bioreactor asepsis, **39**:9–10
Autoimmune diseases, antibody
    technologies and, **38**:156, 195
Autolysis, acetone/butanol fermentation
    and, **31**:79–80
Automated devices
    for antifoam addition, **33**:192–196
    for combined defoaming, **33**:212–213
Autoradiography, protein analysis and,
    36:287–288, 293
Autotoxicity, of secondary metabolites,
    regulation of, **28**:86–94
Autotrophy, anoxygenic phototrophic
    bacteria and, **38**:216, 252, 259–263
Auxanography, **33**:48, 49
Auxins, gibberellins and, **34**:33
Auxotrophic complementation, gene
    identification by, **27**:69
Avena sativa, genetically engineered
    microorganism effects, **40**:262
Averufin, NMR studies and, **29**:66–72
Avicel, solid-state fermentation and,
    38:116
Avicelase activity, in C. thermocellum
    strains, **33**:37
Avidin, antibody technologies and, **38**:190
Azotobacter agilis, nitroaromatic
    compounds, **37**:4
Azotobacter indicus var. *myxogenes* gum,
    production and properties, **23**:34

Azotobacter vinelandii
    alginic acid production by, **23**:28–29
    hydrogen production technology and,
        38:247–248
Azotobacter xylinum sucrose
    phosphorylase activity, **32**:166
AZT, *see* Zidovudine

B

Bacillomycin L, **24**:199
Bacillus
    α-amylase production and, **35**:7, 8,
        10–12
    enzyme
        characteristics, **35**:40, 41
        recovery, **35**:39
        yields, **35**:35, 36
    growth, **35**:34, 35
    incubation, **35**:33
    industrial production, **35**:14, 15, 17
    moisture, **35**:29
    pH, **35**:30
    present status, **35**:18–21, 24
    research needs, **35**:43–45
B. alvei systematics, **42**:241–243
bacterial gene transfer in soil and,
    35:67–69, 76, 77, 81
biology, **42**:256
candidate cultures, **42**:252
carbon assimilation pathway, **26**:28
cellulolytic enzyme source, **40**:3, 5–6, 13
direct oxidation of manganese, **33**:306
fermentation, **42**:252–253
general considerations, **42**:221–222
growth inhibition in milk, **40**:70–78
herbicides and pesticides and, **36**:16, 20
Indian meal moths and, **42**:228
levan and, **35**:172, 174, 191
    biosynthesis, **35**:174, 176, 177
    chemistry, **35**:180–184
    production, **35**:186
products from, **42**:255–256
sources, **42**:221–222
spores, manganese oxides in, **33**:305
strain comparison techniques,
    42:236–241
targets, **42**:222
toxins, **42**:253–256

Bacillus (continued)
  in water supply systems, **30**:93
  xenobiotics and, **35**:203, 204
Bacillus brevis, **42**:243–246
  biphenyl degradation, **37**:138
Bacillus cereus, **33**:50
Bacillus circulans, **42**:246–248
Bacillus euloomarahae, nutrition, **23**:2, 3
Bacillus laterosporus, **42**:248–250
Bacillus licheniformis, alkaline
    phosphatase of, **25**:44
Bacillus megaterium, **42**:115–116
  cytochrome P450 systems in, **25**:177, 181
  hydrogen production technology and, **38**:278
  microbial cytochromes P450 and, **36**:135, 145–149
Bacillus polymyxo
  2,3-butanediol production, **32**:89, 92–93
    from fed wheat, **32**:143
    from starchy feedstock, **32**:157
    stereoisomers of, **32**:93
  diol-hydrogen fermentation, **32**:102–103
  glucose dissimilation, **32**:91, 104
Bacillus popilliae, **23**:1–18
  growth characteristics, **23**:5–6
  metabolism, **23**:7–10
  nutrition, **23**:4–5
  pathology, **23**:13–15
  sporogenicity and germination, **23**:10–13
  strain variations, **23**:10–13
  taxonomy and classification, **23**:2–4
Bacillus SO-1, direct oxidation of manganese, **33**:302–305
Bacillus sphaericus, **42**:257
  antibiotic-resistant, **33**:63–64
  clonal populations, **33**:48
  larvicidal population studies, **33**:56–60
  multilocus enzyme electrophoresis, **33**:66–70
  origin of strains, **33**:58–59
  plasmid profiles of strains, **33**:60–64
  present classification, **33**:59–60
Bacillus subtilis
  neutral proteinase purification by
    affinity chromatography, **33**:339, 344

  plasmids of, as DNA hostvector systems, **27**:38–39
  solid-state fermentation and, **38**:132
Bacillus thuringiensis, **42**:257
  application, **42**:4–6
  as biological insecticide, **42**:16–17
  delta endotoxin of, **33**:60–61
  description, **42**:1–4
  genes, *see* Genes, *Cry*
  insect toxicity, **33**:50
  novel strains, construction, **42**:17–18
  plasmid profiles, **33**:60–64
  protein structure, **42**:10–14
  recombinant strains, construction, **42**:18–19
  resistance, **42**:25–27
  resistance management
    via refuges, **42**:28–29
    via rotations, **42**:27–28
    via toxin mixtures, **42**:28
  toxins
    biotechnological processes and, **36**:79
    classification, **42**:6–10
    delivery systems, **42**:21–26
    dosage, **42**:29–30
    mechanisms of action, **42**:14–16
  vectors, baculoviruses as, **42**:21
Bacillus thuringiensis israelensis, **33**:57
Bacilysin, **24**:188
Bacitracin A, **24**:194–195
Bacteria, *see also* Archaebacteria; *specific types*
  anoxygenic phototrophic, *see*
    Anoxygenic phototrophic bacteria
  antibody technologies and, **38**:194
    immunoglobulin-binding proteins, **38**:157–158
    immunotherapy, **38**:180
    polyclonal antibodies, **38**:154
    recent developments, **38**:160
    recombinant antibodies, **38**:171, 175
    recombinant DNA, **38**:193–194
  5B1, carbon assimilation pathway, **26**:28
  basidiomacromycetes, **37**:318, 320–321, 332
  bioreactor contamination, **39**:3
  biotechnology and, **36**:92
    case studies, **36**:77–79
    crop improvement, **34**:287–289

ecology, **36**:71, 73
human protein, **34**:291
leaching, **36**:79
risk assessment, **36**:74–75
technology, **34**:272
vaccines, **34**:292
biphenyl degradation, **37**:136, 154–155, 157
    anaerobic degradation, **37**:144
    bacteria growth, **37**:141–143
    bioremediation trials, **37**:146
    metabolic pathway in bacteria, **37**:136–139
    polychlorinated biphenyls, **37**:139, 141
butanediol-producing, **39**:121–123
    classification, **32**:90
    culture technique, **32**:134
        continuous cultivation, **32**:133, 135
        double-fed batch, **32**:133
        immobilized, **32**:135
        simple batch, **32**:133
        two-stage system, **32**:135
    as facultative anaerobes, **32**:116
    fermentation classes, **32**:102–103
    glucose dissimilation
        aeration effect, **32**:91
        anaerobic products, **32**:104
    species, **32**:92–94
cellulolytic, **33**:7
    enzyme source, **40**:3, 5–6
    genetically engineered microorganisms and, **38**:56, 62
    presence of cellulosomes, **33**:38–39
chlorine tolerance, **30**:111–112
corrosion-associated
    damage of
        aluminum, **32**:24–25
        copper, **32**:22–24
        ferrous alloys, **32**:21–22
        lead and zinc, **32**:25–26
    growth prevention and control, **32**:27–30
    identification technique, **32**:14–15
    "iron," aerobic, **32**:8–9
    mechanism of action, **32**:11–24
    miscellaneous, **32**:9
    sulfate-reducing, anaerobic, **32**:1–3, 7–8
    sulfur-oxidizing, aerobic, **32**:8

cytochrome P450 systems in, **25**:176–182
    induction, **25**:185
cytological changes, hydrocarbon-induced, **39**:33–35
on distribution system wall/pipe surfaces, **30**:91
in drinking water, **30**:90–96
    public health importance, **30**:98–100
on drinking water distribution system wall/pipe surfaces, **30**:96–98
ethanol production, **39**:114–116
foodborne yeasts and, **36**:180, 227, 231
    dairy products, **36**:222
    ecology, **36**:185, 190–191
    fish, **36**:221
    meat, **36**:219–220
    specific habitats, **36**:194–195, 212, 216, 218
genetically engineered microorganisms and, **38**:4, 91, 93
    methods of study, **38**:11, 48
    microbial assays, **38**:19–21, 35
    nitrogen transformations, **38**:87
    results, **38**:56, 62, 78
    soil preparation, **38**:17–18
genetic transfer in
    effects of biotic and abiotic environmental factors on, **31**:121–129
    general concepts, **31**:95–101
    in situ studies, **31**:104–121
    in vivo studies, **31**:101–104
gene transfer in soil, **35**:60–62, 72, 73
    antimicrobial agents, **35**:158, 159
    biological factors, **35**:62–64
    conjugation, **35**:73, 74, 91–94
        chromosomes, **35**:74, 75
        gene survival, **35**:77–82
        mobilizing elements, **35**:76, 77
        plasmids, **35**:75, 76
        in situ, **35**:82–91
    in soil, **35**:126–132
    spectrum, **35**:77
    in vitro, **35**:115–126
    environmental factors, **35**:64, 65
        electromagnetic radiation, **35**:70
        energy source, **35**:66
        interactions, **35**:71, 72
        ionic composition, **35**:70

Bacteria (*continued*)
  microbial competition, **35**:65, 66
    oxygen, **35**:69
    pH, **35**:68, 69
    surfaces, **35**:70, 71
    temperature, **35**:66–68
    water content, **35**:69
  maintenance, **35**:113, 114
  media composition, **35**:156–158
  microhabitats, **35**:58–60
  preparation, **35**:112, 113
  quality assurance, **35**:156
    analysis, **35**:154, 155
    calibration, **35**:153, 154
    comparability, **35**:153
    internal checks, **35**:155, 156
    sampling, **35**:152, 153
  recombinants, **35**:139, 140
    DNA fingerprinting, **35**:143, 144
    DNA probes, **35**:144–151
    heat induction, **35**:152
    indigenous microbes, **35**:141, 142
    recovery media, **35**:143
    selective media, **35**:140, 141
    serological techniques, **35**:151, 152
    viable bacteria, **35**:142, 143
  sampling, **35**:114, 115
  selection, **35**:111, 112
  storage, **35**:115
  terrestrial microcosms, **35**:105
    complex, **35**:108–111
    simple, **35**:105–108
  transduction, **35**:94–105
    in soil, **35**:134–139
    in vitro, **35**:132–134
  gibberellins and, **34**:49, 51, 101, 102
  glycol-metabolizing, **23**:188–189
  gram-negative, *see* Gram-negative bacteria
  growth in milk, **40**:45–83
    antimicrobial systems applications, **40**:81–82
    cow ration effects, **40**:69–71
    early studies, **40**:47–48
    inhibition
      bacilli, **40**:78–79
      effect on milk quality, **40**:71–72
      enterobacteria, **40**:77–78
      lactic acid bacteria, **40**:53–69
      leptospiras, **40**:80
      mycoplasmas, **40**:80–81
      propionibacteria, **40**:79
      staphylococci, **40**:79–80
    lactenin studies, **40**:48–53
    lactic acid bacteria
      agglutinin effects, **40**:53–56
      autoinhibition by hydrogen peroxide, **40**:60–61
      culture manipulation, **40**:67–68
      heated growth medium, **40**:65–67
      lactoferrin role, **40**:62
      lactoperoxidase system, **40**:56–60
      other inhibitors, **40**:62–63
      seasonal activity variation, **40**:63–65
      starter cultures, **40**:68–69
      stimulators, **40**:72–76
      thiocyanate role, **40**:61
    stimulators, **40**:72–76
      commercial substances, **40**:76
      complex substances, **40**:74–76
      components, **40**:72–73
      minerals, **40**:73
  haloperoxidases, **37**:90
    reactions, **37**:68, 70, 79
    sources, **37**:48–50
  herbicides and pesticides and, **36**:2, 7, 36, 46, 48
    anaerobic aromatic metabolism, **36**:33–36
    chloroaromatic metabolism, **36**:21–22, 29
    cometabolism, **36**:31–32
    kinetics of biodegradation, **36**:8–10, 13–15
  hydrocarbon-utilizing genera, **39**:30–35
  hydrodynamic shear stress, **37**:167, 194, 215, 217
  improved enumeration in chlorinated waters, **29**:187–188
    fecal coliform bacteria, **29**:188–189
    fecal *Streptococcus* bacteria, **29**:190
    total coliform bacteria, **29**:189
  inactivation, *vs.* viral inactivation, **33**:75–76
  injury to, nucleic acids in, **23**:263–285
    DNA, **23**:275–283
    RNA, **23**:264–275
  in lactic acid production, **42**:50–54
  lentinan effects, **39**:168
  levan and, **35**:172, 174, 178, 182
  microbial cytochromes P450 and, **36**:135, 148

monosaccharides and
  applications, **34**:161, 162, 166, 169–172, 174
  fermentation, **34**:155–157
  mechanisms, **34**:142, 144–146
  nature, **34**:147–150
  structure, **34**:150–155
nitroaromatic compounds, **37**:1, 3–4
nitrogen-fixing, **42**:122–125
oxidation of
  aromatic hydrocarbons, **30**:34–40
  3-methylcholanthrene, pathways, **30**:60–61
PAH metabolism, **30**:64
patent law and, **35**:260, 262–264, 266, 286
pentose fermentation, aeration effects, **39**:131
PHAs, biosynthesis, **42**:128–135
phytase sources, **42**:272
produced organic acids, **39**:124–127
protein analysis and, **36**:322, 325–326
protein secretion from molecular model for, **25**:48–53
recombinant *E. coli* K-12 and, **36**:100, 102–104, 107, 114, 119
removal, from drinking water, **30**:82–86
secondary metabolism and, **34**:2, 5, 11, 22
slow-growing
  antibiotic sensitivity, **23**:160
  biochemical reactions, **23**:159
  isolation, **23**:156, 157
  pathogenic, **23**:165, 166
  pigmented type, in water, **23**:155–171
  pigments, **23**:158
  sources, **23**:161–165
soil
  naphthalene-degrading, **41**:72–73
  ortho pathway of degradation, **41**:65
  PCB-degrading gram-negative, **41**:78–79
solid-state fermentation and, **38**:100, 113
stormwater, **37**:22–26, 28–32, 34–36
substances from fungi and, **34**:202, 230
in treated water, as water moves from source to consumer, **30**:92–96
types, in water supply systems, **30**:92–94
use in delignification, **39**:321–323
xenobiotics and, **35**:245, 246
  activity, **35**:203–205, 208, 209

  assessment, **35**:234, 235, 238, 244
  effects, **35**:224, 226–228, 231–233
Bacterial insecticides, *see* Insecticides, bacterial
Bacterial spores, *see* Spores, bacterial
Bacteriocin, production, acetone/butanol fermentation and, **31**:79–80
Bacteriophage A
  as DNA host-vector system, **27**:35–37
  genome of, map, **27**:36
Bacteriophages
  adsorption, **30**:6–7, 138, 148–149
  adsorptive behavior, **30**:142–143
  Clostridium, **25**:241–273
  concentration, after wastewater chlorination, **30**:151–152
  control, **30**:16–25
  in fermentation, **30**:2–3
  destructive role in milk fermentations, **30**:1–2
  as DNA host-vector systems, **27**:37–38
  f2
    adsorptive behavior to soil, **30**:143
    disinfection, **30**:152
    inactivated in fluids, **30**:154
    removal, from wastewater, **30**:157
  host
    controlled modification, **30**:6–7
    interactions, **30**:4–16
    range, **30**:5–6
  inhibitory media, **30**:16–17
  interactions with lactic streptococci, **30**:1–29
  isometric, **30**:4
  lytic development, **30**:4–13
  morphology, **30**:4
  MS-2
    adsorption, to bentonite, **30**:137
    adsorptive behavior in soil, **30**:143
    coat protein sequence, **30**:143
    degradation, **30**:154
    disinfection, **30**:152
    inactivated in fluids, **30**:154
    isoelectric points, **30**:142
  multiplication, and beta-glycerophosphate in growth medium, **30**:5, 9
  mutation, **30**:6
  origin, during milk fermentations, **30**:16
  phage assays, buffered media, **30**:5
  prolate, **30**:4

Bacteriophages (*continued*)
  R17, adsorption, to allophane, **30**:137
  removal, from water, **30**:158
  replication, **30**:8–10
    calcium-dependent, **30**:8
    host-dependent, **30**:10–13
    requirement for electrolytes, **30**:8
    temperature conditions, **30**:9–10
  T1
    adsorption, **30**:146, 149
    inactivation, **30**:151
  T2
    adsorption, and pH, **30**:147
    adsorptive behavior to soil, **30**:143
    isoelectric points, **30**:142
  T4
    adsorption, **30**:160
    adsorptive behavior to soil, **30**:143
    isoelectric points, **30**:142
  T7
    adsorption, **30**:146, 149
    inactivation, **30**:151, 152
  typing, **33**:49
  ΦX-174, adsorptive behavior in soil, **30**:137, 143
Bacteroides cellulosolvens, cellulase system of, **33**:39–40
Bacteroides fragilis
  recombinant *E. coli* K-12 and, **36**:118
  stormwater, **37**:26
Bacteroides succinogenes, **33**:39
Baculoviruses, as Bt vectors, **42**:21
Bakanae disease, gibberellins and, **34**:32, 48, 49, 90
Baked products, flavoring by yeast, **39**:189–190
Balantidium coli, in drinking water, **30**:108
Barbituric acid, haloperoxidases, **37**:71, 84–86
Barium chloride, genetically engineered microorganisms and, **38**:9–10, 15
Barley, as miso raw material, **28**:251
Barley aleurone bioassay, gibberellins and, **34**:113
Basal medium, genetically engineered microorganisms and, **38**:28–29
Basidiobolus ranarum, PAH metabolism, **30**:36
Basidiomacromycetes, **37**:234–236, 336–340
  applications of spent substrate
    antiviral activity, **37**:328–329
    biogas production, **37**:321
    deodorization, **37**:325
    pulping agents, **37**:321–324
    recycling for mushroom culturing, **37**:326–327
    ruminant feed, **37**:316–321
    saccharification enzymes, **37**:325–326
    silica, **37**:327
    single-cell protein, **37**:328
    soil ameliorants, **37**:327–328
  biology
    geographic distribution, **37**:238–241
    morphology, **37**:236–238
    world production, **37**:241–242
  growth substrate changes
    biochemical, **37**:297–316
    chemical, **37**:285–297
  lignocellulosic substrates
    fermentation, **37**:259–270
    wastes, **37**:250–259
  lignocellulosic wastes
    biomass conversion efficiencies, **37**:282–285
    cultural conditions, **37**:271–282
    preparation of substrates, **37**:270–271
  mycelium
    decolorization, **37**:332–333
    fungal elicitors, **37**:335
    hair growth, **37**:335
    heavy metal accumulation, **37**:331–332
    low-alcohol wines, **37**:335
    metabolic substances, **37**:336
    oxidation of pollutants, **37**:329–331
    peroxidase production, **37**:331
    polyethylene, **37**:336
    polymer production, **37**:334
    pyranose oxidase, **37**:334
    resting of flax fibers, **37**:335
    tenderization of mushroom stipes, **37**:334
    test organisms, **37**:336
  values
    chemical composition, **37**:242–246
    medicinal properties, **37**:247–250
    nutrition, **37**:246–248
Basidiomycetes, *see also* Basidiomacromycetes

foodborne yeasts and, **36**:182–183, 207, 221, 245, 247
Ganoderma, **37**:102, 110, 121–122, 124
substances from fungi and, **34**:202, 206, 236–241
antibiotics, **34**:186, 202
screening, **34**:186
Batch
processes, **42**:65–66
reactor, solid-state fermentation and, **38**:112
systems, xenobiotics and, **35**:236
Bathers, stormwater, **37**:30, 35
Bath preparation, *Ganoderma*, **37**:124
B cells
antibody technologies and immunotherapy, **38**:182
monoclonal antibodies, **38**:162, 164–166
polyclonal antibodies, **38**:152–153, 155
Ganoderma, **37**:118
Beauveria bassiana, solid-state fermentation and, **38**:130, 133
Beef feedlot waste, digestion profitability
economic analysis, **32**:59–63
herd size and, **32**:57, 59, 60
Beer
fermentation, yeast lipids in, **39**:187–189
foodborne yeasts and, **36**:179
identification, **36**:249–251, 254, 257
specific habitats, **36**:194, 196–203, 209, 211–213
Beetles, *see* Cigarette beetles
Beijeffnckia
anthracene metabolism, **30**:48
benz[a]anthracene metabolism, **30**:55–56
metabolic activation of 3-methylcholanthrene, **30**:60
oxidation of benzo[a]pyrene, **30**:52–53
oxidation of phenanthrene, **30**:50
PAH metabolism, **30**:35, 38
Beijerinckia, biphenyl degradation, **37**:136
Bentonite, bacterial gene transfer in soil and, **35**:84
Benyl viologen, as electron acceptor for SRB, **32**:12, 15
Benz[a]anthracene, **30**:46, 52

alkyl-substituted, microbial metabolism, **30**:57–61
biodegradation, in natural habitats, **30**:63
carcinogenicity, **30**:55
trans-3,4-dihydrodiol, **30**:55–56
trans-3,4-dihydrodiol-1,2-epoxide, **30**:55–56
fungal oxidation, pathways, **30**:56–57
mammalian metabolism, **30**:55
microbial metabolism, **30**:38, 55–57
mutagenicity, **30**:55
structure, **30**:32
tumorigenicity, **30**:55
Benzene
biodegradation in subsurface from pristine sites, **33**:148
herbicides and pesticides and, **36**:2, 12, 25, 29
microbial metabolism, **30**:35–40
Benzene dioxygenase, **30**:41
Benzimidazoles, nitroaromatic compounds, **37**:4
Benzo[a]pyrene, **30**:46
biodegradation, in natural habitats, **30**:63
mammalian metabolism, **30**:51–52
microbial metabolism, **30**:35–40, 51–55
structure, **30**:32
Benzoates
biotechnological processes and, **36**:78
biphenyl degradation, **37**:135, 138, 143, 146, 149, 152–154, 156
herbicides and pesticides and, **36**:23, 25, 29, 32–33
meta pathway of degradation, **41**:56–58, 60, 64
ortho pathway degradation, **41**:65–72
Beverages
foodborne yeasts and
identification, **36**:237, 246, 249, 251–255, 257–258
specific habitats, **36**:195–205, 208–209, 227
yeast lipids in, **39**:187–189
Bicarbonate, anoxygenic phototrophic bacteria and, **38**:247, 263, 265–266
Bicozamycin, tolerance in producer organisms, **25**:151
Bicyclomycin, *see* Bicozamycin
Bifidobacteria, stormwater, **37**:26

Bikeverins
  gibberellins and
    solid-state fermentation, **34**:108
    submerged fermentation, **34**:78, 79, 87, 88
  substances from fungi and, **34**:235
Bin fermenters, solid-state fermentation and, **38**:111
Bioassays, gibberellins and, **34**:111–113
Bioban
  CS-1135, **33**:244
  CS-1246, **33**:244
  N-95, **33**:244–245
Biobleaching, delignification, **39**:324–325
Biocatalysts
  discovery sources in biotechnology, **40**:108–113
    classification, **40**:108–110
    enzyme-based, **40**:110–112
    organismic, **40**:110
    processing, **40**:112–113
    reactors, **40**:112–113
  immobilized, **28**:1–3
Biochemistry
  acetone/butanol fermentation, **31**:81–84
  biochemical indicators, for detection of subsurface microorganisms, **33**:125
  biochemical interesterification, modification of lipids, **39**:201–204
  biochemical phenotypes, genetically engineered microorganisms and, **38**:35, 41
Biocides, formaldehyde condensate, *see* Formaldehyde condensate biocides
Bioconversion, **41**:6
  extractive, **41**:145–148
Biodegradable polyesters, **42**:169–173
  application, **42**:169–173
  classification, **42**:98–100
  granules, **42**:146–151
  microbial production, **42**:158–164
  natural, **42**:100
  synthetic, **42**:100–104
  terminology, **42**:107
Biodegradation, **42**:173–176
  under aerobic conditions, **42**:185
  approaches, **42**:176–179
  bacterial, **42**:176–179
  Biopol, **42**:181–182
  enzymatic, **42**:179–180
  extracellular, **42**:176
  factors effects, **42**:182–187
  hydrolytic, **42**:179–180
  kinetics of, herbicides and pesticides and, **36**:7–15
    adaptation rate, **36**:15–17
    chloroaromatics, **36**:18–20
    moisture, **36**:17–18
    nutrients, **36**:17–19
    temperature, **36**:17–18
  methanogenic, **42**:176
  in natural environments, **42**:181
  organic compounds
    from contaminated aquifers, **33**:156–165
    from pristine aquifers, **33**:143–152
  PHA depolymerases in, **42**:187–194
  polymer composition and, **42**:187
  synthetic polyesters, **42**:194–198
  temperature and, **42**:183–184
  xenobiotics and, **35**:214
Biofertilizers, and nitrogen fixation, **41**:260–269
Biofilms, **33**:116, 117–118
  areas of research in need of further study, **29**:131–132
  definitions, **29**:93–94
  effects of
    corrosion, **29**:130
    fluid frictional resistance, **29**:129–130
    heat transfer resistance, **29**:130
    water quality in natural streams, **29**:131
  formation: a process analysis
    adhesion of microbial cells to wetted surface, **29**:104–114
    adsorption of a conditioning film, **29**:101–104
    detachment of biofilm, **29**:118–119
    reactions within biofilm, **29**:114–117
    transport to wetted surface, **29**:97–100
  objectives and, **29**:94–97
  physiological ecology and biochemistry
    interactions
      between biotic and abiotic components, **29**:122–126
      between biotic components, **29**:126–129
    properties and composition of, **29**:119–120

cellular density, **29:**121–122
chemical properties, **29:**120–121
physical properties, **29:**120
relevance and applications of, **29:**94
Biofuel production, *see* Hydrogen production
Biogas production, basidiomacromycetes, **37:**321
Biolipid extracts
  alkane-utilizing microorganisms, **39:**76–78
  applications, **39:**77–78
  fatty acid composition, **39:**76
Biological controls, **42:**257–258
Biological efficiency, basidiomacromycetes, **37:**281, 284–285
Biological energetic efficiency, basidiomacromycetes, **37:**291
Biological insecticides, *see* Insecticides, biological
Biological oxygen demand
  anoxygenic phototrophic bacteria and, **38:**268, 280
  basidiomacromycetes, **37:**328, 332
  –COD–TOC reduction, **41:**209, 210, 257
  test, for polyethylene glycol degradation, **23:**178–184
Bioluminescence, reporter plasmid, **41:**73, 78, 88
Biomass
  conversion
    efficiencies, basidiomacromycetes, **37:**282–285
    techniques, **39:**92–93
  yield, basidiomacromycetes, **37:**287
Biomolecular size, **41:**123–124
Biomphalaria glabrata, **42:**231–233
BIONET, **30:**194
Biopesticide production, **41:**239–244
Biopolymers, description, **42:**97–98
Bioproduct recovery
  by adsorption, **33:**331–333
  by affinity chromatography, **33:**339, 342–343
  by dye-ligand chromatography, **33:**347–354
  by hydrophobic chromatography, **33:**354–355
  by ion exchange, **33:**338–339, 341
  by liquid-liquid two-phase extraction, **33:**327–331
  by precipitation, **33:**333–337
  by protein modification, **33:**343–347
  by ultrafiltration, **33:**338, 339
Biopulping, delignification, **39:**323–324
Bioreactor, *see also* Photobioreactors
  agitator shaft and seal, **39:**13–14
  air system, **39:**18–19
  antibody technologies and, **38:**164
  asepsis
    autoclavable bioreactor and, **39:**10
    definition, **39:**11
    design development, **39:**6–7
    inoculum preparation, **39:**8–10
    laboratory design, **39:**8–10
    medium preparation, **39:**10–12
    sterility assessment methodology, **39:**7–8
  contamination
    bioreactor system in, **39:**5–6
    filter device, **39:**6
    inoculum, **39:**4
    microbial mutation, **39:**6
    nutrient medium, **39:**5
    preventive measures, **39:**6–7
    probability, **39:**2
  foam sensors, **39:**20
  internals, **39:**12–13
  liquid transfer system, **39:**19–20
  maintenance medium, sterilization, **39:**10–12
  nonsterility, **39:**2
    consequences of, **39:**3–4
    microbes associated with, **39:**3
  ports, **39:**14–17
  slime, **39:**3
  solid-state fermentation and, **38:**102
    experimental measurements, **38:**134, 142
    heat dissipation, **38:**111–112
    mass transfer, **38:**108–111
    mathematical modeling, **38:**118, 123
    physical parameters, **38:**118
  sterility concept, **39:**1–2
  system, contamination sources in, **39:**5–6
Bioremediation
  with alkane-utilizing microorganisms, **39:**78–79

Bioremediation (*continued*)
  biphenyl degradation, **37**:145–147, 156
  herbicides and pesticides and, **36**:3, 63
Biosurfactant
  amino acid-containing, **26**:239–342
  carbohydrate containing, **26**:231–239
  carboxylic acids and, **26**:245–246
  cerilipin, structure, **26**:242
  diglycosyl diglyceride containing, **26**:238
  fatty acids and, **26**:245
  importance, **26**:229–230
  lipopeptide containing, **26**:239–241
  microorganisms, **26**:230–331
  neutral lipids and, **26**:249–250
  ornithine lipid-containing, **26**:241
  phospholipids and, **26**:242–245
  polysaccharide-lipid complex containing, **26**:238–239
  proteins, **26**:242
  rhamnolipid containing, **26**:234–236
  sophorose lipid-containing, **26**:236–238
  surfactin, structure, **26**:240
  trehalose lipid-containing, **26**:231–234
  uses, **26**:231
Biosynthesis
  biotechnology and, **34**:280, 284
  gibberellins and
    analytical methods, **34**:112
    pathways, **34**:51–57
    solid-state fermentation, **34**:105, 107
    submerged fermentation, **34**:62, 70, 74, 90, 91
  secondary metabolism and, **34**:5, 6, 11, 16
Biota, cadmium effects on, **23**:55–117
Biotechnology, **34**:263, 264, 300, 301
  antibiotics, **34**:280, 281
  commercial, **40**:95–233, *see also* Genetically engineered microorganisms
    biocatalysts, **40**:108–113
      classification, **40**:108–110
      enzyme-based, **40**:110–112
      organismic, **40**:110
      processing, **40**:112–113
      reactors, **40**:112–113
    discovery and development cycle
      commercialization pathway, **40**:114–115
      internal interactions, **40**:149–152
      market discovery *versus* development, **40**:151–152
      product discovery *versus* process discovery, **40**:150
      product discovery *versus* product development, **40**:149–150
    markets, **40**:148–149
    process, **40**:141–148
      approaches, **40**:141–143
      biotransformations, **40**:143–145
      examples, **40**:145–148
    products, **40**:115–141
      approaches, **40**:131–140
      classification, **40**:115–120
      discovery *versus* manufacturing routes, **40**:121–125
      industrial sector products, **40**:128–131
      new chemical class discovery, **40**:125–127
      plant product discovery, **40**:127–128
      screens, **40**:115–121
      serendipity, **40**:140
      top 20 drugs, **40**:140–141
    industrial aspects, **40**:97–99
    interdisciplinary nature, **40**:96–97
    market classification, **40**:113–114
    market development, **40**:209–227
      concepts
        commercialization, **40**:224–227
        follower strategy, **40**:214–215
        market/process matrix, **40**:217–218
        market segment selection, **40**:222
        new market development, **40**:223
        product categories, **40**:219–222
        product cycle, **40**:212–214
        product/market strategy, **40**:219
        product matrix, **40**:216–217
        product screening, **40**:222–223
        product selection, **40**:222–223
        product strategies, **40**:219–222
        risk/benefit analysis, **40**:215
      current status, **40**:210–212
      holistic approach, **40**:209–210
    market discovery, **40**:148–149
    outlook, **40**:227–233
    overview, **40**:95–107

industrial aspects, **40**:97–99
interdisciplinary nature, **40**:96–97
process systems, **40**:95–96
systems approach, **40**:99–107
process development, **40**:173–209
  alternatives, **40**:176–186
    geometric scale-up, **40**:179–181
    new product scale-up,
      40:182–184
    reactor hardware *versus* software
      alternative, **40**:185–186
  analysis *versus* synthesis, **40**:176
  control, **40**:203–204
  optimization, **40**:203–204
  plant design, **40**:204–208
  scale-up
    geometric, **40**:179–181
    multivariable screening, **40**:194
    new products, **40**:182–184
    pattern analysis, **40**:195–196
    qualitative methods, **40**:188–193
    quantitative methods, **40**:194–203
    regime analysis, **40**:199–201
    scale-down analysis, **40**:201–203
    specific rate analysis, **40**:196–198
    statistical analysis, **40**:194
  stages, **40**:174–176
  technology transfer, **40**:209
process discovery, **40**:141–148
  approaches, **40**:141–143
  biotransformations, **40**:143–145
  examples, **40**:145–148
process systems
  approach, **40**:99–107
  overview, **40**:95–96
product
  development, **40**:156–173
    constraints, **40**:156–159
    delivery concepts, **40**:162–164
    examples, **40**:166–173
      environmental services,
        40:172–173
      insulin discovery and
        development, **40**:169–172
      from penicillin to new class of
        antibiotics, **40**:166–169
      microbial route development,
        40:165–166
    product formulation, **40**:162–164
    resource statistics, **40**:159–162

    funnel diagram, **40**:160–161
    inverted triangle concept,
      40:161–162
    pipeline concept, **40**:159–160
    strategies, **40**:156–159
  discovery, **40**:115–141
    approaches, **40**:131–140
    classification, **40**:115–120
    versus manufacturing routes,
      40:121–125
    new chemical class discovery,
      40:125–127
    other industrial sector products,
      40:128–131
    plant product discovery,
      40:127–128
    screens, **40**:115–121
    serendipity, **40**:140
    top 20 drugs, **40**:140–141
  regulation of genetically engineered
    microorganisms, **40**:274–280
crop improvement
  plants, **34**:282–289
  tissue culture, **34**:281
embryo transfer, **34**:297, 300
energy, **34**:277, 280
enzymes, **34**:276–279
foodborne yeasts and, **36**:180
gibberellins and, **34**:110
human protein, **34**:289, 290
  growth hormone, **34**:291
  insulin, **34**:291
  interferon, **34**:291
  interleukin-2, **34**:292
  recombinant DNA, **34**:293
  renin, **34**:292
  tissue plasminogen activator, **34**:291,
    292
industrial organism, **34**:264–269
inherited diseases, **34**:296–299
microbial enzyme use in, **25**:18–22
monoclonal antibodies, **34**:294, 295
pollutants, **34**:275
processes, environment and, **36**:67–68,
  82
  case studies, **36**:75–76
    agriculture, **36**:79–80
    chemical bioprocesses, **36**:78–79
    food bioprocesses, **36**:76–77
    mining, **36**:79

Biotechnology (*continued*)
  pharmaceutical bioprocesses, **36:**77–78
  waste treatment, **36:**78
  ecology, **36:**69
    dispersion, **36:**69–70
    genetic exchange, **36:**71–73
    survival, **36:**70
  hazards, **36:**68–69
    motivation, **36:**69
    regulation, **36:**80–82
    risk assessment, **36:**73–74
    human, **36:**74–76
  protein analysis and, **36:**323–324
  technology
    protein chemistry, **34:**274, 275
    recombinant DNA, **34:**269–271
    reverse genetics, **34:**271–274
  vaccines, **34:**292, 294
Biotin
  antibody technologies and, **38:**162, 190
  antimetabolites, **22:**163
    actithiazic acid, **22:**164–166
    adenine, **22:**169–170
    amiclenomycin, **22:**168–169
    α–dehydrobiotin, **22:**166–167
    α–methylbiotin, **22:**167–168
    α–methyldethiobiotin, **22:**167–168
    stravidin, **22:**168–169
  bacterial gene transfer in soil and, **35:**95, 146, 147, 149, 151
  biosynthetic pathways to, **22:**146–148
    biotin synthesizing reaction, **22:**147, 153–155
    dethiobiotin synthetase, **22:**147, 151–153
    7,8-diaminopelargonic acid, **22:**147, 149–151
    7-keto-8-aminopelargonic acid, **22:**147, 149
    pimilyl-CoA synthetase, **22:**148
  chemical synthesis of, **22:**158–159
  microbial degradation of, **22:**170–172
  microbial synthesis of, **22:**160–161
  protein analysis and, **36:**294
  regulation of biotin synthesis, **22:**155–157
  uses of, **22:**146
Biotransformation
  environmental, **40:**289–300

  dicamba, **40:**291–295
  other chlorinated and nonchlorinated compounds, **40:**295–300
  by immobilized plant cells, **28:**14–22
  process discovery, **40:**143–145
  sterol, **39:**62–63
Biotyping, **33:**48, 49
Biparental mating, recombinant *E. coli* K-12 and, **36:**90–96, 99
Biphenyl degradation, **37:**155–157; **41:**78–79
  chromosomal genes, **37:**150–154
  derivatives, **37:**147–149
  metabolic pathway in bacteria, **37:**136–139
  metabolism, **37:**154–155
  plasmids, **37:**149–150
  polychlorinated biphenyls, **37:**139–141
    anaerobic degradation, **37:**143–145
    bacteria growth, **37:**141–143
    bioremediation trials, **37:**145–147
Biphenyl hydrocarbons, in catabolic regulation, **40:**296–297
Biphenyls, polychlorinated, *see* Polychlorinated biphenyls
Bisacrylcystamine, protein analysis and, **36:**296
Bispecific antibody technologies, **38:**166–167
Biting blackfly larvae, **42:**224–226
"Black Yeast" polysaccharides, production and properties, **23:**38–40
Bladder, bacterial gene transfer in soil and, **35:**92
Bleaching, delignification by, **39:**324–325
Bleach plant effluent, basidiomacromycetes, **37:**333
Bloodworms, in drinking water distribution systems, **30:**108
Blunt end ligation, recombinant DNA synthesis by, **27:**27–29
Bocillus subtilis
  2,3-butanediol generation, **32:**94
  stereoisomers of, **32:**93
  diol-glycerol fermentation, **32:**103
  glucose dissimilation, **32:**91, 104
Bodo, on reservoir surfaces, **30:**108
Bone marrow
  antibody technologies and, **38:**181–182
  Ganoderma, **37:**120

Bordetella
multilocus enzyme electrophoresis of, **33**:55
surface components during cultivation, **33**:48
Bordetella pertussis, multilocus enzyme electrophoresis of, **33**:55
Bradyrhizobium japonicum, genetically engineered microorganisms and, **38**:93
Bramycin, tolerance to, in producer organisms, **25**:152
Bran, *see also* Moldy bran; Wheat bran
α–amylase production and, **35**:38–40, 44
Brassinosteroids, gibberellins and, **34**:108–111, 122
Bray's nitrate-nitrite powder, genetically engineered microorganisms and, **38**:23–24
Bread, yeast fermentation, **39**:190
Bredinin, *see* Mizoribine
Brefeldin A, substances from fungi and, **34**:233
Brettanomyces, foodborne yeasts and
ecology, **36**:187, 189
identification, **36**:249–250
methods for isolation, **36**:230, 233
specific habitats, **36**:208, 216
Brevibacterium, carbon assimilation pathway, **26**:28
Brevibactrium ammoniagenes, fumarase isolation and purification using ATPE, **41**:156
Brevistin, **24**:209–210
Bromination
biphenyl degradation, **37**:147, 151
haloperoxidases, **37**:91–92
alkenes, **37**:57, 59–60
assay methods, **37**:53, 55–56
heterocyclic compounds, **37**:68–69, 71, 75
reactions, **37**:75, 78, 81
mechanisms of, **37**:82, 86–87
Bromine, viral inactivation mechanisms, **33**:87–88
Bromine chloride, viral inactivation mechanisms, **33**:88
Bromodichloromethane, biodegradation in subsurface, **33**:143
Bromoform, biodegradation in subsurface, **33**:143

Bromohydrin, haloperoxidases, **37**:56–57, 59–60, 63, 75
Bromonitromethane, **33**:271
Bromoperoxidases, **37**:90–92
alkenes, **37**:59–60
aromatic compounds, **37**:64
assay methods, **37**:56
heterocyclic compounds, **37**:68–69, 71–72, 74–75
reactions, **37**:75–76, 78–79, 81
mechanisms, **37**:82, 86–89
sources, **37**:43, 45–48, 50, 52–53
Bromophos, metabolism in microorganisms, **28**:173
Bronopol, **33**:251
Bronstedt partition theory, **41**:123
Bryamycin, *see* Thiostrepton
Bt, *see Bacillus thuringiensis*
Bubbles
column, hydrodynamic shear stress, **37**:185–186, 208–209, 212
effects, hydrodynamic shear stress, **37**:204–205, 210
Budapest Treaty, patent law and, **35**:269–274
deposits, **35**:266–268
European countries, **35**:279, 280
international agreements, **35**:275, 277, 279
non-European countries, **35**:281
Budding, foodborne yeasts and, **36**:182, 190
Bullera, foodborne yeasts and, **36**:207
1,3-Butadiene, production from 2,3-butanediol, **32**:152
Butanediol
fermentation, **39**:121–123
pentose fermentation product, **39**:99–100
production
nutritional factors affecting, **39**:134–135
oxygenation affecting, **39**:135
pH effects, **39**:134
temperature effects, **39**:134
water activity affecting, **39**:135
xylose fermentation product, **39**:109
2,3-Butanediol, *see* 2,3-Butylene glycol
Butanol
fermentation, by clostridia, **31**:5, 24–33

Butanol (*continued*)
  production
    nutritional factors affecting, **39**:133
    oxygenation affecting, **39**:133–134
    pH effects, **39**:132
    temperature effects, **39**:132–133
  toxicity
    acetone/butanol fermentation and, **31**:73–74
    pentose fermentation and, **39**:138
  use in delignification, **39**:314
  xylose fermentation product, **39**:119–121
2-Butanol, see *sec*-Butyl alcohol
2-Butanone, see Methyl ethyl ketone
sec-Butyl alcohol, oxidation to 2-butanone, **26**:56–62
1,1-(2-Butylene)bis(3,5,7-triaza-1-azoniaadamantane) chloride, **33**:232
2,3-Butylene glycol, bacterial production
  n-butanol, as solvent in 2,3-butanediol recovery, **32**:136, 138
  conversion from pyruvate, **32**:96–103, see also Pyruvate
    enzymes, **32**:100–102
  conversion to 1-3-butanediene
    diol acetylation, **32**:152
    pilot plant pyrolysis unit, **32**:152
  environmental factor effects
    aeration, **32**:116–122
    carbon sources, **32**:104–105
    anaerobic conditions, **32**:106
    inoculum acclimatization, **32**:123–124
    medium supplements
      acetate, **32**:110, 115–116
      trace metals, **32**:115
      urea, **32**:113–114
      yeast extract, **32**:112–114
    pH, **32**:107–108
    product concentration, **32**:111–112
    substrate concentration
      glucose, **32**:108–109
      oxygen supply and, **32**:108–111
      xylose, **32**:109–111
    temperature, **32**:105, 107
    water activity, **32**:121, 123
  fermentation classes, **32**:102–103
  metabolic functions, **32**:103
  microbiology, **32**:90–95, see also specific bacteria
  potential substrates, **32**:125
    agricultural residues, **32**:132
    food industry wastes, **32**:126–127
    molasses, **32**:127–128
    sugar beet pulp, **32**:128
    waste sulfite liquor, **32**:124, 126
    wood hydrolysates, **32**:128–132
  process design
    barley as substrate for B. polymyxn, **32**:151
    molasses as substrate, **32**:139–146, see also Molasses
    wheat as substrate, **32**:143–144, 146-151, see also Wheat
    pyruvate formation and, **32**:95–98
    reactor operation mode, **32**:134
    recovery from fermentation broths, **32**:135–139
      countercurrent stream stripping, **32**:137, 139
      solvent extraction
        after adsorption on active carbon, **32**:136-137
        butanediol diacetate-based, **32**:136, 139
        with *n*-butanol, **32**:136, 138
        preliminary treatment, flowsheet for, **32**:136, 137
Butyrate
  anoxygenic phototrophic bacteria and, **38**:224–227, 269
  fermentation, clostridia and, **31**:4, 7S, 15–19
Butyric acid
  acetone/butanol fermentation and, **31**:76–78
  effect on acetone and butanol production, **39**:133
  toxicity, pentose fermentation and, **39**:138–139
β–Butyrolactone polymerization, **42**:114–115

C

Cadmium, **23**:55–117
  basidiomacromycetes, **37**:331–332
  biochemistry, **23**:66-67
  chemistry, **23**:59–66

environmental implications, **23**:62–66
effects on
  biota, **23**:55–117
  experimental animals, **23**:67–69
  humans, **23**:67
  marine ecology, **23**:96-108
  microbial activities and interactions, **23**:104–105
  microorganisms and viruses, **23**:78–96
  plants, **23**:70–78
environmental factors affecting toxicity, **23**:106-107
physiological transport, **23**:63
seawater, **23**:62
soil, **23**:65
sources, **23**:56-59
  natural and background levels, **23**:56-57
  pollution sources, **23**:57–59, 60
viral inactivation by, **33**:90–91
xenobiotics and, **35**:213
  effects, **35**:221–223, 230, 232, 233
  environment, **35**:216
Cadoxen, *see* Tris(ethylenediamine)cadmium dihydroxide
Calcitonin, antibody technologies and, **38**:152
Calcium
  α–amylase production and, **35**:26, 40–42
  antibody technologies and, **38**:192
  bacterial gene transfer in soil and, **35**:133, 156
  basidiomacromycetes, **37**:295, 326
  Ganoderma, **37**:119
  gibberellins and, **34**:64, 73
  haloperoxidases, **37**:44
  hydrodynamic shear stress, **37**:189, 201, 211, 217
  monosaccharides and, **34**:167, 170, 171, 173
  pectin gels and, **39**:225–226
  polygalacturonase activity and, **39**:240–241
Caldariomyces fumago, haloperoxidases, **37**:90
  alkenes, **37**:56, 59–60, 65
  heterocyclic compounds, **37**:68, 71–73
  reactions, **37**:77, 79, 81
    mechanisms of, **37**:82, 85, 87, 89

  sources, **37**:43–45, 50
Calgene, biotechnology and, **34**:287
Calibration, bacterial gene transfer in soil and, **35**:153, 154
Calvacin, substances from fungi and, **34**:241
Calvatic acid, substances from fungi and, **34**:241
Camphor, microbial cytochromes P450 and, **36**:140–143, 156
Campylobacter jejuni, disinfection, from drinking water, **30**:85
Cancer, *see also* Tumors
  antibody technologies and, **38**:182–183, 185–186
  immunotherapy, antibody technologies and, **38**:181
  lentinan effects, **39**:163
Candida
  albicans
    foodborne yeasts and, **36**:208, 222, 255
    as indicator organism in water quality analysis, **30**:105
    microbial cytochromes P450 and, **36**:162, 165–166
  cytochrome P450 systems in, **25**:179
  foodborne yeasts and, **36**:183
    acid-preserved foods, **36**:227–228
    dairy products, **36**:222–223
    ecology, **36**:185–186, 188–189
    fermented foods, **36**:224, 226-227
    fish, **36**:221
    identification, **36**:239–242, 245–246, 248–253, 255, 257
    meat, **36**:219–220
    specific habitats, **36**:196-198, 206-211, 213–218
  guilliermondii, PAH metabolism, **30**:36
  lipolytica, PAH metabolism, **30**:36
  maltosa, PAH metabolism, **30**:36
  microbial cytochromes P450 and, **36**:165–168
  tropicalis, PAH metabolism, **30**:36
Candida maltosa, microbial cytochromes P450 and, **36**:167–168
Candida tropicalis, microbial cytochromes P450 and, **36**:166-167
Cannabinoids, as drug metabolism models, **25**:199–200

Canned foods, nisin use in, **27**:118–119
Cantharellus cibarius,
  basidiomacromycetes, **37**:243, 245
Capillary forces, solid-state fermentation
  and, **38**:113
Carageenan, anoxygenic phototrophic
  bacteria and, **38**:236, 238–239
Carbohydrates
  antibody technologies and, **38**:160, 186,
    189
  basidiomacromycetes
    applications of spent substrate,
      37:317, 319
    growth substrate changes, **37**:291, 299
    lignocellulosic substrates, **37**:258
    mycelium, **37**:329
    values, **37**:242–243, 246
  biotechnology and, **34**:266
  foodborne yeasts and, **36**:186, 195, 237
  genetically engineered microorganisms
    and, **38**:35–36
  gibberellins and
    economics, **34**:117
    growth phases, **34**:76-79
    kinetic studies, **34**:82, 83
    submerged fermentation, **34**:64, 70, 87
  hydrogen production technology and,
    38:221, 227, 264, 269
  levan and, **35**:172, 174, 179
  secondary metabolism and, **34**:4, 6
  solid-state fermentation and, **38**:115, 130
  substances from fungi and, **34**:242
Carboiimides, *see* Cyanamide
Carbon
  α–amylase production and, **35**:15, 23
  anoxygenic phototrophic bacteria and
    enzymes, **38**:259–267
    hydrogen production, **38**:228, 244,
      246-247
  assimilation by facultative
    methylotrophs, **26**:28
  availability in subsurface, **33**:112–113
  bacterial gene transfer in soil and,
    35:73, 78
  basidiomacromycetes, **37**:245, 336-337
    applications of spent substrate,
      37:326-327
    growth substrate changes, **37**:303,
      313–315
    lignocellulosic wastes, **37**:285, 290

  mycelium, **37**:329–330, 333
  biotechnology and, **34**:285
  biphenyl degradation, **37**:135–136,
    138–139, 156
    anaerobic degradation, **37**:143
    bacteria growth, **37**:142
    chromosomal genes, **37**:153
    derivatives, **37**:147–148
  foodborne yeasts and, **36**:186-187, 233
  genetically engineered microorganisms
    and, **38**:3, 16, 44, 56, 94
  gibberellins and
    biosynthesis pathways, **34**:55
    chemistry, **34**:36
    economics, **34**:119
    growth phases, **34**:77, 79
    immobilized whole cells, **34**:99, 100
    liquid surface fermentation, **34**:58
    mode of action, **34**:43
    process, **34**:85–87
    regulation, **34**:79–81
    solid-state fermentation, **34**:100
    submerged fermentation, **34**:64–67,
      71
  haloperoxidases, **37**:56, 72, 77, 91
  herbicides and pesticides and, **36**:2, 6
    anaerobic aromatic metabolism, **36**:33
    chloroaromatic metabolism, **36**:23,
      25–26
    cometabolism, **36**:29
    dicamba degradation, **36**:48
    growth kinetics, **36**:49, 52–53, 60–61
    kinetics of biodegradation, **36**:12,
      19–20
  levan and, **35**:181, 182
  microbial cytochromes P450 and,
    36:138, 141–142, 148, 166
  monosaccharides and
    applications, **34**:165, 167, 172
    fermentation, **34**:157
    mechanisms, **34**:144
    structure, **34**:150, 152–154
  nitroaromatic compounds, **37**:1, 7–9,
    11, 14
  in pristine aquifer, **33**:152
  recombinant *E. coli* K-12 and, **36**:114
  solid-state fermentation and, **38**:100,
    105
  xenobiotics and, **35**:245, 247
    activity, **35**:204–209

assessment, **35**:235, 236, 238, 239, 241, 243
classification, **35**:210
effects, **35**:220–223, 231
interactions, **35**:215
Carbonate, anoxygenic phototrophic bacteria and, **38**:223, 247
Carbon cycle, basidiomacromycetes, **37**:234, 252, 269
Carbon dioxide
  anoxygenic phototrophic bacteria and
    carbon assimilation, **38**:259–261, 264, 266
    classification, **38**:216
    enzymes, **38**:247
    hydrogen metabolism, **38**:219
    hydrogen production, **38**:220, 223, 235, 269, 271
  basidiomacromycetes, **37**:234, 339
    applications of spent substrate, **37**:317, 326
    growth substrate changes, **37**:286, 313–315
    lignocellulosic substrates, **37**:252, 261, 269
    lignocellulosic wastes, **37**:280
    mycelium, **37**:329–331, 336
  biphenyl degradation, **37**:144, 146, 155
  control in cell cultures, **27**:156-159
  foodborne yeasts and, **36**:179–180, 186, 189, 209, 247
  genetically engineered microorganisms and, **38**:3, 6, 90, 93–94
  metabolic activity, **38**:8–16, 52–53
  methods of study, **38**:41, 49
  results, **38**:74
  soil enzymes, **38**:62
  nitroaromatic compounds, **37**:8, 11–12
  production from biomass, **32**:55–56
  solid-state fermentation and, **38**:103, 109, 112, 130
    experimental measurements, **38**:132–133, 140
    mathematical modeling, **38**:118–121, 123
  in subsurface, **33**:112
  xenobiotics and, **35**:196, 245
    activity, **35**:205, 207, 208
    assessment, **35**:236, 238, 239
    effects, **35**:220, 234

  soil as microbial habitat, **35**:202
Carbon monoxide
  anoxygenic phototrophic bacteria and, **38**:241–242, 257, 261–263
  microbial cytochromes P450 and, **36**:134, 137, 141, 152, 162, 172
  removal by bacteria, **41**:212–213
Carbon source, for inulinase production, **29**:149–150
Carbon tetrachloride, biodegradation in subsurface, **33**:143
Carbowax polyethylene glycols, structure, **23**:176
Carboxylic acid
  anoxygenic phototrophic bacteria and, **38**:260
  biosurfactants and, **26**:245–246
  interfacial tension, **26**:247
  saturated solutions, **26**:248
Carboxymethylcellulase
  basidiomacromycetes, **37**:298–299
  CBF activity, **33**:19, 20
Carcinoembryonic antigen, antibody technologies and, **38**:176, 184
Carcinoma, substances from fungi and
  ascomycetes, **34**:242
  basidiomycetes, **34**:237, 238, 241
  fungi imperfecti, **34**:229, 232–235
Cardenolides, plant cell transformation of, **25**:223
Cardiovascular system, *Ganoderma*, **37**:114–118
Carminomycin, *see* Carubicin
Carotenoids, α–amylase production and, **35**:15
Carubicin, production by *Streptomyces* species, **32**:208
Cascade amplification, **41**:61–63
Cascade method, antibody technologies and, **38**:165
Cassava root, ethanol production, **26**:171–174
Casse plasmid isolation method, from *Pseudomonas*, **40**:305
Castor oil, as antifoam carrier, **33**:189
Catabolism
  biotransformation and regulation of, **28**:90–94
  herbicides and pesticides and, **36**:2, 7, 37

Catabolism (*continued*)
  pathways
    chlorinated hydrocarbons, **41**:65–69, 70–72, 90
    γ-hexachlorocyclohexane, **41**:85–86
    hybrid, **41**:70–72, 79–82
    hydrocarbons, **41**:59–61
    naphthalene, **41**:73–75
    transfer by recombinant DNA technology, **27**:58
Catabolite repression in secondary metabolism, **28**:77–81
Catalase–peroxidase, **41**:204
Catalysis
  herbicides and pesticides and, **36**:23, 26, 29, 39
  microbial cytochromes P450 and, **36**:134–137, 173
    Actinomyces, **36**:151–153, 155, 157
    eucaryotes, **36**:162–167, 172
    procaryotes, **36**:139, 142–143, 146, 148
  protein analysis and, **36**:297
  recombinant *E. coli* K-12 and, **36**:89
Catalysts, biotechnology and, **34**:276-279
Catalytic antibody technologies, **38**:167–170
Catechol, biphenyl degradation, **37**:138, 153
Catechol dioxygenase, **41**:60
Catharanthus roseus
  hydrodynamic shear stress, **37**:212–213, 216
  immobilized cells of ajmalicine biosynthesis on, **28**:18–20, 22, 23
Cathenamine, biosynthesis of, on immobilized plant cells, **28**:19
Cation exchange capacity, xenobiotics and, **35**:199–201, 216
  effects, **35**:221
  environment, **35**:216, 217, 219
Cations
  adhesion of microbial cells to wetted surfaces, **29**:113–114
  inorganic, nickel toxicity and, **29**:228–232
Cattle, waste digestion profitability
  carbon dioxide credits and, **32**:55–56
  confinement cost and, **32**:54–55
  fertilizer credits and, **32**:53–54

  fuel escalation rate and, **32**:56, 57
  herd size and, **32**:53
  interest rate and, **32**:56, 58, 59
Cavitation, hydrodynamic shear stress, **37**:210
CBF, *see* Cellulose-binding factor
CCPA, *see* Court of Customs and Patent Appeals
CD4, antibody technologies and, **38**:174, 177, 180
CEC, *see* Cation exchange capacity
Cel A gene product, **33**:28–29
Cel B gene product, **33**:13
Cell culture
  ATP measurement in, **27**:163
  carbon dioxide control in, **27**:156-159
  cell cell interactions in, **27**:141–142
  cell-environment interactions in, **27**:141
  cell-growth model for, **27**:140–142
  contamination probability, **39**:2
  cytofluoremetry use in, **27**:163–164
  dialyzable component control in, **27**:152–153
  evaluation, **27**:142–144
  instrumentation for process control in, **27**:137–167
  ionic strength control in, **27**:149–152
  mixing and viscosity in, **27**:146-147
  nicotinamide nucleotide monitoring in, **27**:159–162
  oxidation-reduction potential in, **27**:162
  oxygen control in, **27**:153–156
  pH control in, **27**:148–149
  plant-derived, **25**:209–239
  temperature control in, **27**:145–146
Cell damage, collision-related, hydrodynamic shear stress, **37**:181–185
Cell fusion, antibody technologies and, **38**:162, 166
Cell-mediated immunity, antibody technologies and, **38**:154
Cellobiase, *see* β–Glucosidase
Cellobiohydrolases, **33**:5
  molecular properties, **40**:7–10
  synergistic properties, **40**:20–24
Cellobiose, *see also* Cellobiose dehydrogenase; Cellobiose phosphorylase
  negative yeast, **36**:256-258

Cellobiose dehydrogenase
  foodborne yeasts and, **36:**240, 251–253
  hydrolysis, **33:**5
  inhibition
    of cellulase system from C.
      thermocellum, **33:**12
    of cellulolytic systems, **33:**6
  structure, **33:**3
  surfactant, **39:**75
Cellobiose phosphorylase
  detection in microorganisms, **32:**166
  reaction catalyzed by, **32:**164
Cell poker, hydrodynamic shear stress, **37:**208
Cells
  animal and microbial compared, **27:**139
  mammalian, as DNA host-vector systems, **27:**45–47
  microbial
    adhesion to wetted surface, **29:**104–114
    immobilization of, **29:**19–20
    nisin as growth regulator for, **27:**91–94
    partition affinity ligand studies on, **28:**133–145
    separation of, **33:**321–323
Cellulases, **41:**204
  action on cellulose, **33:**3–4
    system factors, **33:**4
  basidiomacromycetes
    applications of spent substrate, **37:**323, 325–326
    growth substrate changes, **37:**296-300, 303
  cellulose susceptibilities to, **39:**298–299
  genetically engineered microorganisms and, **38:**37
  hydrolysis of cellulose, **33:**5
  mechanism of action, **33:**4–6
  microbial, **33:**2; **40:**1–35
    biosynthesis, **40:**26-34
      localization, **40:**30–31
      in recombinant cells, **40:**31–34
      regulation, **40:**26-30
    catalytic properties, **40:**15–26
      catalytic mechanisms, **40:**24–26
      glycosylation, **40:**19–20
      structural organization, **40:**15–19
      synergistic mechanisms, **40:**20–24
    enzyme sources, **40:**2–6

      bacterial, **40:**5–6
      fungal, **40:**3–5
    future prospects, **40:**34–35
    molecular properties, **40:**6-15
      cellobiohydrolases, **40:**7–10
      endoglucanases, **40:**10–13
      β–glucosidases, **40:**13–15
  in R. albus., **33:**38–39
  "true, " in *Clostridium thermocellum,* **33:**11–12
Cellulolytic microorganisms, *See also* specific microorganisms
  foam formation, **33:**175–176
  types of, **33:**6-8
Cellulomonas fimi
  in cellulolytic enzyme analysis, **40:**12, 18, 20
  cellulolytic enzyme source, **40:**3, 5–6
Cellulose
  acetone-butanol fermentation, **39:**121
  acid and enzymatic hydrolysis, comparison, **26:**197
  anoxygenic phototrophic bacteria and, **38:**223–235, 239–240, 268
  ball milling, **26:**187
  basidiomacromycetes
    applications of spent substrate, **37:**317–319, 321, 325–326
    growth substrate changes, **37:**287, 290, 292–294, 297–298, 310, 312–313
    lignocellulosic substrates, **37:**251–252, 257, 268–269
    lignocellulosic wastes, **37:**281, 284
    mycelium, **37:**335
  binding, S1 subunit and, **33:**29
  C. thermocellum adherence to, **33:**15–17
  chemical composition, **39:**296
  degradation products, catabolism by C. thermocellum, **33:**9
  enzymatic hydrolysis, **26:**182; **33:**3–4
  ethanol production, **26:**176–199
  fermentation
    of hydrolyzate to ethanol, **26:**194–195
    strategies, with C. thermocellum, **33:**10–11
  genetically engineered microorganisms and, **38:**21–22, 56
  hydrolysate, conversion to 2,3-butanediol, **32:**132

Cellulose (*continued*)
  hydrolysis, **39**:296-297
    chemical, **39**:306-312
    radiation, **39**:302–304
    thermal, **39**:304–306
  γ–irradiation, **26**:187–188
  in lignocellulosic biomass, **39**:297
  microbial degradation, **33**:6-8
  preparation from aspen wood chips, **32**:131–132
  pretreatment for ethanol production, **26**:186-189
  sodium hydroxide treatment, **26**:188
  solid-state fermentation and, **38**:114–116, 125
  solvents, **39**:312
  sulfur dioxide treatment, **26**:188–189
  utilization as bioconversion substrate, **33**:2, 3
  waste, **26**:195
    in ethanol production, **26**:196-197
  wood concentration, **39**:298
  xenobiotics and, **35**:205, 222, 223, 239, 241
Cellulose binding factor, **33**:19–20, *see also* Cellulosome of *Clostridium thermocellum*
Cellulosome of *Clostridium thermocellum*
  adherence to cellulose, **33**:15–17
  cell-associated and extracellular forms, peptide composition and activities, **33**:25–26
  cellulase activity, **33**:28
  cellulose-binding factor, **33**:19–20
  characterization
    cellulolytic components not in cellulosome, **33**:31–32
    electron microscopy, **33**:24
    isolation of cell-associated forms, **33**:20–24
    peptide composition and activities, **33**:25–26
    reassembly experiments, **33**:30–31
    S1 subunit, **33**:29
  culture stirring, **33**:13–15
  extension of concept, **33**:37–39
  mutant selection, **33**:17–19
  in other strains, **33**:37–38
  partially denatured fractions, **33**:28
  perspectives, **33**:39–41

  product analysis, **33**:28
  structural stability and denaturation by detergent, **33**:26-29
  subunit content, **33**:28
  ultrastructural studies, **33**:33–37
Cellvibrio gilvus, cellulolytic enzyme source, **40**:3, 5–6, 15
Cell walls, of bacteria comparison of, **25**:39–42
Centraalbureau voor Schimmelcultures
  history, **24**:215–219
  identification services, **24**:225,24:234
  methods of maintenance, **24**:219–223,24:233
Central nervous system, *Ganoderma*, **37**:113
Centrifugation, **42**:82–83
  α–amylase production and, **35**:9, 40
  bacterial gene transfer in soil and
    conjugation, **35**:117, 126, 131
    recombinants, **35**:144, 147
    transduction, **35**:133, 135, 138, 139
  basket foam breeder, **33**:201–203
  extractor for, **33**:327
  levan and, **35**:186
  separators for, **41**:112
  types used in China, **33**:321–322
Cephalosporin P antibiotics
  antimicrobial of, **25**:100
  structure of, **25**:97–98
Cephalosporins
  biotechnology and, **34**:280
  synthesis by immobilized cells, **22**:4
  tolerance to, in producer organisms, **25**:150–151
Cephalosporium
  from drinking water, **30**:102
  on pipe surfaces, **30**:103
Cephalosporium acremonium, enzyme induction in, **28**:35
Cereal
  foodborne yeasts and, **36**:195–205, 213–214, 217–218, 225
  gibberellins and, **34**:39, 40
  straws, basidiomacromycetes, **37**:254–256, 283, 337
Cerexins, **24**:189,24:190–192
Cerilipin, structure, **26**:242
Cerostomella, steel and aluminum corrosion, **32**:10

Cetyl palmitate, alkane-utilizing microorganisms, **39**:67
Cheese
  flavoring, yeasts, **39**:189–190
  nisin-producing starters in, **27**:113–115
  production, as solid-state fermentation, **28**:204–205
  whey from, in ethanol production, **26**:199–201
Chemicals
  bioprocesses, **36**:76, 78
  commodities, *see* Biotechnology, commercial
  disinfection, stormwater, **37**:32–33
  foam control
    adverse effects of antifoams, **33**:189–191
    automatic antifoam addition devices, **33**:192–196
    breaking mechanism, **33**:185–186
    oxygen transfer rate and, **33**:191–192
    selection criteria for antifoams, **33**:186-189
    type and nature of antifoams, **33**:180–185
  modification, selective, of enzymes, **29**:15–17
  services, *see* Biotechnology, commercial
Chemiluminescent methods, for coliform counting, **27**:178–179
Chemisorption, **30**:134
  of viruses, **33**:83
Chemostats, recombinant *E. coli* K-12 and, **36**:97–98
Chemotherapy, antibody technologies and, **38**:181–182
Chimeric antibody technologies, **38**:182
Chitin
  genetically engineered microorganisms and, **38**:22–23
  solid-state fermentation and, **38**:130
Chitinase, biotechnology and, **34**:288
Chitinoclastic bacteria, genetically engineered microorganisms and, **38**:56, 62, 78
Chlamydocin, substances from fungi and, **34**:234
Chlamydomonas angulosa, PAH metabolism, **30**:37

Chlamydomonas reinhardi, hydrodynamic shear stress, **37**:193
Chlamydomonas reinhardtii, hydrogen production technology and, **38**:268–269
Chloramines, *see* Chloramine-T
Chloramine-T, stormwater, **37**:33
Chloramphenicol
  bacterial gene transfer in soil and, **35**:78, 116
  biotechnology and, **34**:280
  effect on production of, **25**:88–89
  metabolic pathway for, **25**:79
  multivalent induction of, **25**:82–84
  nitroaromatic compounds, **37**:1–2
  p-nitrophenylserinol effects on, **25**:89
  recombinant *E. coli* K-12 and, **36**:102, 120
  resistance to, **25**:80
  tolerance to, in producer organisms, **25**:157–159, 163
Chloramphenicol acetyltransferase, recombinant *E. coli* K-12 and, **36**:111
Chlorella, **30**:106
  autotrophica, PAH metabolism, **30**:37
  Ganoderma, **37**:125
  indirect oxidation of manganese, **33**:311–314
  sorokiniana, PAH metabolism, **30**:37
Chlorhexdecane, oxidation, lipids from, **39**:67
Chloride
  in contaminated aquifer, **33**:154–155
  herbicides and pesticides and, **36**:20, 23, 26, 35, 49
  protein analysis and, **36**:282, 286
Chlorinated waters, improved enumeration of bacteria in
  fecal coliform bacteria, **29**:188–189
  fecal *Streptococcus* bacteria, **29**:190
  total coliform bacteria, **29**:189
Chlorination
  and enumeration, of waterborne coliform bacteria, **29**:177–181
  xenobiotics and, **35**:224, 233, 234, 246, 248
Chlorine, *see also* Water, chlorination
  algicidal, **30**:107
  basidiomacromycetes, **37**:329–332
  biphenyl degradation, **37**:135, 142, 151

Chlorine (*continued*)
  anaerobic degradation, **37**:143–145
  polychlorinated biphenyls,
    37:139–141
  for fungal control, **30**:103
  haloperoxidases, **37**:90–92
    alkenes, **37**:56, 59–60
    aromatic compounds, **37**:64–65
    assay methods, **37**:53
    heterocyclic compounds, **37**:68–72, 75
    reactions, **37**:75–78
      mechanisms of, **37**:82–85, 89
    sources, **37**:47–48, 50
  herbicides and pesticides and, **36**:2, 12, 19, 23, 25, 33
  lignocellulose treatment, **39**:312
  physiological injury in waterborne coliform bacteria and, **29**:181–187
  reactions with water, **33**:85–86
  stormwater, **37**:32–33
  viral inactivation mechanisms, **33**:85–87
Chlorine dioxide, **33**:85
Chloroacetophenones, biphenyl degradation, **37**:156
4-Chloroaniline, nitroaromatic compounds, **37**:4
Chloroaromatic herbicide-degrading genes
  degradation by anoxygenic phototrophic bacteria, **41**:211–212
  in *Pseudomonas* species, **40**:289–319
    alternative carbon source effects, **40**:308–317
      dicamba, **40**:308–317
      salicylate, **40**:309–313
      succinate, **40**:309–317
    large plasmid isolation, **40**:301–308
      Allen method, **40**:307–308
      Casse method, **40**:305
      Kado and Liu method, **40**:305–307
      Wheatcraft method, **40**:302–304
    models, **40**:290–300
      dicamba metabolism, **40**:291–295
      environmental biotransformations, **40**:295–300
    overview, **40**:289–290
Chloroaromatics, herbicides and pesticides and, **36**:2, 8
  degradation, **36**:18–20, 37–44, 46

  metabolism, **36**:21–23
  chlorocatechols, **36**:29–31
  dehalogenation, **36**:23, 25–26
  demethylation, **36**:23–24
  ring cleavage, **36**:26-29
Chlorobenzene
  biodegradation in subsurface, **33**:144
  biotransformation rate in aquifer, **33**:141
Chlorobenzoate, **41**:65, 71–72, 90
  degradation, **37**:135, 155–156
  anaerobic degradation, **37**:144
  bacteria growth, **37**:141–143
  bioremediation trials, **37**:146
  chromosomal genes, **37**:152–154
  polychlorinated biphenyls, **37**:140–141
3-Chlorobenzoate, herbicides and pesticides and, **36**:15, 19, 26, 29
4-Chlorobenzoate, herbicides and pesticides and, **36**:3, 19, 25
3-Chlorobenzoic acid, herbicides and pesticides and, **36**:3, 29
Chlorobiaceae, **41**:177–180, 178
3-Chlorobiphenyl, degradation, **37**:142, 156
4-Chlorobiphenyl, degradation, **37**:135, 138, 156
  bacteria growth, **37**:141–143
  chromosomal genes, **37**:152–153
  plasmids, **37**:150
Chlorobium limicola, hydrogen production technology and, **38**:251
Chlorocatechol, herbicides and pesticides and, **36**:22, 26, 39
4-Chlorocatechol, nitroaromatic compounds, **37**:8–9
Chlorochromatium aggregatum, hydrogen production technology and, **38**:216
Chlorochromatium glebulum, hydrogen production technology and, **38**:216
6-Chloro-5-cyclohexyliindan-1-carboxylic acid, as drug metabolism model, **25**:195
Chloroflexus aurantiacus, hydrogen production technology and, **38**:217, 240, 242, 244
Chloroflexus auranticus, **41**:178–179
Chloroform
  bacterial gene transfer in soil and, **35**:138, 151

Ganoderma, **37**:119
5-Chloro-2-hydroxy hydroquinone, herbicides and pesticides and, **36**:40–41
2-Chloromaleylacetate, genetically engineered microorganisms and, **38**:74
4-Chloronitrobenzene, nitroaromatic compounds, **37**:4
Chloronitrophenol, nitroaromatic compounds, **37**:8
Chloroperoxidases, **37**:90, 92
　alkenes, **37**:56, 59–60
　aromatic compounds, **37**:64–65
　reactions, **37**:68–73, 75–76, 78–81
　　mechanisms of, **37**:82, 84–85, 87–89
2-Chlorophenol, biodegradation in subsurface, **33**:146
p-Chlorophenol, biodegradation in subsurface, **33**:146
Chlorophenols, biphenyl degradation, **37**:141, 144
Chlorophyll, haloperoxidases, **37**:71, 85
Chlorpyrifos, effects on microorganisms, **28**:181–182
Choanephora campincta, PAH metabolism, **30**:36
Chocolate milk, nisin use in, **27**:117–118
Cholesterol
　biotransformation, **39**:63
　Ganoderma, **37**:115–116
　microbial cytochromes P450 and, **36**:152
　reduction
　　pectin in, **39**:235
　　shiitake mushroom in, **39**:154–155, 171–172
Cholesterol esterase, purification by hydrophobic chromatography, **33**:354–355
Chorismate
　antibiotics derived from use of, **25**:75–93
　pathway for, **28**:63–65
Chorismate mutase, antibody technologies and, **38**:170
Chromatiaceae, **41**:176
　hydrogen production technology and, **38**:216–217, 220
Chromatin, xenobiotics and, **35**:234

Chromatium, hydrogen production technology and, **38**:230, 232–233, 235, 264
Chromatium minutissimum, hydrogen production technology and, **38**:220
Chromatium tepidum, hydrogen production technology and, **38**:217
Chromatium vinosum, hydrogen production technology and, **38**:219–220, 250–254, 256
Chromatofocusing, antibody technologies and, **38**:159
Chromatographic methods, for coliform counting, **27**:178
Chromatography, *see also* Affinity chromatography; Gas chromatography; Gas chromatography–mass spectroscopy; High-performance liquid chromatography; High-pressure liquid chromatography; Thin-layer chromatography
　anoxygenic phototrophic bacteria and, **38**:219–220
　antibody technologies and, **38**:154, 158–159, 166, 189, 192
　biphenyl degradation, **37**:140–141
　in conjunction with ATPE, **41**:99
　continuous countercurrent, **41**:115–116, 144–145
　dye-ligand, **33**:347–354
　foodborne yeasts and, **36**:235
　Ganoderma, **37**:108
　genetically engineered microorganisms and, **38**:78
　herbicides and pesticides and, **36**:40, 47–48, 54, 56
　hydrophobic, for bioproducts recovery, **33**:354–355
　microbial cytochromes P450 and, **36**:167
　partitioning, **41**:114–116
　in polyester production, **41**:230
　protein analysis and, **36**:300, 303, 316, 318, 328
Chromium, xenobiotics and, **35**:213, 218, 222, 230, 233
Chromobacterium, in water supply system, **30**:93
Chromosomes
　aberrations, from cadmium, **23**:69

Chromosomes (*continued*)
  bacterial gene transfer in soil and, **35**:60, 73
    conjugation, **35**:73–75, 77, 81–84, 91, 93, 94
    study methods, **35**:115–123, 129
    environmental factors, **35**:67–70
    recombinants, **35**:141, 144
    transduction, **35**:94–96, 99, 104, 137
  biotechnology and
    crop improvement, **34**:281
    inherited diseases, **34**:296–299
    monoclonal antibodies, **34**:296
    technology, **34**:269–271
  biphenyl degradation, **37**:135, 150–154, 156
  foodborne yeasts and, **36**:235
  genotypes, **33**:47–48
  herbicides and pesticides and, **36**:36, 39, 41
  mapping, in secondary metabolism, **28**:41–42
  microbial cytochromes P450 and, **36**:147
  recombinant *E. coli* K-12 and, **36**:117, 120
  pBR322, **36**:90–91
  soil, **36**:106, 108
  water, **36**:103
Chronic bronchitis, *Ganoderma*, **37**:123
Chymopapain, biotechnology and, **34**:277
cis-1,2-Cichloroethylene, biodegradation in subsurface, **33**:145
Cigarette beetles, **42**:227–228
Cinnamic acid
  delignification and, **39**:321
  haloperoxidases, **37**:59
Circinella, PAH metabolism, **30**:36
Circular chamber, solid-state fermentation and, **38**:112
Citeromyces, foodborne yeasts and, **36**:198, 242, 250
Citrate, secondary metabolism and, **34**:11, 12
Citric acid
  anoxygenic phototrophic bacteria and, **38**:263–264
  biotechnology and, **34**:294
  gibberellins and, **34**:120, 121
  monosaccharides and, **34**:172
  production by solid state fermentations, **28**:213–215
  secondary metabolism and, **34**:2, 4
Citrobacter
  in drinking water, public health importance, **30**:98–99
  manganese oxidation by, **33**:301
  stormwater, **37**:23–24
  in water supply systems, **30**:93
Citrobacter freundii
  hydrogen production technology and, **38**:268
  nitroaromatic compounds, **37**:4
  recombinant *E. coli* K-12 and, **36**:110–111
Citronella bagasse, basidiomacromycetes, **37**:284, 294, 297
Citrulline production
  by immobilized cells, **22**:5
  by immobilized *Pseudomonas putida,* **22**:15, 19–29
Citrus peel, production methods, **39**:283–285, 287
Citrus products, debittering of, **29**:46–47
Cladosporium
  concentration cell formation, **32**:14
  on pipe surfaces, **30**:103
Cladosporium resinae
  aluminum corrosion, **32**:9–10
  pitting potential decrease by, **32**:25
  carboxylic acid as corrosive agent, **32**:17
  magnesium corrosion, **32**:26
  protective film disruption on metals, **32**:19–20
Clams, in drinking water distribution systems, **30**:108
Claviceps paspali, PAH metabolism, **30**:36
Claviceps purpurea
  cytochrome P450 in, **25**:178
  microbial cytochromes P450 and, **36**:171
Clay
  bacterial gene transfer in soil and, **35**:58, 59
  conjugation, **35**:82, 84, 91
  environmental factors, **35**:68, 70, 71
  preparation, **35**:112, 113
  quality assurance, **35**:153
  selection, **35**:111, 112

storage, **35**:115
terrestrial microcosms, **35**:106
transduction, **35**:97, 99, 102, 137–139
minerals, genetically engineered microorganisms and, **38**:8–9, 51
xenobiotics and
assessment, **35**:240
effects, **35**:228
environment, **35**:216, 217, 219
interactions, **35**:214
soil as microbial habitat, **35**:198–200, 202
Clean Water Act, **42**:45
Climate, anoxygenic phototrophic bacteria and, **38**:231
Clonal population concept
importance in applied microbiology problems, **33**:48, 70–72
use in epidemiology, systematics and evolution, **33**:54–56
Cloning
antibody technologies and
monoclonal antibodies, **38**:161, 164, 170
recombinant antibodies, **38**:172, 174, 179–180
recombinant DNA, **38**:191–193
bacterial gene transfer in soil and, **35**:141, 145
biotechnology and, **36**:68
crop improvement, **34**:281, 286
enzymes, **34**:277
human protein, **34**:289–291
technology, **34**:270, 274
vaccines, **34**:292, 294
biphenyl degradation, **37**:136, 150, 152–153
definition of, **33**:47
expression of Clostridium genes in *E. coli,* **31**:43–44
haloperoxidases, **37**:44, 46, 52–53
herbicides and pesticides and, **36**:42–44, 62
microbial cytochromes P450 and, **36**:145–146, 153, 163, 165, 167
nitroaromatic compounds, **37**:14
protein analysis and, **36**:318–322, 325
recombinant *E. coli* K-12 and, **36**:89, 115
Clorobiocin, structure of, **27**:128

Clostridia
acetone-butanol production, **39**:119–121
coupling of nutritional stress, sporulation and solventogenesis, **31**:44–47
degradation of polymers by, **31**:33–37
product tolerance by, **31**:47–51
regulation of biochemistry and fermentation
butanol fermentation, **31**:24–33
butyrate and other acid fermentation, **31**:15–19
ethanol fermentation, **31**:19–24
general fermentation strategy, **31**:3–9
homoacetogenic fermentation, **31**:9–15
Clostridium
bacteriophages, **25**:241–273
abnormal fermentation of, **25**:266–267
in acetone-butanolfermentation, **25**:242–245
contamination of, **25**:266–267
protection against, **25**:267–270
defective, **25**:260–266
growth cycle of, **25**:253–255
host range of, **25**:246–247
latent periods and burst sizes of, **25**:256
lysin effects on, **25**:255–259
lysogenicity of, **25**:259–260
morphology of, **25**:247–250
nucleic acid of, **25**:251
plaque formation by, **25**:245–246
properties of, **25**:245–253
stability of, **25**:251–253
genetics of cloning and expression of genes in *E. coli,* **31**:43–44
genetic transfer in, **31**:39–43
mutants and mutagenesis, **31**:37–38
plasmids, **31**:38–39
γ–hexachlorocyclohexane degradation, **41**:84
hydrogen production technology and, **38**:219
Clostridium acetobutylicum, **31**:64
commodity chemicals produced by, **31**:1–2, 25–31
growth rate in batch culture, **31**:71–72
mutants of, **31**:37, 38
plasmids of, **31**:39, 40

Clostridium acetobutylicum (continued)
  solvent inhibition of, **31**:48, 49–51
  solvent production by, **31**:44–45, 46–47, 64–65
  substrates and fermentations of, **31**:5, 9, 33
  transformation of, **31**:42–43
  vitamin requirements of, **31**:72
Clostridium butyricum, hydrogen production technology and, **38**:239, 268–269, 271, 279
Clostridium caldarium, microbial cytochromes P450 and, **36**:160
Clostridium pasteurianum, sucrose phosphorylase activity, **32**:166
Clostridium perfringens, stormwater, **37**:26
Clostridium thermocellum
  adherence-defective mutant characterization, **33**:32–33
  adherence to cellulose
    inhibitors, **33**:17
    mutant selection and, **33**:17–19
  adherence to insoluble matrices, **33**:16
  association of endoglucanase activity with cellulose-binding factor, **33**:19, 20
  catabolism of cellulose degradation products, **33**:9
  cellulase, "true," **33**:11–12
  cellulolytic components not in cellulosome, **33**:31–32
  in cellulolytic enzyme analysis, **40**:15, 18, 25–26
  cellulolytic enzyme source, **40**:3, 5–6
  cellulose-binding factor, **33**:19
  cellulose fermentation
    effect of stirring, **33**:14–15
    strategies, **33**:10–11
  cellulosome, *see* Cellulosome of *Clostridium thermocellum*
  degradation of cellulose, **33**:6–8
  industrial potential, **33**:9–10
  isolation, **33**:8–9
  purification and cloning of endoglucanases, **33**:12–13
  transport systems, **33**:9
Clostridium thermohydrosulfuricum, **33**:11
Clostridium thermosoccharolyticum, **33**:11

Cm, *see* Chloramphenicol
CMCS, lignocellulose treatment with, **39**:313
C-Nitro derivatives, **33**:249–252
Cobalt, viral inactivation by, **33**:90–91
Coca butter, yeast lipid substitute, **39**:198, 201
Coccidiostat, plant cell biosynthesis of, **25**:227–228
Coccochloris elabens, PAH metabolism, **30**:37
Cocoa, foodborne yeasts and, **36**:225, 249, 254, 258
Cocultures
  anoxygenic phototrophic bacteria and, **38**:268–269, 271, 278
  biofertilizer production, **41**:261–262
  hydrogen production, **41**:255–256
Codeine, microbial cytochromes P450 and, **36**:169
Coenzymes Q, from anoxygenic phototrophic bacteria, **41**:195–201
Coffee
  pulp, basidiomacromycetes, **37**:284
  waste, **26**:201
Cointegrates, bacterial gene transfer in soil and, **35**:76, 77
Cokeromyces poitrassi, PAH metabolism, **30**:36
Coliform bacteria, *see* Waterborne coliform bacteria
Coliforms
  counting procedures, **27**:169–183
    automation of, **27**:179–180
    chemiluminescent type, **27**:178–179
    chromatographic type, **27**:178
    criteria for, **27**:170–171
    electrochemical type, **27**:174–175
    enzymatic type, **27**:175–177
    radiometric type, **27**:171–172
    review of, **27**:171–179
    serological type, **27**:172–174
  in drinking water, **30**:91, 99
  heterotrophic plate count, **30**:99
  as indicator of source water microbial quality, **30**:77–78
  research needs, **30**:114
  removal, from drinking water, **30**:83–85
  and risk of illness of viruses and *Salmonella*, **30**:115–116

standard plate count, **30**:99
stormwater, **37**:22–35
on surfaces of drinking water
    distribution system, **30**:97–98
in water supply systems, **30**:96
Collagenase, biotechnology and, **34**:277
Collision frequency, hydrodynamic shear
    stress, **37**:173
Collision-related cell damage,
    hydrodynamic shear stress,
    37:181–185
Collision theory, hydrodynamic shear
    stress, **37**:194–195, 221
Colloids
    stability, DLVO theory, **30**:135
    xenobiotics and, **35**:200, 201, 221, 240
Colonization
    foodborne yeasts and, **36**:183, 190, 194
    recombinant *E. coli* K-12 and,
        36:114–117, 120–121
Colony-forming units
    bacterial gene transfer in soil and
        conjugation, **35**:78, 80, 82, 85, 91, 92
        study methods, **35**:117, 121, 122,
            125–127, 130–132
        quality assurance, **35**:153
        recombinants, **35**:142
        transduction, **35**:133–135, 139
    genetically engineered microorganisms
        and, **38**:11, 17
Colorimetry
    antibody technologies and, **38**:191
    solid-state fermentation and,
        38:130–131
Column contactor, in ATPE, **41**:107–111,
    116–120, 157–158
Column fermentors, solid-state
    fermentation and, **38**:111
Column separation
    in ATPE, column contactor, **41**:107–111,
        116–120
    chromatography, **41**:115, 144–145
    electrophoresis, **41**:112
    packed, **41**:142
        hydrodynamics, **41**:110, 118–119, 142
        mass transfer in, **41**:118–119
    plate, **41**:141–142, 143
    spray column, **41**:140–141
        hydrodynamics, **41**:108–111,
            116–118, 140–141

mass transfer in, **41**:116–118, 140–141
York–Sheibel, **41**:110–111, 119–120,
    142, 144
Combinatorial libraries, antibody
    technologies and, **38**:172–174
Combined sewer overflows, stormwater,
    37:26, 32–36
Cometabolism, herbicides and pesticides
    and, **36**:29–31
Commercial biotechnology, *see*
    Biotechnology, commercial
Commercial products, production by
    clostridia, **31**:3–5
Commodity chemicals, *see* Biotechnology,
    commercial
Competition
    bacterial gene transfer in soil and,
        35:63–66
    conjugation, **35**:79, 81, 91, 92
    genetically engineered microorganisms
        and, **38**:48–49
    xenobiotics and, **35**:204, 219
Competitive colonization,
    biotechnological processes and, **36**:75
Complementarity-determining regions,
    antibody technologies and, **38**:177,
    179
Complement pathway, lentinan effects,
    39:158
Complete Freund's adjuvant, antibody
    technologies and, **38**:153
Compost
    solid-state fermentation and, **38**:103,
        109
        experimental measurements,
            38:134–135
        mathematical modeling, **38**:126–130
        physical parameters, **38**:117–118
    as solid substrate fermentation, **28**:224
    in straw treatment, **23**:145–146
Computers
    display of genetic information,
        30:183–184
    environment, **30**:170–172
    for genetic engineering, **30**:172–185
    expert systems, **30**:191–193, 194
    in genetic engineering, **30**:169–195
    as tool for scientist, **30**:169
Concanavalin A
    Ganoderma, **37**:118–119

Concanavalin A (continued)
  partition affinity ligand assay of, 28:129–132
Concentration gradients, solid-state fermentation and, 38:123–128
Congeners, biphenyl degradation, 37:145, 147, 153
Conidiobolus gonimodes, PAH metabolism, 30:36
Conjugal transfer, bacterial gene transfer in soil and
  conjugation, 35:82, 93, 94, 118
  environmental factors, 35:66, 68–71
  transduction, 35:126, 128
Conjugation
  bacterial gene transfer in soil and, 35:60, 72–74, 91–94
    chromosomes, 35:74, 75, 126–128
    environmental factors, 35:71
    mobilization, 35:76, 77
    plasmids, 35:75, 76, 128–131
    procedures, 35:139
    recombinants, 35:143
    in situ, 35:82–91
    spectrum, 35:77
    survival, 35:77–82
    transduction, 35:102, 104
    in vitro, 35:115–126
  in Bt strains construction, 42:17–18
  foodborne yeasts and, 36:182, 247, 253
  genetic transfer
    in bacteria and
      aquatic environments, 31:105–108
      plants, 31:117–119
      sewage, 31:108–112
      soil, 31:112–117
    recombinant E. coli K-12 and, 36:88, 121–122
      mammalian intestinal tract, 36:113, 117–120
      pBR322, 36:89–97, 99–100
      sewage, 36:109–113
      soil, 36:106–108
      water, 36:102–104
Consortia, mutualistic, formation of, 33:118
Contactors, see also Column separation
  Graesser, 41:116
  mechanically agitated, in ATPE, 41:107
  partition/mass transfer aspects, 41:112–120
Contamination
  α-amylase production and, 35:10, 12
  basidiomacromycetes, 37:281–282
  foodborne yeasts and, 36:185, 208, 211, 216, 218, 222
Continuous countercurrent chromatography, 41:115–116
  designs used in ATPE, 41:144–145
Continuous culture
  acetone/butanol fermentation and, 31:86–88
  gibberellins and, 34:87, 88
Conversion efficiency, anoxygenic phototrophic bacteria and, 38:224–229
Coomassie blue, protein analysis and, 36:308–309, 313
Copolymer P(HB-co-HV), polymerization, 42:113–114
Copper
  microbial corrosion
    ammonia-induced, 32:23
    in polluted seawater, 32:23
    Pseudomonas role, 32:24
    in underground pipes, Thiobacillus and SRB role, 32:23
  viral inactivation mechanisms, 33:90–91
Copper oxide, viral inactivation mechanisms, 33:91–92
Coprinus, 37:337
  biology, 37:236, 241
  growth substrate changes, 37:297, 301
  lignocellulosic wastes, 37:272, 280–281, 284–285
  mycelium, 37:331
  values, 37:245, 248, 250
Corallina pilulifera, haloperoxidases
  alkenes, 37:60
  aromatic compounds, 37:64, 66
  heterocyclic compounds, 37:71, 74–75
  reactions, 37:81, 87
  sources, 37:52
Corallina vancouveriensis, haloperoxidases, 37:65, 87
Cord factor, 39:75
Cordycepin, substances from fungi and, 34:243

Coriolins, substances from fungi and, **34**:239
Coriolus applications of spent substrate, **37**:322, 326
  growth substrate changes, **37**:293, 303, 315–316
  mycelium, **37**:334
  values, **37**:249
Corn, ethanol production, **26**:165–168
  energy balance, **26**:219
Cornstarch, phytase synthesis and, **42**:274–278
Corn stover, sulfuric acid treatment, **39**:309
Corrosion, *see also* Metals, microbial corrosion
  biofilms and, **29**:130
Cortexolone, *see* 11-Desoxy-17-hydroxycorticosterone
Corynebacterium
  biphenyl degradation, **37**:140
  cytochlome P450 systems in, **25**:177
  oleic acid hydration, **41**:3
  polysaccharides
    from n-alkane substrates, **23**:44–45
    from polyhydric alcohol substrates, **23**:46
Corynebacterium renale
  metabolism of PAH, **30**:35
  naphthalene oxygenase, **30**:43
Corynecins
  from chorismate, **25**:89
  feedback effects of, **25**:163
Coryneform, in water supply systems, **30**:93
Corynomycolic acid, structure, **26**:232
Cosmids, of E. *coli*, as DNA host-vectors, **27**:35
Costs
  affinity partitioning, **41**:150
  protein purification, **41**:158–159
Couette viscometer, hydrodynamic shear stress, **37**:194, 203, 207–208, 213
Coumermycins, **27**:125–136
  biological developments on, **27**:128–133
  biosynthesis of, **27**:127
  chemical developments on, **27**:125–128
Countercurrent distribution, **41**:114, 139–140, 149

apparatus, **41**:139–140
Court of Customs and Patent Appeals, **35**:258, 259
Coxsackie virus
  A21, isoelectric points, **30**:142
  A9, removal, from wastewater, **30**:156–157
  A2, removal, from water, **30**:158
  A3, removal, from water, **30**:158
  B1, **30**:157
  B3
    adsorption, to activated sludge floes, **30**:157
    adsorptive behavior to soil, **30**:143
    concentration, **30**:162
  B4
    adsorptive behavior to soil, **30**:143
    concentration, **30**:162
  B5, **30**:157
Creatine kinase, antibody technologies and, **38**:165
m-Cresol, biodegradation in subsurface, **33**:147
p-Cresol, herbicides and pesticides and, **36**:34, 36
Crops, improvement of, by recombinant DNA technology, **27**:61–64
Cross-linking
  antibody technologies and
    enzyme immunoassay, **38**:188–189
    monoclonal antibodies, **38**:155–167
    polyclonal antibodies, **38**:151
    recombinant antibodies, **38**:177
  intramolecular, of enzymes, **29**:14–15
Crude protein, basidiomacromycetes, **37**:235
Cryptococcus
  albidus, on water pipes, **30**:105
  foodborne yeasts and, **36**:182, 188
    acid-preserved foods, **36**:228
    dairy products, **36**:221
    fermented foods, **36**:227
    identification, **36**:239, 242, 245–246
    meat, **36**:219–220
    specific habitats, **36**:198, 206–208, 217
  heteropolysaccharide, production and properties, **23**:37–38
  laurentii, from drinking water, **30**:104–105

Crystallinity, solid-state fermentation and, **38:**115, 127
Crystallization, antibody technologies and, **38:**175
Crystallography, anoxygenic phototrophic bacteria and, **38:**256
Cucumber hypocotyl bioassay, gibberellins and, **34:**112
Cudrania tricuspidata, hydrodynamic shear stress, **37:**212
Culex quinquefasciatus, **33:**58
rearing, **42:**222
Cultivation, basidiomacromycetes, **37:**272–273, 280
Culture
α–amylase production and bacteria, **35:**19–21
genetic improvement, **35:**21–23
moisture, **35:**29
present status, **35:**31, 33, 34
vessels, **35:**30, 31
bacterial gene transfer in soil and conjugation study methods, **35:**116–118, 120, 123–125
quality assurance, **35:**152
recombinants, **35:**140, 144
transduction, **35:**133
patent law and, **35:**284, 289, 291
Budapest Treaty, **35:**270–274
deposits, **35:**261–266
European countries, **35:**280
history, **35:**257, 258
international agreements, **35:**277–279
legal decisions, **35:**260, 261
non-European countries, **35:**280, 281
processes, **41:**38–39, 42, 44, 187–190, 201, 232–234
subsurface microorganisms, detection methods, **33:**125
Culture difference measurement, **33:**48–49
at epigenetic level, **33:**51–52
information from whole cells and cell products, **33:**49–51
at macromolecular level, **33:**51
methods of genetic and numerical taxonomic analysis of populations, **33:**53–54
by multilocus enzyme electrophoresis, **33:**52–53

Cunninghamella bainieri
benzo[*a*]pyrene hydroxylase, **30:**53–55
PAH metabolism, **30:**36, 38
blakesleeana, PAH metabolism, **30:**36
echinulata, PAH metabolism, **30:**36
elegans, 56
anthracene metabolism, **30:**48
benzo[*a*]pyrene hydroxylase, **30:**53
formation of proximate carcinogen of benz[*a*]anthracene, **30:**57
metabolic activation of 3-methylcholanthrene, **30:**60
metabolism of benzo[*a*]pyrene, **30:**53–54
methylbenz[*a*]anthracene metabolism, **30:**58
4-methylbenz[*a*]anthracene metabolism, **30:**59
naphthalene metabolism, **30:**45
PAH metabolism, **30:**36, 38
phenanthrene metabolism, **30:**50–51
UDP-glucuronosyltransferase, **30:**45
japonica, PAH metabolism, **30:**36
Cunninghamella bainieri
cytochrome P450 in, **25:**178
microbial cytochromes P450 and, **36:**168–169
Cunninghamella echinulata, biphenyl degradation, **37:**154
Cunninghamella elegans
biphenyl degradation, **37:**154
cytochrome P450 in, **25:**178
Curdlan, production and properties, **23:**31–32
Curing agents, in antibiotic production, **28:**44–46
Curvularia inaequalis, haloperoxidases, **37:**50, 56, 79, 88–89, 92
Curvularia lunata, PAH metabolism, **30:**36
C_1-utilizing microbe
conversion of 2-butanol to 2-butanone, **26:**57
epoxidation by, **26:**41–54
Cutin, **42:**100
Cyanamide, antibody technologies and, **38:**151–152
Cyanein, *see* Brefeldin A
Cyanide, nitroaromatic compounds, **37:**3

Cyanidum coldarium, microbial
 cytochromes P450 and, **36**:171–172
Cyanobacteria
 biphenyl degradation, **37**:154–155
 hydrogen production technology and,
  38:268, 280
 overt toxicity of nickel toward growth
  of, **29**:202
 PAH metabolism, **30**:37, 40, 45–46, 64
Cyanogen bromide, protein analysis and,
 36:291–292, 306, 319
Cyathus, basidiomacromycetes,
 37:317–318, 327
Cyclic aminals, hexamethylenetetramine
 and derivatives, **33**:227–232
Cyclic AMP
 α–amylase production and, **35**:15
 lentinan effects, **39**:165
Cyclodextrins, α–amylase production and,
 35:2, 5
Cycloheximide
 bacterial gene transfer in soil and,
  35:128
 tolerance to, in producer organism,
  25:150
Cycloisomerization, herbicides and
 pesticides and, **36**:26, 29
Cyclone-type defoamers, **33**:207–208
Cyclophosphamide
 antibody technologies and, **38**:165–166
 lentinan therapy and, **39**:166
Cyclopin, substances from fungi and,
 34:211
Cyclops, in drinking water distribution
 systems, **30**:108
Cylindrochlorin, substances from fungi
 and, **34**:236
Cylindrotheca, PAH metabolism, **30**:37
Cysteine
 anoxygenic phototrophic bacteria and,
  38:255
 biotechnology and, **34**:274
 microbial cytochromes P450 and,
  36:135, 160
 protein analysis and, **36**:303, 308, 325
Cystic fibrosis, biotechnology and, **34**:297
Cytochalasin
 hydrodynamic shear stress, **37**:205, 208
 substances from fungi and, **34**:232
Cytochrome P450

 in bacteria, **25**:176–182, 185
 eucaryotes, **36**:162–173
 in fungi, **25**:178, 182–183, 185–186
 haloperoxidases, **37**:44–45
 importance in drug metabolism,
  25:173–184
 induction of, **25**:184–187
 nitroaromatic compounds, **37**:3
 procaryotes, **36**:139–151
 properties, **36**:134–139
 in yeast, **25**:178–179, 183–184, 186–187
Cytochromes
 gibberellins and, **34**:55, 57
 monosaccharides and, **34**:145, 146, 148
 secondary metabolism and, **34**:10
Cytodex microcarriers, hydrodynamic
 shear stress, **37**:196–197
Cytofluoremetry, use in cell culture
 process control, **27**:163–164
Cytophaga, in water supply systems, **30**:93
Cytoplasm
 anoxygenic phototrophic bacteria and,
  38:251–252
 bacterial gene transfer in soil and,
  35:74, 133
 biotechnology and, **34**:268, 274
 hydrodynamic shear stress, **37**:189, 223
 cell architecture, **37**:166, 169
 sensitivity of biocatalysts, **37**:195,
  197, 211, 217
 membranous, in gram-negative bacteria,
  in injury mechanisms, **23**:219–243
 monosaccharides and
 applications, **34**:166, 173
 mechanisms, **34**:142, 143
 nature, **34**:148
 structure, **34**:152
 solid-state fermentation and, **38**:115
 xenobiotics and, **35**:240
Cytosine monophosphate, **33**:86
Cytoskeleton, hydrodynamic shear stress,
 37:187, 189, 223
 cell architecture, **37**:166, 169
 sensitivity of biocatalysts, **37**:200–202,
  205, 207–208
Cytosol, monosaccharides and
 fermentation, **34**:160
 mechanisms, **34**:142–145
 nature, **34**:149
 structure, **34**:152

Cytotoxicity, antibody technologies and, **38**:182–185
Cytotoxic T cells, antibody technologies and, **38**:167
Cytotoxic T lymphocytes, lentinan effects, **39**:165

D

Dactylarin, substances from fungi and, **34**:234
DAHP synthetase, in chloramphenicol production, **25**:86–87
Dairy products
 foodborne yeasts and, **36**:195–205, 221–223, 233
 identification, **36**:248–250, 252–255, 257–258
 yeast flavoring, **39**:189–190
Danazol, as drug metabolism model, **25**:195–196
Daunorubicin
 antitumor activity, **32**:201
 biosynthesis by S. peucetius, **32**:201, 205, 208
 conversion to doxorubicin, **32**:207, 210
 E-rhodomycinone conversion to, **32**:207, 210
 fermentation, **32**:210
 production by Streptomyces species, **32**:208
DDT, **41**:83–84
 xenobiotics and, **35**:233, 244
Dealkylation, microbial cytochromes P450 and, **36**:138–139
Deamination, genetically engineered microorganisms and, **38**:49
Deammonification, **41**:213
Death, biotechnological processes and, **36**:76–77
Debaromyces, foodborne yeasts and, **36**:185–186
 acid-preserved foods, **36**:227
 dairy products, **36**:221–222
 fermented foods, **36**:224–227
 fish, **36**:221
 identification, **36**:239, 242–243, 248, 251
 meat, **36**:219–220
 specific habitats, **36**:199, 206–207, 209, 212–213, 215–216
Debaryomyces hansenii, PAH metabolism, **30**:36
Dechlorination
 biphenyl degradation, **37**:142–144
 herbicides and pesticides and, **36**:23, 25
Decolorization, basidiomacromycetes, **37**:332–333
Decomposition, gibberellins and, **34**:38
Defoamers
 cyclone-type, **33**:207–208
 definition of, **33**:180
 ultrasonic, **33**:196–198
Deformation, hydrodynamic shear stress, **37**:168, 223
 fluid mechanics, **37**:175, 182
 sensitivity of biocatalysts, **37**:207–208, 217
Degradation, see also Biodegradation; Biphenyl degradation; Edman degradation cycle
 basidiomacromycetes, **37**:339
 applications of spent substrate, **37**:317–318, 320, 323, 327
 biochemical growth substrate changes, **37**:297–316
 chemical growth substrate changes, **37**:285–297
 lignocellulosic substrates, **37**:260–261, 268–270
 lignocellulosic wastes, **37**:283–284
 mycelium, **37**:332, 336
 biotechnological processes and, **36**:78
 biphenyl, see Biphenyl degradation
 foodborne yeasts and, **36**:225
 herbicides and pesticides and, **36**:2–7
 anaerobic aromatic metabolism, **36**:33–34, 36
 chloroaromatics, **36**:29, 37–44
 dicamba, **36**:44–49
 growth kinetics, **36**:50, 53–54, 57–63
 microorganisms, **36**:36–37
 microbial cytochromes P450 and, **36**:143, 147, 160, 173
 nitroaromatic compounds, see Nitroaromatic compounds, microbial degradation of
 recombinant *E. coli* K-12 and, **36**:101, 109

solid-state fermentation and, **38**:104–106, 116, 125, 127
Degradatory enzymes, basidiomacromycetes, **37**:306–310, 339
Dehalogenation
  herbicides and pesticides and, **36**:23, 25–26, 36
  microbial cytochromes P450 and, **36**:143
Dehydration
  α–amylase production and, **35**:45
  foodborne yeasts and, **36**:191, 193
Dehydrogenases
  genetically engineered microorganisms and, **38**:3, 90, 94
  methods of study, **38**:16–17, 36, 40–41
  results, **38**:62, 74, 78
  microbial cytochromes P450 and, **36**:138–139
Dehydrogenases of monosaccharides, *see* Monosaccharides
Dehydrogenation, alkane degradation, **39**:43
Deionizing units, water bacteria in, **23**:162
Dekkera, foodborne yeasts and, **36**:187, 189, 233
  identification, **36**:240, 243, 249–250
  specific habitats, **36**:199, 208, 211, 213–214
Deletion
  derivatives, recombinant *E. coli* K-12 and, **36**:95–96
  microbial cytochromes P450 and, **36**:147, 154
  mutagenesis, antibody technologies and, **38**:194
Delignification
  alkali treatment, **39**:307–308
  biological
    bacteria, **39**:321–323
    biobleaching, **39**:324–325
    biopulping, **39**:323–324
    cinnamic acids and, **39**:321
    energy losses from, **39**:320
    potential systems, **39**:317
    saccharide losses from, **39**:320
    white rot fungi, **39**:317–321

  catalyst choice in, **39**:315–316
  solvent
    butanol, **39**:314
    ethanol, **39**:314
    ethylene glycol, **39**:313–314
    phenol, **39**:314
    temperature effects, **39**:316
    wheat straw, component changes after, **39**:321, 322
Dematium pullalans, **23**:40
Demethylation
  herbicides and pesticides and, **36**:23–24
  microbial cytochromes P450 and, **36**:162–165, 169, 171
Denaturation, protein analysis and, **36**:284, 324–325
Denitrification, **41**:213
  genetically engineered microorganisms and, **38**:23–24, 62
  herbicides and pesticides and, **36**:7, 33
Density, of genes, **27**:9–10
Dental-chair units, water bacteria in, **23**:164
Deodorization of waste gases, basidiomacromycetes, **37**:325
Deoxyalditols, monosaccharides and, **34**:151, 164
Deoxyaldoses, monosaccharides and, **34**:169
Deoxyaminoalditols, monosaccharides and, **34**:165
6-Deoxyerythronolide B. microbial cytochromes P450 and, **36**:151
Deoxyhalogenalditols, monosaccharides and, **34**:165
2′-Deoxyuridine, haloperoxidases, **37**:74
Desorption, herbicides and pesticides and, **36**:12–15
11-Desoxy-17-hydroxycorticosterone, biotransformation, **39**:63
Desulfomaculum
  anaerobic corrosion induction, **32**:8
  spore-forming, five species, **32**:8
Desulfovibrio
  anaerobic corrosion induction, **32**:8
  benyl viologen as electron acceptor, **32**:12, 15
  non-spore-forming, seven species, **32**:8
  volatile phosphorus compound as corrosive agent, **32**:15

Desulfovibrio desulfuricans, biphenyl
  degradation, **37**:149
Detection methods, for subsurface
  microorganisms, **33**:121
  microscopic, **33**:122–125
Dethiobiotin, microbial synthesis of,
  22:161–163
Detoxicant actions, *Ganoderma*,
  37:113–114
Detoxification
  biotechnological processes and, **36**:78
  microbial cytochromes P450 and,
    36:133, 170
Dextran, levan and, **35**:171, 172, 191
  analysis, **35**:184
  biosynthesis, **35**:174
  utilization, **35**:189
Dextransucrase
  distribution, **24**:63–64
  preparation and purification, **24**:64–75
  Streptococcus mutans,
    24:55–56,24:80–82
    dextran
      biosynthesis, **24**:58,24:59,24:61
      chemistry and physical properties,
        24:56–58
α–Dextrin endo-1,6-α–glucosidase, α–
  amylase production and, **23**:41; **35**:5
Dextrins, α–amylase production and, **35**:2,
  40, 41, 46
Dextrose, α–amylase production and,
  35:2, 3, 13, 42
Diabetes, lentinan effects, **39**:170
Diacetyl, production by microorganisms,
  29:42–45
Diacylglycerophosphoinositol, **39**:68
Diacylglycerophosphoinositolmannoside,
  39:47
Diacylglyerophosphoglycerol, **39**:68
Dialysis probe
  description, **33**:297–299
  field test, **33**:299–300
Dialysis systems, **42**:77–79
Dialyzable components, control in cell
  cultures, **27**:152–153
Diaminopimelate, recombinant *E. coli* K-
  12 and, **36**:91, 96–97
Dianemycin
  microbial source of, **22**:191
  structure of, **22**:186

Diaphorase purification, by dye-ligand
  chromatography, **33**:348, 350, 351
Diatoms, *See also* specific species
  PAH metabolism, **30**:64
1,4-Diazabicyclo[2.2.2]octane, to reduce
  fading, comparison studies,
  30:217–23
Diazinon
  effects on microorganisms, **28**:179–180
  metabolism in microorganisms,
    28:161–163, 172
Diazonium blue B, foodborne yeasts and,
  36:183, 245
Dibenz[a,h]anthracene, biodegradation, in
  natural habitats, **30**:63
Dibenzofuran, biodegradation in
  subsurface, **33**:148
Dibromobarbituric acid, haloperoxidases,
  37:72
1,2-Dibromoethane, *see* Acetylene
  dibromide
Dicamba
  herbicides and pesticides and
    degradation, **36**:42, 44–48
    growth kinetics, **36**:49–62
  in *Pseudomonas*
    chlorinated aromatic metabolism
      model, **40**:289–295
    degradation
      nutritionally induced instability,
        40:308–309
      salicylate effects on batch growth,
        40:309–313
      succinate effects on batch growth,
        40:309–314
Dicarboxylic acid production, alkane-
  utilizing microorganisms, **39**:57–58
Dichloran rose bengal chlortetracycline,
  foodborne yeasts and, **36**:232–233
1,2-Dichlorobenzene, *see* o-
  Dichlorobenzene
o-Dichlorobenzene, in contaminated
  aquifer, **33**:154–155
Dichlorobiphenyls, degradation, **37**:136,
  143, 151
Dichlorodimedone, haloperoxidases,
  37:45, 47
1,1-Dichloroethylene, *see* Vinyl ether
trans-1,2-Dichloroethylene,
  biodegradation in subsurface, **33**:145

Dichloromethane, see Methylene chloride
2,4-Dichlorophenol, genetically engineered microorganisms and, **38**:78
Dichlorophenol, nitroaromatic compounds, **37**:7, 12
2,4-Dichlorophenol, biodegradation in subsurface, **33**:147
2,4-Dichlorophenoxyacetate, genetically engineered microorganisms and, **38**:69, 74–78, 90, 94–95
2,4-Dichlorophenoxyacetic acid
  Ganoderma, **37**:120
  herbicides and pesticides and, **36**:2, 39, 44, 49
  chloroaromatic metabolism, **36**:22, 29
  kinetics of biodegradation, **36**:14–15, 17–18
N, N-Dichloropiperazine, haloperoxidases, **37**:77
3,6-Dichlorosalicyclic acid, herbicides and pesticides and, **36**:54–56, 61
Dichlorvos
  effect on microorganisms, **28**:182–183
  metabolism in microorganisms, **28**:166
Dichomitus squalens
  applications of spent substrate, **37**:322
  growth substrate changes, **37**:316
  lignocellulosic substrates, **37**:261
Dielectrophoreisis, antibody technologies and, **38**:162
Diethyl ether, as solvent in 2,3-butanediol recovery, **32**:136
Differentiation
  monosaccharides and, **34**:149
  secondary metabolism and, **34**:16
Diffusion
  anoxygenic phototrophic bacteria and, **38**:239–240
  protein analysis and, **36**:290, 295
  solid-state fermentation and, **38**:116–118, 117–118, 122, 123–124, 125, 140–141
Digestible dry matter, basidiomacromycetes, **37**:319
Digitoxin, biotransformation of, on immobilized plant cells, **28**:14–18
Diglycosyl diglyceride
  in biosurfactants, **26**:238
  structure, **26**:239

Digoxin
  antibody technologies and, **38**:177
  partition affinity ligand assay of, **28**:127–129
Dihalides, haloperoxidases, **37**:56
cis-Dihydrodiols, microbial metabolism, **30**:35–40
Dihydroxyacetone, monosaccharides and, **34**:142, 161
Dihydroxybiphenyls, degradation, **37**:136, 148–149, 151–152
7,10–Dihydroxy-8(E)-octadecenoic acid, **41**:5, 7, 8, 9–11
1,3-(Dihydroxymethyl)-5,5-dimethylhydantoin, **33**:245
Dimethoate, effect on microorganisms, **28**:182
Dimethone reaction, **33**:234–235
Dimethyl-allyl pyrophosphate, gibberellins and, **34**:52, 53
7,12-Dimethylbenz[a]anthracene, microbial metabolism, **30**:57–61
12-Dimethylbenz[a]anthracene, structure, **30**:32
4,4-Dimethyloxazolidine, **33**:244
Dimethyl sulfoxide, *Ganoderma,* **37**:112
Diniconazole, microbial cytochromes P450 and, **36**:162, 164
Dinitroaniline, nitroaromatic compounds, **37**:3–4, 4, 9–10
Dinitrogen
  anoxygenic phototrophic bacteria and
  carbon assimilation, **38**:264
  classification, **38**:217
  hydrogenase, **38**:252
  hydrogen production, **38**:229–230
  nitrogenase, **38**:240–242, 244, 247–249
  genetically engineered microorganisms and, **38**:3–4, 46–48, 94
4,6-Dinitro-2-methylphenol, nitroaromatic compounds, **37**:3
Dinitrophenol, monosaccharides and, **34**:158, 160
2,4-Dinitrophenol, nitroaromatic compounds, **37**:3–4
Dinitrotoluene, nitroaromatic compounds, **37**:3–4
2,4-Dinitrotoluene, nitroaromatic compounds, **37**:3, 5

Dioscorea deltoidia, hydrodynamic shear stress, **37**:212
Dioxygenases, **41**:2
  biphenyl degradation, **37**:135, 138
  chromosomal genes, **37**:151–152
  derivatives, **37**:147, 149
  polychlorinated biphenyls, **37**:139–141
Dioxygenation, herbicides and pesticides and, **36**:22, 25–27, 29, 39
3,3′-Dipentyloxacarbocyanine iodide, protein analysis and, **36**:308–309, 313
1,4-Diphenylenediisothiocyanate, protein analysis and, **36**:309, 311
Disaccharide phosphorylases, **32**:164–165
Diseases, basidiomacromycetes, **37**:281–282
Disinfectants
  definition of, **33**:75
  insoluble contact, **33**:77
    aluminum, **33**:92
    kinetics of, **33**:81–83
    metal oxides, **33**:91–92
  interaction with viruses, **33**:76
  kinetics of, **33**:77–83
  soluble, **33**:76–77
    halogens, mechanisms of viral inactivation, **33**:85–88
    kinetics of, **33**:77–81
Disinfection
  efficiency, factors affecting, **33**:76–77
  light-induced, **33**:92–95
  stormwater, **37**:21–22, 31–34
  two-stage, **33**:97
Distillation, lactic acid, **42**:83
Disulfide bonds
  antibody technologies and, **38**:174, 177, 180
  biotechnology and, **34**:268
Disulfoton, effects on microorganisms, **28**:182
Diterpenoids, plant cell transformation of, **25**:224
Dithioerythritol, to reduce fading, comparison studies, **30**:217–230
Dithionite, anoxygenic phototrophic bacteria and, **38**:249–250
Dithiothreitol
  optimization of buffer concentration, **30**:220
  to reduce fading, comparison studies, **30**:217–230
DMDMH, **33**:245
DNA
  α-amylase production and, **35**:21
  anoxygenic phototrophic bacteria and, **38**:213, 216, 253, 255
  antibody technologies and, **38**:151
    monoclonal antibodies, **38**:169–170
    polyclonal antibodies, **38**:154–155
    recent developments, **38**:160
    recombinant antibodies, **38**:170, 174, 176, 179
    recombinant DNA, **38**:191–194
  bacterial gene transfer in soil and, **35**:59–61
    biological factors, **35**:63, 64
    conjugation, **35**:73–76, 84, 94
    conjugation study methods, **35**:123, 131
    environmental factors, **35**:65, 68, 70
    quality assurance, **35**:153, 154
    recombinants, **35**:141, 143–152
    survival, **35**:77, 79–82
    transduction, **35**:94–96, 98, 99, 102, 103, 132
  basidiomacromycetes, **37**:249, 330
  biotechnological processes and, **36**:68, 71, 78, 80–81
  biotechnology and, **34**:264, 300, 301
    crop improvement, **34**:282, 284–286
    embryo transfer, **34**:300
    human protein, **34**:289, 290, 292
    industrial organism, **34**:265, 268, 269
    inherited diseases, **34**:296, 297
    monoclonal antibodies, **34**:295
    pollutants, **34**:275
    technology, **34**:269–271, 273
  biphenyl degradation, **37**:150–154
  extrachromosomal, role in secondary metabolism, **28**:46–48
  fingerprinting, bacterial gene transfer in soil and, **35**:143, 144
  foodborne yeasts and, **36**:181, 212, 235, 252–253, 256
  Ganoderma, **37**:112
  genetically engineered microorganisms and, **38**:2, 4, 36–37, 90
  gibberellins and, **34**:40, 78, 87
  haloperoxidases, **37**:44, 71

herbicides and pesticides and, **36**:8, 37
hybridization, *vs.* multilocus enzyme electrophoresis, **33**:65
hydrodynamic shear stress, **37**:203
isolation with two-phase partitioning, **41**:152
microbial cytochromes P450 and, **36**:146–147, 154
patent law and, **Z88**; **35**:277, 291
plasmids, purification of, **27**:3–4
probes, stormwater, **37**:26
protein analysis and, **36**:319, 321, 323, 329
recombinant, *see* Recombinant DNA
recombinant *E. coli* K-12 and, **36**:87–88, 121
  mammalian intestinal tract, **36**:113, 117
  pBR322, **36**:89–90, 94–95, 97–99
  sewage, **36**:109, 112
replication of, recombinant DNA studies on, **27**:54
role in bacterial injury, **23**:275–283
secondary metabolism and, **34**:23
solid-state fermentation and, **38**:131
substances from fungi and, **34**:185, 229, 233, 235
xenobiotics and, **35**:244
cDNA
  antibody technologies and, **38**:171, 191–192
  bacterial gene transfer in soil and, **35**:80, 81, 154
  computer assisted analysis, **30**:182–183, 187–191
  haloperoxidases, **37**:48
  protein analysis and, **36**:322–323, 329
  in *vitro* synthesis of, **27**:13–16
DNA Computing Environment, Lilly Company, **30**:170–194
  applications addressed in, **30**:172–173
  DNAHELP library, **30**:174–175
  information storage and management, **30**:176–178
  routine computation, **30**:177–179
  sequence manipulations and analysis, **30**:177–183
DNA polymerase, biotechnology and, **34**:281
Double-layer theory, **30**:134–135; **33**:82–83

Downstream processing
  α–amylase production and, **35**:40, 43, 44
  bioproducts, properties and requirements, **33**:319–320
  description of, **33**:320–321
  gibberellins and, **34**:122
  economics, **34**:117, 120
  solid-state fermentation, **34**:108
  submerged fermentation, **34**:95–98
Doxorubicin
  antitumor activity, **32**:201
  production by S. peucetius, **32**:201, 205, 208
  bioconversion by blocked mutants, **32**:210
  daunorubicin conversion to, **32**:207, 210
  fermentation, **32**:210
DRAG, *see* (ADP-ribose) *N*-glycohydrolase
DRAT, *see* ADP-ribosyl-[dinitrogen reductase] hydrolase
Dreissena polymorpha, **42**:233–236
Drift, of culture process instruments, **27**:144
Drinking fountains, water bacteria in, **23**:161–162
Drosophila
  bacterial gene transfer in soil and, **35**:80
  biotechnology and, **34**:269
Drug research, *see* Biotechnology, commercial
Drugs
  antibody technologies and, **38**:183, 185, 195
  derived from higher plants, **28**:4
  cultured plant cells, **28**:5
  metabolism, microbial models for, **25**:169–208
    applications, **25**:187–201
    cytochrome P450 systems in, **25**:173–184
    future, **25**:201–203
    in mammals, **25**:170–172
    from plant cell cultures, **25**:209–239
Dry matter digestibility, basidiomacromycetes, **37**:296
Dry moldy bran, gibberellins and
  analytical methods, **34**:112, 113
  economics, **34**:119–121
  solid-state fermentation, **34**:103–111

Duclauxin, substances from fungi and, **34**:234
Dump sites, terrestrial, **33**:108
Dunaliella tertiolectra, PAH metabolism, **30**:37
Dutch cloning studies, **42**:290
Dwarf maize bioassay, gibberellins and, **34**:112
Dwarf pea bioassay, gibberellins and, **34**:112
Dye exclusion test, hydrodynamic shear stress, **37**:189
Dye-ligand chromatography, **33**:347–354
Dyfonate/fonofos, metabolism in microorganisms, **28**:167–168

E

Echinamoeba, in drinking water, **30**:107
Echovirus 1
 adsorption, to estuarine sediments, **30**:137
 adsorptive behavior in soil, **30**:143
 concentration, **30**:162
 inactivation, in sediments, **30**:151
 isoelectric points, **30**:142
Echovirus 7,157
 adsorption, to activated sludge floes, **30**:157
 adsorptive behavior to soil, **30**:143
Echovirus 29, adsorption, to activated sludge floes, **30**:157
Ecologic dose
 genetically engineered microorganisms and, **38**:50, 91
 xenobiotics and, **35**:245, 248
Ecology
 bacterial gene transfer in soil and, **35**:61, 62, 73
  environmental factors, **35**:65, 71
  preparation, **35**:112
  recombinants, **35**:150
  selection, **35**:112
  terrestrial microcosms, **35**:105, 107, 108, 110
 biotechnological processes and, **36**:69–74
 processes, microbe-mediated, nickel and, **29**:217–218

xenobiotics and, **35**:197, 246, 247
 assessment, **35**:235–238
 effects, **35**:233
Economic aspects
 acetone/butanol fermentation
  product recovery, **31**:85–86
  raw materials, **31**:84–85
 affinity partitioning, **41**:150
 protein purification, **41**:158–159
Ecosystems
 bacterial gene transfer in soil and, **35**:96, 108
 definition, **30**:75
 xenobiotics and, **35**:197, 210, 236–238
Ectothiorhodospira, hydrogen production technology and, **38**:217, 260
Ectothiorhodospiraceae, **41**:176–177
 hydrogen production technology and, **38**:214–216
Edeines, **24**:189
Edetic acid
 α-amylase production and, **35**:14
 bacterial gene transfer in soil and, **35**:138
Edman degradation cycle, protein analysis and, **36**:328
 electroblotting, **36**:303, 308–309
 structural analysis, **36**:290, 296–302
Edwardsiella tarda, in drinking water, public health importance, **30**:98–99
Effecter cells, antibody technologies and, **38**:181
E_h, xenobiotics and, **35**:216, 222
Ehrlich ascites cells, substances from fungi and
 ascomycetes, **34**:243
 basidiomycetes, **34**:239–241
 fungi imperfecti, **34**:229, 231, 232
Eicosapentaenoic acid, production, **39**:59
Electrical charge
 generation from digesterproduced methane, **32**:37, 38, 50, 53, 57, 84
 ill secondary metabolism, **28**:85–86
Electrical foam breakers, **33**:199
Electroblotting, protein analysis and, **36**:280–281, 317, 324, 327–328
 microsequence analysis, **36**:307–315
 structural analysis, **36**:290, 299, 303–307

Electrochemical methods, for coliform counting, **27**:174–115
Electrodes, of enzymes, **25**:25
Electroelution, protein analysis and, **36**:290, 292, 295, 302–303
Electrofocusing, protein analysis and, **36**:289–290
Electron acceptors
  anoxygenic phototrophic bacteria and, **38**:257, 259, 263, 265–266
  biphenyl degradation, **37**:156
  concentrations in subsurface, **33**:113–115
  limitations in contaminated aquifers, **33**:156
Electron donors, anoxygenic phototrophic bacteria and
  classification, **38**:213
  enzymes, **38**:243, 247
  hydrogen production, **38**:220–224, 226–227, 229–230, 234, 236, 267
Electron microscopy
  hydrodynamic shear stress, **37**:189, 203, 211
  solid-state fermentation and, **38**:116
  xenobiotics and, **35**:242
Electron paramagnetic resonance, anoxygenic phototrophic bacteria and, **38**:256–258
Electron transport
  anoxygenic phototrophic bacteria and, **38**:242, 246, 250–265
  herbicides and pesticides and, **36**:33–34, 36
  microbial cytochromes P450 and procaryotes, **36**:139, 143, 146, 160
  properties, **36**:134–136, 138
  monosaccharides and
  mechanisms, **34**:144–147
  nature, **34**:147–149
Electrophoresis, *see also* Polyacrylamide gel electrophoresis; Sodium dodecyl sulfate–polyacrylamide gel electrophoresis
  antibody technologies and, **38**:187
  column, **41**:112
  foodborne yeasts and, **36**:235
  protein analysis and, **36**:318–323, 328
Electrotransfer, protein analysis and, **36**:280, 292, 305–306, 313, 328

Ellipticine, as drug metabolism model, **25**:188–189
Embryos
  patent law and, **35**:288, 289
  transfer, biotechnology and, **34**:297, 300, 301
Emericellopsis, PAH metabolism, **30**:36
Emitanin, neoplasm inhibitor, **39**:173
Endoglucanases
  anti-cellulose activity, **33**:4
  catalytic mechanisms, **40**:26
  cloning, **33**:12–13
  concentrations in cellulosome subcomplexes, **33**:28
  growth-linked production, **33**:8
  molecular properties, **40**:6, 10–13
  purification from C. thermocellum fermentation broth, **33**:12–13
  synergism with exoglucanases, **33**:5–6
  synergistic properties, **40**:20–24
Endomyces fibuliger, foodborne yeasts and
  identification, **36**:221, 239, 243
  specific habitats, **36**:199, 213, 218, 226
Endomycetous yeasts, **36**:247, 250
Endopolygalacturonase
  activity, **39**:240–241
  microbial
    plant diseases and, **39**:244–245
    sources, **39**:239, 240
Endopolygalacturonate lyase
  characteristics, **39**:243–244
  microbial, plant disease and, **39**:244–245
Endothelial cells, hydrodynamic shear stress, **37**:198, 200–202, 215
Endothelium, levan and, **35**:180
Endotoxin, *see also* Lipopolysaccharide
  assay, lentinan, **39**:175
δ-Endotoxins, **42**:30
Energy
  α–amylase production and, **35**:2–4, 37
  anoxygenic phototrophic bacteria and, **38**:211–212
  carbon assimilation, **38**:259, 265
  enzymes, **38**:241, 243, 252–253
  hydrogen production, **38**:220, 233–234, 240, 269
  bacterial gene transfer in soil and, **35**:66, 78, 80

Energy (*continued*)
  dissipation, hydrodynamic shear stress, **37**:171, 180, 186
  foodborne yeasts and, **36**:186, 188
  genetically engineered microorganisms and, **38**:56
  herbicides and pesticides and, **36**:2, 26, 29, 49
    anaerobic aromatic metabolism, **36**:34, 36
    cometabolism, **36**:29, 31
  levan and, **35**:175
  losses, basidiomacromycetes, **37**:291
  microbial cytochromes P450 and, **36**:148
  solid-state fermentation and, **38**:105, 118
  xenobiotics and, **35**:201, 202, 221, 231
Enhancers, antibody technologies and, **38**:171
Enniatin
  biosynthesis of, **28**:37
  structure of, **22**:181–182
Enrichment culture, methane, **26**:16
Ensilation, of straw, effects, **23**:143–144
Entamoeba
  histolytica, in drinking water, **30**:108
  in water, **30**:87–88
Enteric virus
  concentration, after wastewater chlorination, **30**:151–152
  detection, in activated sludge, **30**:156
Enterobacter
  aerogenes, in water supply systems, **30**:93
  agglomerans, in water supply systems, **30**:93
  cloacae
    ill source water, **30**:78
    in water supply systems, **30**:93
    in drinking water, public health importance, **30**:98–99
    recombinant *E. coli* K-12 and, **36**:108, 112
    stormwater, **37**:23
    in water supply systems, **30**:96
Enterobacter cloacae, genetically engineered microorganisms and, **38**:79, 83–87
Enterobacteria
  biphenyl degradation, **37**:150
  growth inhibition in milk, **40**:77–78
Enterobacteriaceae, recombinant *E. coli* K-12 and, **36**:100–105, 107
Enterococci, stormwater, **37**:24–25, 27, 29–30
Enteroviruses
  adsorptive behavior, **30**:142–143
  in groundwater, **30**:161
  inactivation
    by ozone, **33**:89
    protection against, **30**:152
  removal
    during sludge treatment, **30**:157
    from water, **30**:158
  stormwater, **37**:26–28
  survival, **30**:149
Ent-kaurene, gibberellins and, **34**:44, 54, 55, 57
Enumeration methods, foodborne yeasts and, **36**:229–230, 232, 234
Environment
  bacterial gene transfer in soil and, **35**:61–64
    conjugation, **35**:76, 80, 83, 84, 91, 92
      study methods, **35**:122–124, 128, 131
    environmental factors, **35**:64–72
    recombinants, **35**:140–142, 144, 149–152
    terrestrial microcosms, **35**:105, 108, 110
    transduction, **35**:94, 103, 105
  biotechnological processes and, *see* Biotechnology, processes
  effect on
    secondary metabolism, **28**:38–39
    survival of and genetic transfer by engineered bacteria, **31**:121–129
  foodborne yeasts and, **36**:180
    ecology, **36**:183, 189–190, 193
    identification, **36**:236–237
    specific habitats, **36**:195, 220, 224, 227–228
  herbicides and pesticides and, **36**:2–7, 36, 48, 53, 61
  microbial cytochromes P450 and, **36**:133, 173
  pollutants, effect on basidiomacromycetes, **37**:329–331

toxicants to, genetically engineered
microorganisms and, **38**:50
xenobiotics and, **35**:196–198, 209, 210,
245, 247, 248
activity, **35**:203, 205, 206, 209
assessment, **35**:240, 242, 245
classification, **35**:210, 211
effects, **35**:221, 222, 226, 227
interactions, **35**:213–219
Environmental biotransformation, *see*
Biotransformation, environmental
Environmental Protection Agency
biotechnological processes and, **36**:78,
81
groundwater protection research
program, **33**:108–109
registration of formaldehyde condensate
biocides, **33**:259, 269
stormwater, **37**:23–26, 32, 34
xenobiotics and, **35**:210, 238, 242
Environmental services, *see*
Biotechnology, commercial
Enzymatic methods, for coliform
counting, **27**:175–177
Enzyme immunoassays
antibody technologies and, **38**:187–191
applications for
microbial antibodies
bacterial and mycotic infections,
31:278–280
viral and rickettsial infections,
31:280–281
microbial antigens
bacterial and mycotic infections,
31:281–284
viral infections, **31**:284–286
design of
for antigen detection, **31**:275
homogeneous assays, **31**:273
solid-phase assays, **31**:272–273
types of assays for antibodies,
31:273–275
factors in sensitivity and specificity
antibody immobilization,
31:276–277
enzymes, substrates and labeling
procedures, **31**:275–276
immunoreagents, **31**:277–278
use of monoclonal antibodies,
31:286–287

Enzyme-linked immunosorbent assay,
antibody technologies and, **38**:187–189
Enzymes, *see also* Haloperoxidases;
specific enzyme
α–amylase production and, *see* α–
Amylase
anoxygenic phototrophic bacteria and
carbon assimilation, **38**:260–261, 263,
266–267
hydrogenase, **38**:249–259
hydrogen metabolism, **38**:220
hydrogen production, **38**:224
nitrogenase, **38**:240–249
antibiotic-inactivating type, **25**:78–80
antibody technologies and
immunofluorescence, **38**:186
immunotherapy, **38**:180, 189–191
immunotoxins, **38**:182–183, 185
monoclonal antibodies, **38**:166–167,
169–170
recombinant antibodies, **38**:175
recombinant DNA, **38**:191
from bacteria, **41**:203–204, 205
bacterial, **40**:5–6
bacterial gene transfer in soil and,
35:72, 73
conjugation, **35**:73, 75, 77, 124
quality assurance, **35**:154
recombinants, **35**:145–147, 150, 151
selection, **35**:112
terrestrial microcosms, **35**:106, 107
basidiomacromycetes, **37**:339–340
applications of spent substrate,
37:317, 319, 325–326
growth substrate changes,
37:296–310, 312
lignocellulosic substrates,
37:253–254, 269–270
lignocellulosic wastes, **37**:271–272
mycelium, **37**:329–331, 333–335
values, **37**:245
biocatalysts, **40**:110–112
biotechnology and, **34**:276–279;
36:76–78, 80
biphenyl degradation, **37**:135–136,
138–140, 156
cellulolytic, *see* Cellulases, microbial
covalent changes, **29**:5–6
distinction between two mechanisms,
29:7–8

Enzymes (*continued*)
  for DNA/RNA modification, **27:**65–66
  electrodes, uses of, **25:**25
  extracellular, *see* Extracellular enzymes
  foodborne yeasts and, **36:**180
    ecology, **36:**186–187, 194
    identification, **36:**235, 246
    specific habitats, **36:**223–224
  fungal, **40:**3–5
  Ganoderma, **37:**108, 114, 122–123
  genetically engineered microorganisms and, **38:**3, 92, 94
    activity, **38:**62, 68–72
    metabolic activity, **38:**8, 9, 12
    results, **38:**69, 74
    soil, **38:**16–18, 36–34
  herbicides and pesticides and, **36:**2, 30, 36
    chloroaromatic degradation, **36:**39, 42
    chloroaromatic metabolism, **36:**23, 26–29
  hydrodynamic shear stress, **37:**166, 189, 224
    plant cells, **37:**213, 215, 217
    sensitivity of biocatalysts, **37:**190–191, 198, 207, 218–219
  immobilized, preparative methods, **28:**2
  inhibition by formaldehyde adducts, **33:**273
  kinetics of biodegradation, **36:**10, 12, 16
  levan and, **35:**174, 176, 178, 179, 185, 188, 190
  mechanisms of thermal inactivation, **29:**4–5
  microbial cytochromes P450 and, **36:**133, 173
    Actinomyces, **36:**151–153, 155, 160
    Bacillus megaterium, **36:**146, 148–149
    eucaryotes, **36:**162–172
    procaryotes, **36:**151
    properties, **36:**135–138
    Pseudomonas putida, **36:**139, 141
  modification of, in secondary metabolism, **28:**81
  nitroaromatic compounds, **37:**3, 7–8
  noncovalent changes, **29:**6–7
  organophosphorus insecticide effects on, **28:**189–191
  production by solid-state fermentation, **28:**208–213
  protein analysis and, **36:**318, 325
    electroblotting, **36:**306, 314
    structural analysis, **36:**291, 293, 302
    recombinant *E. coli* K-12 and, **36:**101, 121
  of secondary metabolism, **28:**32–39
    compartmentaliztion, **28:**35–36
    inducible, **28:**34–35
    specificity, **28:**36–38
  solid-state fermentation and, **38:**100–101
    mass transfer, **38:**105–106
    mathematical modeling, **38:**120–123, 125
    physical parameters, **38:**114–115
    water activity, **38:**112
  straw digestion by, **23:**132–133
  thermoinactivated, reactivation of, **29:**21–23
  thermostabilization of
    addition of
      ligands, **29:**18–19
      neutral salts, **29:**17–18
    artifacts, **29:**9–10
    definitions, **29:**8–9
    immobilization of whole microbial cells, **29:**19–20
    intramolecular crosslinking, **29:**14–15
    means of enzyme stabilization, **29:**10–11
    miscellaneous stabilizing factors, **29:**20–21
    multipoint attachment of enzymes to solid support, **29:**12–14
    selective chemical modification of enzymes, **29:**15–17
    strategy of enzyme stabilization, **29:**11
  xenobiotics and, **35:**197, 202, 247
    activity, **35:**206, 207
    assessment, **35:**235, 238, 240, 241, 243
    effects, **35:**228, 229, 234
    interactions, **35:**214, 215
Eosinophil
  peroxidase reactions, **37:**82
  sources, **37:**46
EPA, *see* Environmental Protection Agency
EPC, *see* European Patent Convention

Epicoccum
  from drinking water, **30**:102
  nigrum, PAH metabolism, **30**:36
  on pipe surfaces, **30**:103
Epidemiology, use of clonal population concept, **33**:54–56
Epidermal growth factor, biotechnology and, **34**:290
Epidithiopiperazinediones, substances from fungi and, **34**:230
Epitopes
  antibody technologies and, **38**:151–153, 184, 189, 194
  mapping, **38**:156, 192–194
    protein analysis and, **36**:290–292, 318, 323
EPO, *see* European Patent Office
Epoxidation
  by C_1-utilizing microbes, **26**:41–54
  of gaseous 1-alkenes, **26**:41–42
  inhibition studies, **26**:50–51
  microbial cytochromes P450 and, **36**:138–139, 155–156
  propylene, **26**:45–48
    effect of
      concentration, **26**:49
      inhibitors, **26**:51
    pH, **26**:48–49
    temperature, **26**:48–49
  substrate specificity of methylotrophs, **26**:49–50
1,2-Epoxide, **26**:42–43
Epoxide production, alkane-utilizing microorganisms, **39**:65–66
Equilibrium, solid-state fermentation and, **38**:112
Equilibrium relative humidity, solid-state fermentation and, **38**:114
Equilibrium vapor pressure, solid-state fermentation and, **38**:114
Ergosterol
  alkane-utilizing microorganisms, **39**:61–62
  solid-state fermentation and, **38**:130–131, 133
Eritadenine, hypolipidemic activity, **39**:154–155
Erosion, xenobiotics and, **35**:205
Erwinia carotovora, genetically engineered
  in aquatic environments, **40**:245–247
  microorganisms and, **38**:93
Erwinia tahitica gym, production and properties, **23**:33–34
Erythritol
  foodborne yeasts and, **36**:239, 248–249, 251
  monosaccharides and, **34**:161
Erythrocytes
  Ganoderma, **37**:119, 123
  hydrodynamic shear stress, **37**:206–207, 210
  nitroaromatic compounds, **37**:2
Erythromycin, tolerance to, in producer organisms, **25**:154–155
Escherichia coli, **30**:44
  antibody technologies and
    immunotoxins, **38**:184
    monoclonal antibodies, **38**:170
    polyclonal antibodies, **38**:154
    recombinant antibodies, **38**:170–171, 175, 177, 179
    recombinant DNA, **38**:191
  bacterial gene transfer in soil and, **35**:60–62
    conjugation, **35**:73, 74, 77–85, 91–93
      study methods, **35**:116–119, 121, 124, 125, 128, 129
    environmental factors, **35**:66–70, 72
    recombinants, **35**:146, 148, 152
    transduction, **35**:95–99, 102
      study methods, **35**:132–136, 138
  biotechnology and, **36**:71–73
    crop improvement, **34**:285, 286
    enzymes, **34**:277
    human protein, **34**:290–292
    industrial organism, **34**:268, 269
    vaccines, **34**:294
  biphenyl degradation, **37**:136, 152–153, 157
  in drinking water, public health importance, **30**:99
  expression of *Clostridium* genes in, **31**:43–44
  β-galactosidase isolation and purification using ATPE, **41**:156
  genetically engineered microorganisms and, **38**:87
  haloperoxidases, **37**:52
  herbicides and pesticides and, **36**:42–44

Escherichia coli (continued)
  host-vector systems for recombinant DNA from, **27**:34–39
  hydrogen production technology and, **38**:239
  microbial cytochromes P450 and, **36**:143, 146
  multilocus enzyme electrophoresis, **33**:56
  nitroaromatic compounds, **37**:4–5
  protein analysis and, **36**:290, 294, 325–326
  removal, from drinking water, **30**:83–85
  resistance to ozone, **30**:103
  stormwater, **37**:23, 25, 29–30
  survival, in water, **30**:78
Escherichia coli K-12, recombinant, *see* Recombinant *Escherichia coli*, K-12
Esperin, **24**:208
Essential amino acids, basidiomacromycetes, **37**:246–247
Establishment, biotechnological processes and, **36**:74
Esterases, as pectic enzyme, **39**:238–240
Esters
  description and sources, **29**:40–41
  gibberellins and, **34**:39, 74
  mechanism of formation, **29**:41
  substances from fungi and, **34**:229, 241
Ethanol, *see* Ethyl alcohol
Ether, *see* Ethyl ether
Ethyl alcohol
  from acid hydrolysis of cellulosic wastes, **26**:180–182
  α–amylase production and, **35**:2, 11, 16, 25, 37
  anoxygenic phototrophic bacteria and, **38**:224–226, 264
  biomass feedstock, comparison, **26**:218
  biotechnology and, **34**:277, 280
  cassava roots, **26**:171–174
  cellulose, **26**:176–199
    ball milling, **26**:187
    enzymatic hydrolysis process, **26**:189–194
    fermentation of hydrolyzate, **26**:194–195
    γ–irradiation, **26**:187–188
    sodium hydroxide treatment, **26**:188
    sulfur dioxide treatment, **26**:188–189
  cellulosic wastes, one-step process, **26**:196–197
  cheese whey, **26**:199–201
  coffee waste, **26**:201
  corn, **26**:165–168
    integration of production with wet milling, **26**:168–171
  enzymatic hydrolysis of cellulose, **26**:182
  fermentation, alternative liquid fuel, **26**:147–224
  foodborne yeasts and, **36**:179
    ecology, **36**:186–187, 190, 192, 194
    identification, **36**:247, 251
    methods for isolation, **36**:233
    specific habitats, **36**:211, 225
  as fuel, **26**:216–218
  levan and, **35**:184, 188–190
  microbial cytochromes P450 and, **36**:171
  net by-product credits, **26**:217
  novel starch sources, **26**:175–176
  pineapple waste, **26**:202
  from potatoes, **26**:174–175, 202
  production
    bacteria fermentation and, **39**:114–116
    cellulose *vs*. corn, **26**:198–199
    comparison of processes, **26**:216
    economic analysis, **26**:204–218
    energy requirements, **26**:221–224
    future developments, **26**:197–198
    processes, **26**:153–154
    comparative microbial kinetics, **39**:116
    filamentous fungi fermentation and, **39**:113–114
    from inulin, **29**:172
    from lignocellulosic hydrolysate, **39**:118–119
    lipid effects, **39**:131
    metabolic inhibitor effects, **39**:132
    nutritional factors affecting, **39**:128–129
    oxygenation effects, **39**:129–131
    pH effects, **39**:127–128
    strain improvement, **39**:139–141
    temperature effects, **39**:128
    xylose isomerase and yeast, **39**:116–118

yeast xylose fermentation and, **39**:112–113
from spent sulfite liquor, **26**:202–204
starch, **26**:165
sugarcane, productivity factors, **26**:155
  "ABC" process, **26**:162–163
  continuous fermentation, **26**:157–161
  fermentation of pentoses, **26**:164
  sugars, **26**:154–165
  yeasts tolerant to high concentrations, **26**:161
tolerance, pentose fermentation, **39**:136–139
Trichoderma cellulase, **26**:182–186
use in delignification, **39**:314
wood, **26**:177–180
xenobiotics and, **35**:234
Ethylbenzene, biodegradation in subsurface, **33**:148
Ethylene dibromide, biodegradation in subsurface, **33**:144–145
Ethylene glycol, use in delignification, **39**:313–314
Ethyl ether, oxidation by methane monooxygenase, **26**:76–77
Eubacteria
  overt toxicity of nickel toward growth of, **29**:197–201
  substances from fungi and, **34**:184
Eukaryotes
  antibody technologies and, **38**:163, 171–172, 183
  basidiomacromycetes, **37**:330
  biotechnology and, **34**:268, 271, 301
  hydrodynamic shear stress, **37**:169, 172
  insect cells, **37**:211
    sensitivity of biocatalysts, **37**:191–195, 208, 217
  microbial cytochromes P450 and, **36**:133, 156, 162–173
    properties, **36**:134, 138
  protein analysis and, **36**:300–301, 321, 324, 326
  secondary metabolism and, **34**:10
Euplotes, on reservoir surfaces, **30**:108
European Molecular Biology Laboratory's Nucleotide Sequence Data Library, **30**:176
European Patent Convention, **35**:279, 280, 282, 287, 288

Budapest Treaty, **35**:270, 271
international agreements, **35**:275–279
European Patent Office, **35**:276–279, 282, 287
Evaporation, solid-state fermentation and, **38**:110
Evolution
  bacterial gene transfer in soil and, **35**:73, 94, 106
  foodborne yeasts and, **36**:181
  use of clonal population concept, **33**:54–56
  xenobiotics and, **35**:236, 239
Exconjugants, bacterial gene transfer in soil and, **35**:130, 131
EX-FERM, basidiomacromycetes, **37**:257
Exo-cellobiohydrolase, **33**:4
Exoglucanases
  anti-cellulose activity, **33**:4, 5, 8
  synergism with endoglucanases, **33**:5–6
Exopolygalacturonase, *see* Galacturan 1,4-α-galacturonidase
Exopolygalacturonate lyase, as pectic enzyme, **39**:244
Exopolysaccharides, in aquifer microbial ecology, **33**:152–154
Expression libraries, antibody technologies and, **38**:191–192
Extended X-ray absorption fine structure spectroscopy, anoxygenic phototrophic bacteria and, **38**:257
Extensin, hydrodynamic shear stress, **37**:211
Extracellular enzymes, See also Microbial enzymes
  catabolite repression of resistance to, **25**:66–67
  ecological significance of, **25**:3
  economics of, **25**:2–3
  feedback repression of, **25**:67–68
  future uses of, **25**:3–4
  genetics tics of, **25**:47–53
    recombination techniques, **25**:68–69
    regulatory controls, **25**:64–68
  genetic uses of, **25**:5
  importance of, **25**:2–4
  increasing yields of, **25**:4–5, 57–74
    environmental control, **25**:60–64
    strain selection for, **25**:58–59
  inducers for, **25**:60–61, 64–65

Extracellular enzymes (*continued*)
  intracellular comparison to, **25**:38–39
  molecular biology of, **25**:37–55
  overview of, **25**:1–6
  physical and chemical characteristics of, **25**:2
  repressors for, **25**:61–62
  secretion of, factors affecting, **25**:62–64
  uses of, in food systems, **25**:7–35
Extracellular polymeric substances, adhesion of microbial cells to wetted surfaces, **29**:107–113
Extraction
  for bioproducts in China, **33**:323–327
  gibberellins and, **34**:109, 110
  liquid-liquid two-phase, **33**:327–331
  process
    aqueous/aqueous, **41**:121–123
    bioconversion, **41**:145–148
    equipment, **41**:139–145, 159–161
    organic/aqueous, **41**:120–121
    PHAs, **41**:230–234

F

Factors, in secondary metabolism, **28**:82
Facultative methylotroph
  one-carbon metabolism, regulation, **26**:30–32
  plasmids and methane oxidation, **26**:32–35
Farnesyl pyrophosphate, gibberellins and, **34**:53, 54
Fast-atom bombardment mass spectrometry, protein analysis and, **36**:329
Fat
  alkane-utilizing microorganisms as sources, **39**:41–42
  basidiomacromycetes, **37**:243–244, 318
  modification, **39**:201
  by yeast, **39**:198
Fatty acids
  anoxygenic phototrophic bacteria and, **38**:216, 265
  basidiomacromycetes, **37**:244, 246
  beer and wine fermentation and, **39**:187–188
  biolipid extract, **39**:76
  biosurfactants and, **26**:245
  composition
    acyl-CoA synthetase mutants, **39**:57
    algae, **39**:56
    alkenes as substrates, **39**:47
    decane as substrate, **39**:55
    heptadecane as substrate, **39**:47, 52, 53, 55
    hexadecane as substrate, **39**:45–47, 52, 53, 55, 60
    octadecane as substrate, **39**:47, 53
    odd-chain alkane substrates, **39**:43–45, 49, 53
    pentadecane as substrate, **39**:47, 52, 53
    tetradecane as substrate, **39**:49
    undecane as substrate, **39**:55
  content, biomass correlation, **39**:57
  foodborne yeasts and, **36**:189
  functions, **39**:42
  Ganoderma, **37**:113
  herbicides and pesticides and, **36**:48
  interesterification, **39**:202–204
  lipid lipase activity and, **39**:198
  medical importance, **39**:191
  microbial cytochromes P450 and, **36**:145–145, 166, 168
  oxidation, **41**:1–22
  production, biotechnology, **39**:57–59
  of propane utilizer, **26**:104–105
  short chain, production, **39**:58–59
  substances from fungi and, **34**:231
  volatile, biodegradation in subsurface, **33**:143
Fatty acid synthetase, recombinant, lipid modification, **39**:200
Fatty alcohol production, alkane-utilizing microorganisms, **39**:64–65
Fatty ketones, alkane-utilizing microorganisms, **39**:65
Fecal, contamination, coliform
  counting procedures for, **27**:169–183
  stormwater, **37**:22–31, 33, 35
Feedback inhibition, in secondary metabolism, **28**:74–76
Feed studies, **42**:292–295
Fenclozic acid, as drug metabolism model, **25**:200–201
Fenitrothion, effects on microorganisms, **28**:180

Fensulfothion, effects on microorganisms, **28**:182
Fenthion, effect on microorganisms, **28**:183
Ferguson plot, protein analysis and, **36**:283
Fermentation, *see also* Glucose fermentation; Microbial fermentation; Mixed culture fermentation; Pentose fermentation; Solid-state fermentation; Submerged batch fermentation; Submerged fermentation
  acetone/butanol, biochemistry of, **31**:81–84
  adverse effects of antifoams, **33**:189–191
  anaerobic, foam formation in, **33**:174
  anoxygenic phototrophic bacteria and, **38**:219, 263–266, 268–269
  antibody technologies and, **38**:164, 194
  B. alvei, **42**:242
  B. brevis, **42**:244–246
  B. circulans, **42**:246–247
  B. laterosporus, **42**:250
  Bacillus spp., **42**:252–253
  basidiomacromycetes, **37**:271, 290
    applications of spent substrate, **37**:321, 328
    lignocellulosic substrates, **37**:259–270
    mycelium, **37**:333–335
  bioproducts
    extraction process for citric acid, **33**:323, 325–327
    ion exchange recovery, **33**:338–339, 341
    properties and requirements, **33**:319–320
    streptokinase adsorption, **33**:331–333
    ultrafiltration recovery, **33**:338, 339
    urokinase adsorption, **33**:332–333
  biotechnology and, **34**:264, 301; **36**:77–78
    crop improvement, **34**:287, 289
    energy, **34**:277, 280
    human protein, **34**:291
    industrial organism, **34**:266–268
  chemical antifoams employed in, **33**:181–184
  continuous submerged, gibberellins and, **34**:118
  extractive, **42**:84–85
  foam control in, **33**:179–180
  foam formation in, adverse effects of, **33**:174–176
  foodborne yeasts and, **36**:179–180, 183
    alcoholic beverages, **36**:209–211, 213–214
    dairy products, **36**:221–223
    ecology, **36**:186–189
    fermented foods, **36**:223–227
    identification, **36**:237, 248–249, 251–254, 256–258
    methods for isolation, **36**:233
    specific habitats, **36**:195–208, 216, 218
  genetically engineered microorganisms and, **38**:35
  gibberellins and, **34**:31, 121
    analytical methods, **34**:113, 114
    chemistry, **34**:38
    economics, **34**:116
    history, **34**:33, 34
    mode of action, **34**:40
    routes, **34**:47, 48
  herbicides and pesticides and, **36**:33, 36
  high-density, **41**:37–44
  industry, instrumentation for, **27**:137–167
  lactic acid
    acidification, **42**:82
    adsorption, **42**:83–84
    aeration, **42**:63–64
    agitation, **42**:63–64
    bacteria, **42**:50–54
    batch processes, **42**:65–66
    centrifugation, **42**:82–83
    continuous membrane cell recycle systems, **42**:68–71
    continuous stirred tank reactor systems, **42**:66–68
    dialysis systems, **42**:77–79
    economics, **42**:87–88
    equipment, **42**:63
    history, **42**:45–47
    HPLC, **42**:86–87
    immobilized cell systems, **42**:71–77
    inoculum development, **42**:64–65
    ion exchange, **42**:83–84
    microfiltration, **42**:82–83
    modeling studies, **42**:79–81

Fermentation (*continued*)
  molds, **42**:54
  on-line control systems, **42**:87
  pH control, **42**:86
  process control, **42**:85–86
  process kinetics, **42**:79–81
  process systems, **42**:58–64
  purification, **42**:82
  raw materials, **42**:54–58
  reverse osmosis, **42**:84
  solvent extraction, **42**:84–85
  sterilization, **42**:63
  temperature control, **42**:63–64
  tubular bioreactors, **42**:71
  ultrafiltration, **42**:82–83
  levan and, **35**:181, 184, 186–189
  liquid surface, *see* Liquid surface fermentation
  mechanical foam breakers, **33**:199–211
  media, for inulinase, **29**:149
  monosaccharides and, **34**:141, 142, 155, 156
    applications, **34**:163, 164, 166–168, 170–172, 174
    enzyme inhibitors, **34**:158–160
    individual groups, **34**:156, 157
    mechanisms, **34**:144
    nature, **34**:10
    structure, **34**:152, 153
    technique, **34**:157
  patent law and, **35**:256
  PHAs, **42**:159–161
  processes, inulinase production and, **29**:152–154
  productivity, **41**:25–49
  protein analysis and, **36**:324
  recombinant *E. coli* K-12 and, **36**:87, 122
  secondary metabolism and, **34**:12
  solid-state, *see* Solid-state fermentation
  on solid substrates, **28**:201–237
  of straw, **23**:139–142
    flow diagram, **23**:141
  submerged, *see* Submerged fermentation
  substances from fungi and, **34**:229, 235, 236, 241
  xenobiotics and, **35**:203
Fermentation Research Institute, patent law and, **35**:203

Fermentor, *see* Bioreactor
Ferredoxin
  microbial cytochromes P450 and, **36**:135
  eucaryotes, **36**:171–172
  procaryotes, **36**:141, 144, 148, 153–154, 160
  pentose metabolism limitation, **39**:109
Ferredoxin reductase, microbial cytochromes P450 and, **36**:148, 151, 155, 160
Ferrous alloys, microbial corrosion
  cast iron, SRB effects, **32**:21
  ductile, **32**:21–22
  grey, **32**:21–22
  mild steel, SRB effects, **32**:21
  stainless steel, Gallionella and SRB effects, **32**:22
Ferrous sulfide, as depolarizer in corrosion, **32**:13–14
Fertility, bacterial gene transfer in soil and, **35**:63, 73
Fertilizers, organic
  plant design for digester solid use, **32**:50, 52
  production, **41**:257, 260–269
    by anaerobic digestion, **32**:37, 38, 53, 54, 57, 84
Ferulic acid, pectin, **39**:220
Fetal abnormalities, from cadmium, **23**:69
F-factor, baterial gene transfer in soil and, **35**:73–76, 123, 125
Fibrin, antibody technologies and, **38**:167
Fibroblasts
  biotechnology and, **34**:297
  hydrodynamic shear stress, **37**:197
  substances from fungi and, **34**:229, 230, 234, 235
Fick's law, solid-state fermentation and, **38**:117, 127
Filamentous fungi, *see also* Molds
  chlorine resistance, **30**:86
  in drinking water, **30**:101–104
    importance, **30**:103–104
  on drinking water distribution system wall/pipe surfaces, **30**:102–103
  effect of water treatment practices on, **30**:86
  overt toxicity of nickel toward growth of, **29**:203–208

resistance to ozone, **30**:103
Filaments
  gibberellins and, **34**:87, 102
  secondary metabolism and, **34**:9
Filters
  continuous foam plastic band press, **33**:322–323
  membrane-type, microporous, **33**:338
Filtration
  α-amylase production and, **35**:12, 16, 38, 40
  bacterial gene transfer in soil and, **35**:138
  levan and, **35**:184, 190
  sterilization by, bioreactor medium, **39**:11–12
Fish
  foodborne yeasts and, **36**:195–205, 218, 220–221
    fermented foods, **36**:225–226
    identification, **36**:246, 249, 252, 255, 257
    preservation by solid-state fermentations, **28**:206–207
  recombinant *E. coli* K-12 and, **36**:102
Fission, foodborne yeasts and, **36**:182, 247
Flammulin, substances from fungi and, **34**:239, 240
Flammulina velutypes, **37**:339
  biology, **37**:238–239, 242
  growth substrate changes, **37**:299, 301
  lignocellulosic substrates, **37**:258
  lignocellulosic wastes, **37**:270, 272, 285
  mycelium, **37**:332
  values, **37**:249–250
Flavobacterium
  chlorine tolerance, **30**:112
  in drinking water, **30**:91
    public health importance, **30**:98–99
  linoleic acid hydration, **41**:13
  oleic acid hydration, **41**:12–13
  PAH metabolism, **30**:35, 38
  in water supply systems, **30**:93, 96
Flavobacterium sp. DS5 hydratase, positional specificity, **41**:17–22
Flavoprotein, microbial cytochromes P450 and, **36**:148, 172
Flavoprotein reductase, microbial cytochromes P450 and, **36**:136
Flavor compounds, produced by microorganisms
  esters, **29**:40–41
  lactones, **29**:39–40
  other compounds, **29**:41–45
  pyrazines, **29**:30–34
  terpenes, **29**:34–39
Flavorese enzymes, microbial, **29**:45
Flax fibers, basidiomacromycetes, **37**:335
Flaxobacterium, nitroaromatic compounds, **37**:9
Flaxzyme, resting process and, **39**:247
Flocculation, **33**:323
Flow cytometry
  antibody technologies and, **38**:187
  hydrodynamic shear stress, **37**:189
Fluid frictional resistance, biofilms and, **29**:129–130
Fluidized bed reactor, anoxygenic phototrophic bacteria and, **38**:237
Fluorene, biodegradation in subsurface, **33**:148
Fluorescamine, protein analysis and, **36**:308, 313
Fluorescein diacetate test, hydrodynamic shear stress, **37**:189, 214
Fluorescein isothiocyanate
  antibody technologies and, **38**:167, 187
  conjugates, **30**:208
  fading
    measurements, **30**:205–208, 218
    mechanism, **30**:214–215
  labeled antibody, **30**:198
    fading, **30**:214–215
Fluorescence
  antibody technologies and, **38**:186–187, 191
  bacterial gene transfer in soil and, **35**:82
  cell sorter activation by, antibody technologies and, **38**:167
  fading, **30**:197–198
    advantages of reducing, **30**:199
    argon ion laser measurements, **30**:205
    and chemical agents, **30**:230
    and collector lens, **30**:202
    comparison, **30**:205–215
    comparison of protecting agents, **30**:215–229
    and conventional light sources, **30**:206–208
    definition, **30**:198

Fluorescence (*continued*)
  environmental factors affecting, **30**:204
  and epifluorescence shutter, **30**:230
  and excitation and neutral density filters, **30**:203
  and excitation energy, **30**:202
  and excitation source, **30**:205–208
  and excitation time, **30**:204
  and field diaphragms, **30**:230
  and heat filters, **30**:203
  kinetics, **30**:226–227
  and lamp housing, **30**:201
  laser experiments, **30**:205–206
  and light source, **30**:201–202
  measurement, **30**:218–219
  mechanism, **30**:211–215
    of protection, **30**:230–231
  and mercury lamps, **30**:206–207
  methods for reducing, **30**:198
  and objectives, **30**:203–204
  and pre- or postirradiation, **30**:230
  progress in reducing, **30**:229–230
  protection, microscope verification of, **30**:221–224
  pulsed dye laser comparisons, **30**:205–206
  reducing agent concentration, **30**:220–221, 225–226
  selection of reducing agent, **30**:224–225
  and specimen localization under phase contrast, **30**:229
  speculations on, **30**:228–229
  statistical analyses, **30**:219
  and xenon lamps, **30**:207–208
  intensity
    and buffer selection, **30**:225
    factors affecting, **30**:201–204
    measurements, instrumentation, **30**:199–201
    optical factors, **30**:201–204
  methods of protection, **30**:208–211
    with chemical agents, **30**:208
    with fixation in a nonfluorescent resin, **30**:210
    by pre-or postfixation of specimen, **30**:210–211, 212–213
  optimization of chemical environment, **30**:225–226
  principle, **30**:211–212
  protein analysis and, **36**:308–309
  recovery, **30**:206, 208, 212
  solid-state fermentation and, **38**:131
  stabilization
    with 1,4-diazabicyclo[2.2.2]octane, **30**:209
    with *n*-propyl gallate, **30**:208–209
    with *p*-phenylenediamine, **30**:209
    with sodium dithionite, **30**:208
Fluoride, monosaccharides and, **34**:158–160
Fluorimetry
  hydrodynamic shear stress, **37**:189
  solid-state fermentation and, **38**:131–132
Fluorometric assay, gibberellins and, **34**:114, 115
5-Fluorouracil, lentinan therapy and, **39**:165
Foam
  adverse effects of, **33**:174–176
  applications, **33**:174
  breaking of, use of apparatus with rotating disk, **33**:205–206
  chemical control methods, **33**:180–196
    adverse effects of antifoams, **33**:189–191
    automatic antifoam addition devices, **33**:192–196
    breaking mechanism, **33**:185–186
    oxygen transfer rate and, **33**:191–192
    selection criteria for antifoams, **33**:186–189
    type and nature of antifoams, **33**:180–185
  classification of, **33**:176–177
  combined-action control, **33**:211–213
  control in fermentation, **33**:179–180
  control of, gibberellins and, **34**:89, 90
  foaminess, **33**:176, 178
  formation, **33**:173–174
    chemical and biochemical factors affecting, **33**:177–178
    factors affecting, **33**:177–179
  mechanical breakers
    advantages, **33**:199–201
    cyclone-type defoamers, **33**:207–208
    disadvantages, **33**:200–201
    impact spray type, **33**:208–209

modifications and improvements, **33**:203–205
nozzle type, **33**:209–210
patents, **33**:203
with rotating parts, **33**:201–207
syneresis-based, **33**:210–211
vacuum-based, **33**:211
physical control methods, **33**:196–199
electrical foam breakers, **33**:199
thermal foam breakers, **33**:198–199
ultrasonic defoamers, **33**:196–198
prevention, **33**:213–214
research and development needs for control, **33**:214–216
stability, **33**:176–177, 178–179
in submerged fermentations, **33**:216
Follower strategy, in biotechnology market development, **40**:214–215
Fomecin, substances from fungi and, **34**:240
Fonofos
effect on microorganisms, **28**:183
metabolism in microorganisms, **28**:173
Food and Drug Administration, biotechnological processes and, **36**:81
Foodborne yeasts, **36**:179–180
classification, **36**:180–183
ecology, **36**:183–184
acidity, **36**:187–188
atmosphere, **36**:189
implicit parameters, **36**:190
nutrients, **36**:186–187
processing, **36**:190–194
temperature, **36**:188–189
water activity, **36**:185–186
identification, **36**:234
cellobiose-assimilating yeasts, **36**:251–253
cellobiose-negative yeasts, **36**:256–258
erythritol-assimilating yeasts, **36**:248–249
mannitol-assimilating yeasts, **36**:253–256
mannitol-negative yeasts, **36**:256–258
new methods, **36**:235–236
nitrate-assimilating yeasts, **36**:249–251
simplified methods, **36**:236–244
urease-positive yeasts, **36**:245–247
isolation, **36**:228–234
specific habitats, **36**:194–205

acid-preserved foods, **36**:227–228
alcoholic beverages, **36**:209–214
cereal, **36**:217–218
dairy products, **36**:221–223
drinks, **36**:208–209
fermented foods, **36**:223–227
fish, **36**:218, 220–221
fruits, **36**:195, 206–208
high-sugar products, **36**:214–216
meat, **36**:218–220
vegetables, **36**:195, 206–208
Foods, *see also* Acid-preserved foods; Canned foods; Oriental food; Processed foods
bioprocesses in, **36**:76–77
fermented from solid substrates, **28**:216–217
high-sugar-content, foodborne yeasts and, **36**:180, 185, 190
identification, **36**:237, 247–248, 250, 254–255
specific habitats, **36**:195–205, 214–216
and industry
extracellular enzyme uses in, **25**:6–35
future, **25**:25–31
immobilized enzyme use in, **25**:22–25
technology, ATPE applications, **41**:151, 152–154
yeast lipids in, **39**:187–189
Forced air, solid-state fermentation and, **38**:108
Forced convection, solid-state fermentation and, **38**:112
Forest plant residues, basidiomacromycetes, **37**:258–259
Formaldehyde
chemical detection of release from adducts, **33**:240
chemistry, **33**:224
determination of activity by analytical methods, **33**:272
fixation, Icl+ serine pathway, **26**:24
history of use, **33**:223–224
microbial resistance, **33**:273
mutagenicity, **33**:224–225, 274
pharmacology, **33**:224–226
role in FA adduct action, **33**:269–270
toxicological and environmental considerations, **33**:225–226

Formaldehyde condensate biocides
  commercially available, **33**:260–268
  formaldehyde determination of activity
    by analytical methods, **33**:272
  hexahydrotriazines, **33**:232–242
  mixtures of, **33**:252–259
  mode of action
    formaldehyde role, **33**:269–270
    role of other active groups,
      33:270–271
  N-methylol derivatives, N-methylol-
    hydantoin, **33**:245
  structural relationships, **33**:226–269
    biocide mixtures, **33**:252–259
    cyclic aminals, **33**:227–245
    N-methylol derivatives, **33**:245–249
    C-nitro derivatives, **33**:249–252
    paraformaldehyde and methoxy
      derivatives, **33**:226–227
  toxicological and environmental
    considerations, **33**:259–269
  uses and applications, **33**:260–263,
    272–273
Formate, anoxygenic phototrophic
  bacteria and, **38**:220, 261–262, 266,
  269
Formate dehydrogenase, isolation and
  purification using ATPE, **41**:155
Formation, biotechnological processes
  and, **36**:74, 77
Formic acid, protein analysis and, **36**:286
  electroblotting, **36**:306, 315
  structural analysis, **36**:291–292, 295
Fossil fuel, xenobiotics and, **35**:210–213
Fractionation
  levan and, **35**:189
  protein analysis and, **36**:292, 318
Free energy
  Gibbs, of mixing, **41**:101, 129, 130, 135
  interfacial tension, **41**:105
Freezing, foodborne yeasts and,
  36:192–193
Frequency of recombination, bacterial
  gene transfer in soil and, **35**:122, 123,
  126, 128
Fructan, levan and, **35**:172, 174, 179
Fructose
  α–amylase production and, **35**:2, 13
  anoxygenic phototrophic bacteria and,
    38:264, 266

  biotechnology and, **34**:264
  effects on sucrose phosphorylase
    good acceptor for, **32**:177
    inhibition of, **32**:182
    metabolism by *L. mesenteroides*,
      scheme, **32**:171
  levan and, **35**:171, 191
    analysis, **35**:184
    biosynthesis, **35**:175–178
    chemistry, **35**:178
    occurrence, **35**:174
    prduction, **35**:187, 188
    utilization, **35**:190
  monosaccharides and, **34**:165–168
  production
    from
      corn syrups, **32**:195–196
      sucrose by sucrose phosphorylase,
        32:196
      by immobilized cells, **22**:5, 6
    properties, **32**:195
  syrups, production of, **29**:166–170
D-Fructose
  inulinase and, **29**:142–145
  monosaccharides and
    applications, **34**:163, 165–168
    fermentation, **34**:160
    structure, **34**:152
Fructose–biphosphate aldolase,
  biotechnology and, **34**:294
Fruit
  foodborne yeasts and, **36**:184, 233
    identification, **36**:237, 245–249, 251,
      253–255, 258
    specific habitats, **36**:195–208, 216, 223
  juices from
    foodborne yeasts and
      identification, **36**:246, 250–251,
        253, 257–258
      specific habitats, **36**:208–209,
        213–214
  industry, pectinases in, **39**:246–247
Fucidic acid, substances from fungi and,
  34:202
Fucus distichus, haloperoxidases,
  37:75–76
Fuel production, **41**:245–260
Fujic acid, gibberellins and, **34**:108
Fumagillin, substances from fungi and,
  34:231

Fumarase, *see* Fumarate hydratase
Fumarate hydratase, isolation and purification using ATPE, **41:**156, 157
Fumaric acid production
  aeration effects, **39:**136
  nutrition effects, **39:**136
  pentose fermentation and, **39:**126
Fundafom foam separators, **33:**206–207
Fungal elicitors, basidiomacromycetes, **37:**335
Fungal propagules, genetically engineered microorganisms and, **38:**21, 56, 78, 90, 94
Fungal spores, organic compound transformation by, **28:**217–218
Fungi, *see also* Basidiomacromycetes; Filamentous fungi; Fungi imperfecti; Mold; Yeast; *specific types*
  alkane utilization, **39:**31–35
  α–amylase production and, **35:**7, 12
    industrial production, **35:**13
    present status, **35:**25, 30, 31, 34, 45
  anthracene metabolism, **30:**48
  bacterial gene trnasfer in soil and, **35:**59, 71
    conjugation, **35:**128
    recombinants, **35:**142
    transduction, **35:**135, 138
  benz[*a*]anthracene metabolism, **30:**56–57
  benzo[*a*]pyrene metabolism, **30:**52–53
  bioreactor contamination, **39:**3
  biotechnology and, **34:**288; **36:**77
  biphenyl degradation, **37:**141, 154–156
  brown rot, use in delignification, **39:**318
  cadmium effects on, **23:**78–83
  cellulolytic, **33:**7
  cellulolytic enzyme source, **40:**3–5
  corrosion-associated, **32:**9–10
    identification technique, **32:**14–15
    organic acids as corrosive agents, **32:**17
  cytochrome P450 systems in, **25:**178, 182–183
  cytological changes, hydrocarbon-induced, **39:**33–35
  fatty acid composition, alkane oxidation, **39:**53–56
  foodborne yeasts and, **36:**181, 226, 231, 233

Ganoderma, **37:**116, 120, 125
gibberellins and
  biosynthesis pathways, **34:**52
  history, **34:**32
  liquid surface fermentation, **34:**58
  microorganisms, **34:**49, 50
  solid-state fermentation, **34:**102, 108
  submerged fermentation, **34:**60, 90
haloperoxidases, **37:**48
induction, **25:**185–186
lentinan effects, **39:**168–169
lipid content, alkane utilization and, **39:**41
microbial cytochromes P450 and, **36:**170
monosaccharides and, **34:**141, 146, 155, 167
naphthalene metabolism, **30:**44–45
nitroaromatic compounds, **37:**3–4, 7, 11–12, 14
organic acids, **39:**124–127
oxidation of
  aromatic hydrocarbons, **30:**36, 40
  3-methylcholanthrene, pathways, **30:**60–61
PAH metabolism, **30:**64
patent law and, **35:**260, 262–264, 266, 286
pentose fermentation, **39:**98–99
phenanthrene metabolism, **30:**50–51
phytase sources, **42:**272–273
secondary metabolism and, **34:**4–6, 10, 14, 22
soft rot, use in delignification, **39:**318
solid-state fermentation and, **38:**100–101, 112
  experimental measurements, **38:**130–131, 134
  physical parameters, **38:**115
stormwater, **37:**22
substances from, **34:**183, 184
  antitumor-antiviral substances, **34:**202, 206–211
  ascomycetes, **34:**226–228, 241–243
  basidiomycetes, **34:**236–241
  fungi imperfecti, **34:**206, 211–226, 229–236
  phycomycetes, **34:**244
history, **34:**184, 185
screening, **34:**185, 186

Fungi (continued)
  triacylglycerol accumulation, **39**:61
  white rot
    biobleaching using, **39**:324–325
    biochemical mutants, **39**:318, 319
    biopulping using, **39**:323
    delignification using, **39**:317–321
    Kraft effluent treatment with, **39**:325
  xenobiotics and, **35**:245
    activity, **35**:203, 205, 206, 209
    assessment, **35**:234, 235, 238, 242, 245
    effects, **35**:223, 225, 227, 231–233
Fungicides
  haloperoxidases, **37**:68
  nitroaromatic compounds, **37**:5
Fungi imperfecti, **34**:202, 206, 211, 226, 229–236, 243, 244
  antibiotics, **34**:202, 206
  screening, **34**:186
Funiculosin, substances from fungi and, **34**:235
Funnel diagram, product development model, **40**:160–161
Furanose
  levan and, **35**:179
  monosaccharides and, **34**:152
Fusarenon X, substances from fungi and, **34**:229
Fusaric acid, gibberellins and, **34**:92
Fusarin, gibberellins and, **34**:58
Fusarium
  basidiomacromycetes, **37**:302, 325
  from drinking water, **30**:102
  gibberellins and, **34**:33, 40, 73, 92
  herbicides and pesticides and, **36**:20
  on pipe surfaces, **30**:103
  substances from fungi and, **34**:229, 235
Fusarium moniliforme, gibberellins and
  biosynthesis pathways, **34**:56
  chemistry, **34**:35
  concomitant products, **34**:92–93
  history, **34**:32
  immobilized whole cells, **34**:99
  mathematic model, **34**:83
  microorganisms, **34**:49, 50
  process operation, **34**:87, 89, 90
  solid-state fermentation, **34**:103
  submerged fermentation, **34**:62–64, 70, 71, 74, 75

Fusarium oxysporum
  microbial cytochromes P450 and, **36**:168
  nitroaromatic compounds, **37**:5
Fusarium solani
  in cellulolytic enzyme analysis, **40**:20–24
  cellulolytic enzyme source, **40**:3–5
Fusideum coccineum, antibiotics formed by, **25**:98–99
Fusidic acid
  antimicrobial spectra of, **25**:100
  conformation of, **25**:96
  structure of, **25**:96
  substances from fungi and, **34**:202
Fusidic acid-type antibiotics, **25**:95–146
  antibacterial properties of, **25**:99–101
  biological activity of, **25**:99–103
  chemical and microbiological modification of, **25**:103–143
    ring A modification, **25**:135–142
    ring B modification, **25**:134–135
    ring C modification, **25**:132–134
    ring D modification, **25**:110–131
    side chain modification, **25**:104–110
    skeletal, **25**:142–143
  discovery of, **25**:95
  mode of action of, **25**:101–102
  resistance mechanisms of, **25**:102–103
  types of, **25**:97–99

G

GA_{12}-aldehyde, gibberellins and, **34**:55–57
Galactose
  bacterial gene transfer in soil and, **35**:95
Ganoderma, **37**:116, 121, 123
  substances from fungi and, **34**:237
D-Galactose, monosaccharides and, **34**:169
β–Galactosidase
  genetic characterization of, **25**:47–48
  herbicides and pesticides and, **36**:42, 44
  isolation and purification using single-stage ATPE, **41**:156
Galacturan 1,4-α–galacturonidase
  activity, **39**:241–242
  microbial sources, **39**:239

Galacturonic acid, pectin esterification, **39**:217
Gallic acid
  secondary metabolism and, **34**:2, 4, 15
  from solid-state, fermentationhon, **28**:207–208
Gallionella
  aerobic corrosion induction, **32**:8–9
  stainless steel damage, **32**:9, 22
  biofilm on immersed metals, **32**:14
Ganoderal, *Ganoderma,* **37**:103, 105, 114
Ganoderans, *Ganoderma,* **37**:116–117, 121, 123
Ganoderenic acids, *Ganoderma,* **37**:103, 105
Ganoderic acids, *Ganoderma,* **37**:103–108, 113–116, 119, 122
Ganoderma, medicinal benefits of, **37**:101–102, 125–126
  antitumor action, **37**:108–112
  cardiovascular system, **37**:114–118
  chemical composition, **37**:102–108
  immunomodulatory action, **37**:118–120
  liver protection, **37**:113–114
  muscular dystrophy, **37**:120
  nervous system regulation, **37**:113
  patents, **37**:121
    Alzheimer's disease treatment, **37**:123
    antibiotics, **37**:123
    antimutagen, **37**:124
    antitumor preparation, **37**:121–122
    bath preparation, **37**:124
    beverages, **37**:124–125
    chronic bronchitis treatment, **37**:123
    hair tonics, **37**:124
    hypocholesterolemic preparations, **37**:122
    hypoglycemic preparations, **37**:123
    hypotensive preparations, **37**:122
    immunomodulatory agents, **37**:123
    liver function stimulants, **37**:122
    skin preparation, **37**:124
  protein synthesis, **37**:112
  radiation protection, **37**:120–121
  respiratory system, **37**:118
  toxicity, **37**:121
Ganoderma applanata
  applications of spent substrate, **37**:319
  mycelium, **37**:336

Ganoderma applanatum, medicinal benefits of, **37**:108–110, 118, 121, 124
Ganoderma boninense, medicinal benefits of, **37**:121
Ganoderma capense, medicinal benefits of, **37**:102, 113, 120
Ganoderma japonicum, medicinal benefits of, **37**:102, 110, 114, 120
Ganoderma lucidum
  lignocellulosic wastes, **37**:285
  medicinal benefits of, **37**:102–119, 121–125
  values, **37**:250
Ganoderma tsugae, medicinal benefits of, **37**:121
Ganodermic acids, *Ganoderma,* **37**:103, 108, 115
Ganoderols, *Ganoderma,* **37**:103, 105, 114
Ganodosterone, *Ganoderma,* **37**:122
Ganolucidic acid, *Ganoderma,* **37**:104–106
Gardona, *see* Stilonium iodide
Gas
  anoxygenic phototrophic bacteria and, **38**:239, 247–249, 279
  solid-state fermentation and, **38**:101
    experimental measurements, **38**:134–140, 142
    mass transfer, **38**:102–103
    mathematical modeling, **38**:118, 126, 130
    physical parameters, **38**:117
  xenobiotics and, **35**:201–203, 223, 226
Gas chromatography
  anoxygenic phototrophic bacteria and, **38**:219–220
  biphenyl degradation, **37**:145, 155
  foodborne yeasts and, **36**:235
  Ganoderma, **37**:108
  gibberellins and, **34**:116
  protein analysis and, **36**:303
Gas chromatography–mass spectroscopy
  in analysis of fatty acid oxidation endproducts, **41**:8–9
  biphenyl degradation, **37**:140–141
  characterization of poly-β-hydroxyalkanoate granules, **41**:230
  genetically engineered microorganisms and, **38**:78
  nitroaromatic compounds, **37**:4, 11

Gaseous alkane utilizer, isolation, **26**:94–95
Gastrointestinal illness, stormwater, **37**:23–25, 29–31
Gelatin
  nisin use in, **27**:115–116
  sucrose phosphorylase immobilization, **32**:189
Gelatinization, α-amylase production and, **35**:3, 4, 13
Gels, pectin, **39**:225–227, 231–232
GEM, *see* Genetically engineered microorganisms
GenBank Genetic Sequence Data Bank, **30**:176–177
Gene cloning, protein analysis and, **36**:318–322
Genes
  amplification of, by recombinant DNA technology, **27**:56–57
  anoxygenic phototrophic bacteria and, **38**:251, 254–255
  auxotrophic complementation of, **27**:6–8
  bom sites, recombinant *E. coli* K-12 and, **36**:88–90, 93–96
  catabolic, regulation, **41**:61–65
    by lysR protein family, **41**:69–70
    naphthalene oxidation enzymes, **41**:76–77
    and sigma factor, **41**:63–65
  chemical synthesis of, **27**:19–22
  cRNA and, **27**:13–16
  Cry, **42**:8–10
    in Bt strain construction, **42**:18–19
    expression in plants, **42**:22–25
    insect-tolerance and, **42**:31–33
    screening, **42**:12–14
    structure, **42**:10–12
    in transgenic microbe construction, **42**:19–20
  density of, **27**:9–10
  expression
    antibody technologies and, **38**:170–172
    hydrodynamic shear stress, **37**:219, 224
  isolation of, **27**:4–22
  lac z, herbicides and pesticides and, **36**:42, 44
  mapping of, recombinant DNA use in, **27**:51–52
  nif, anoxygenic phototrophic bacteria and, **38**:247
  novel, production of, **27**:57–58
  physical differences in, **27**:9–13
  products, recombinant *E. coli* K-12 and, **36**:90
  selection for function, **27**:5–9
  sib selection of, **27**:9
  in situ hybridization of, **27**:8
  in situ immunuassays of, **27**:8–9
  size differences in, **27**:10–13
  structure of, recombinant DNA use in, **27**:52–53
  types of, **27**:4
Genetically engineered microorganisms, **38**:2–7, 90–95, *see also* Biotechnology, commercial
  in activated sludge, **40**:248–249
  in aquatic environments, **40**:245–248
  bacterial gene transfer in soil and, **35**:60, 61, 73
  conjugation, **35**:84, 91, 92, 94, 131
  environment, **35**:65, 66, 68, 72
  maintenance, **35**:114
  microcosms, **35**:105–108, 110
  preparation, **35**:113
  recombinants, **35**:140, 142–145, 148, 149, 151, 152
  sampling, **35**:114
  selection, **35**:112
  survival, **35**:78, 80, 82
  transduction, **35**:94, 102, 105
  methods of study
    dinitrogen, **38**:46–48
    growth rates, **38**:48–49
    metabolic activity, **38**:8–16
    microbial assays, **38**:18–36
    nitrogen transformations, **38**:41–46
    soil
      enzymes, **38**:36–41
      preparation, **38**:7–8, 16–18
    statistics, **38**:49–50
  overview, **40**:237–245, 267–280
  in plants, **40**:261–267
  regulation, **40**:274–280
  results, **38**:50–52
    2,4-dichlorophenoxyacetate, **38**:69, 74–78

metabolic activity, **38**:52–55
nitrogen, **38**:78–87
pH, **38**:69, 73
soil enzymes, **38**:62, 68–72
species diversity, **38**:53, 56–67
survival, **38**:87–90
in soil, **40**:249–261
strain development, product discovery approach, **40**:131–132
Genetic engineering
analysis of expression, computers in, **30**:180–182
antibody technologies and, **38**:156, 172, 184–185
automation, **30**:194
biofuel production, **41**:256
biotechnological processes and, **36**:68–69, 80, 82
case studies, **36**:75, 77–78, 80
computational support systems, **30**:170–194
computer support, **30**:169–170
expert systems, **30**:192–193
factors influencing marketing, **33**:319–320
foreign gene expression, **41**:26–31
herbicides and pesticides and, **36**:37
microbial cytochromes P450 and, **36**:160
model project, computer applications in, **30**:185–193
nutrient requirements, **41**:32–37, 38
pollutant applications, **41**:87–89
risks, **41**:87
secondary metabolites, **28**:48–51
use in yeast lipid modification, **39**:199–201
Genetic exchange
biotechnological processes and, **36**:71–73
herbicides and pesticides and, **36**:16
Genetics
analysis of culture differences, **33**:53–54
basidiomacromycetes, **37**:336–337, 339–340
biotechnological processes and, **36**:68–69, 74, 81
diversity, calculation of, **33**:54
extracellular enzyme uses in, **25**:5
foodborne yeasts and, **36**:181, 183

herbicides and pesticides and, **36**:2, 36–37, 39, 42–44, 62
manipulation, foodborne yeasts and, **36**:180
markers, antibody technologies and, **38**:167
microbial cytochromes P450 and, **36**:143, 147, 153–154, 163, 166–167
protein analysis and, **36**:318–319, 322
recombinant *E. coli* K-12 and, **36**:89, 93, 95–96, 100
of secondary metabolism, **28**:27–115
of secretory enzymes, **25**:47–53
stability, recombinant *E. coli* K-12 and, **36**:97–98
Genetic transfer
in bacteria, effects of biotic and abiotic environmental factors oil, **31**:121–129
general concepts, **31**:95–101
in situ studies, **31**:104–121
in vivo studies, **31**:101–104
in clostridia
conjugation, **31**:39–41
transformation, **31**:41–43
genetically engineered microorganisms and, **38**:51, 91
herbicides and pesticides and, **36**:4
recombinant *E. coli* K-12 and, **36**:89, 102, 120
mammalian intestinal tract, **36**:113, 117
sewage, **36**:108
soil, **36**:104, 108
Genome
illegitamate sequences of, **28**:31–32
library, **27**:6
screening of, **27**:6–9
Genotoxicity
of formaldehyde, **33**:255, 259
of N-methyl-N-nitrosourea, **33**:255, 259
Genotype, genetically engineered microorganisms and, **38**:11
Gentamicin, bacterial gene transfer in soil and, **35**:78
Geometric scale-up, in biotechnology process development, **40**:179–181
Geotrichum, foodborne yeasts and, **36**:184
dairy products, **36**:221
identification, **36**:241–242, 246, 255

Geotrichum (*continued*)
   specific habitats, **36:**199, 208, 213, 216–217, 225, 228
Geranyl geranyl pyrophosphate, gibberellins and, **34:**53, 54
Geranyl pyrophosphate, gibberellins and, **34:**53
Germination, of bacterial spores, stages in, **23:**245–248
Giardia
   lamblia, in drinking water, **30:**108
   survival, in water, **30:**78
   in water, **30:**87–88
Gibberella fujikuroi, **34:**122
   biosynthesis pathways, **34:**51, 52, 56, 57
   biotechnological processes and, **36:**79
   chemistry, **34:**35, 36, 39
   history, **34:**32
   immobilized whole cells, **34:**99
   liquid surface fermentation, **34:**58
   microorganisms, **34:**49, 50
   routes, **34:**48
   solid-state fermentation, **34:**103–111
   submerged fermentation, **34:**60, 62–64, 70, 71, 74
      concomitant products, **34:**92, 93
      growth phases, **34:**76, 78
      kinetic studies, **34:**81
      process operation, **34:**86–90
   substances from fungi and, **34:**235
Gibberellic acid, **34:**30, 31, 121, 122
   analytical methods, **34:**112, 114–116
   biosynthesis pathways, **34:**52
   chemistry, **34:**36–38
   economics, **34:**117–121
   immobilized whole cells, **34:**98–100
   microorganisms, **34:**49
   routes, **34:**45, 47–49
   solid-state fermentation, **34:**103–111
   submerged fermentation, **34:**60–64
      concomitant products, **34:**91, 92
      downstream processing, **34:**95
      kinetic studies, **34:**82
      mathematic models, **34:**83, 84
      mutation, **34:**64, 66, 67, 70, 73–75
      process, **34:**84–89
      regulation, **34:**80, 81
Gibberellins, **34:**30, 31, 121, 122
   analytical methods, **34:**111
      bioassays, **34:**111–113
      instrumentation, **34:**113–116
   biosynthesis pathways, **34:**51, 52
      ent-kaurene, **34:**54, 55
      GA_{12}-aldehyde, **34:**55–57
      inhibitors, **34:**57
      isopentenyl pyrophosphate, **34:**52, 53
      terpenes, **34:**52–54
   chemistry, **34:**34–36
      esters, **34:**39
      gibberellic acid, **34:**36–38
      glycosides, **34:**38
   economics, **34:**116
      comparative, **34:**120, 121
      continuous submerged fermentation, **34:**118
      immobilized whole cells, **34:**119
      liquid surface fermentation, **34:**117
      solid-state fermentation, **34:**119, 120
      submerged batch fermentation, **34:**117, 118
   history, **34:**31–34
   immobilized whole cells, **34:**98–100
   liquid surface fermentation, **34:**57–59
   microorganisms, **34:**49–51
   mode of action
      algae, **34:**41, 42
      animals, **34:**41–43
      mechanism, **34:**43
      microorganisms, **34:**40, 41
      plant tissues, **34:**39, 40
      structure, **34:**43, 44
   routes
      chemical synthesis, **34:**45, 47
      fermentation, **34:**48, 49
      plants, **34:**47, 48
   solid-state fermentation
      concomitant products, **34:**107, 108
      downstream processing, **34:**108–111
      fed-batch process, **34:**106
      growth pattern, **34:**107
      large-scale trial, **34:**105, 106
      nutrition, **34:**104, 105
      physical factors, **34:**104
      potential, **34:**100–103
   submerged fermentation
      concomitant products, **34:**90–94
      downstream processing, **34:**95–98
      growth phases, **34:**75–79
      kinetic studies, **34:**81–83
      mathematic models, **34:**83, 84

nutrition, **34**:64–75
physical factors, **34**:61–64
process operation, **34**:84–90
regulation, **34**:79–81
technique, **34**:59, 60
uses, **34**:45–47
Gilbertella persicaria, PAH metabolism, **30**:36
Glass fiber, protein analysis and, **36**:307–313, 315, 317
Glenodinium, **30**:106
Gliocladic acid, substances from fungi and, **34**:235, 243
Gliocladium, PAH metabolism, **30**:36
Gliotoxins, substances from fungi and, **34**:230, 243
Globomycin, tolerance to, in producer organisms, **25**:151
Gloeophyllum, basidiomacromycetes, **37**:300, 331
D-Glucan, substances from fungi and, **34**:237
Glucan 1,4-α–glucosidase
  biotechnology and, **34**:269
  gibberellins and, **34**:121
  solid-state fermentation and, **35**:2, 4, 5, 6–8, 46
Glucans
  basidiomacromycetes, **37**:249–250
  Ganoderma, **37**:109–112, 117, 120–123
  β–linked, microbial production, **23**:32–33
  substances from fungi and, **34**:238, 239, 242
Glucitol, monosaccharides and, **34**:163
D-Glucitol, monosaccharides and
  applications, **34**:162–164, 166, 167, 170
  fermentation, **34**:158
Glucoamylase, *see* Glucan 1,4-α–glucosidase
Glucomannan, residue distribution, **39**:94
Gluconate, monosaccharides and, **34**:142
  applications, **34**:167, 171, 173
  fermentation, **34**:157
  structure, **34**:152–155
D-Gluconate, monosaccharides and
  applications, **34**:168–170, 174
  fermentation, **34**:155, 156, 158, 160
  mechanisms, **34**:143, 145, 146
  structure, **34**:153–155

D-Gluconic acid, monosaccharides and, **34**:147, 156, 167
Gluconobacter, monosaccharides and, **34**:156, 172
Gluconobacter oxydans, monosaccharides and
  applications, **34**:161–165, 167–169, 172, 173
  fermentation, **34**:156–158, 160
  mechanisms, **34**:144, 145
  nature, **34**:147, 149, 150
  structure, **34**:150–153
Gluconobacter suboxydans, monosaccharides and, **34**:145, 165, 172
D-Glucopyranosyl residues, *Ganoderma,* **37**:109–110
Glucosamine, solid-state fermentation and, **38**:120, 130–133
Glucose
  α–amylase production and, **35**:2–5, 13–15, 42
  anoxygenic phototrophic bacteria and
    carbon assimilation, **38**:264
    hydrogen production, **38**:220, 224–226, 228, 268–269
  basidiomacromycetes
    applications of spent substrate, **37**:322, 325–326
    growth substrate changes, **37**:293, 300–301, 313
    mycelium, **37**:334
    values, **37**:249
  biodegradation in subsurface, **33**:143
  biotechnology and, **34**:264
  concentration in high-density yeast fermentations, **41**:37–38, 39–40
  dissimilation by diol-producing bacteria
    aeration effect, **32**:91, 118–122
    anaerobic products, **32**:104
    2,3-butanediol production, **32**:104–106
    nutrient supplements and, **32**:112–114
    substrate concentration and, **32**:108–109
    pyruvate formation, **32**:95–96
    stimulation by acetate, **32**:100
  effects on sucrose phosphorylase
    complex formation and proteolysis, **32**:184, 186

Glucose (*continued*)
  inhibition, **32**:181, 185
  foodborne yeasts and, **36**:189, 229
  identification, **36**:237, 248–249, 251, 253–254, 257
  Ganoderma, **37**:111–112, 116–117, 121
  genetically engineered microorganisms and
    metabolic activity, **38**:52–53
    results, **38**:74, 87, 90
    soil enzymes, **38**:62, 69
    species diversity, **38**:56, 62
  gibberellins and
    chemistry, **34**:38
    concomitant products, **34**:90
    growth phases, **34**:75–78
    immobilized whole cells, **34**:99
    kinetic studies, **34**:82, 83
    liquid surface fermentation, **34**:58
    process, **34**:84–86
    regulation, **34**:79, 80
    solid-state fermentation, **34**:106, 107
    submerged fermentation, **34**:60, 61, 63–66, 71
  herbicides and pesticides and, **36**:40, 44
  levan and
    analysis, **35**:185
    biosynthesis, **35**:175–178
    chemistry, **35**:181, 183
    occurrence, **35**:173
    production, **35**:187, 188
  metabolism by *L. mesenteroides*, scheme, **32**:171
  microbial cytochromes P450 and, **36**:162
  monosaccharides and, **34**:168, 171–174
  nitroaromatic compounds, **37**:11–12
  recombinant *E. coli* K-12 and, **36**:97–98
  secondary metabolism and, **34**:10
  solid-state fermentation and, **38**:121–123
  substances from fungi and
    ascomycetes, **34**:243
    basidiomycetes, **34**:237, 239, 241
    fungi imperfecti, **34**:234, 235
  xenobiotics and, **35**:245
D-Glucose, *see* Glucose dehydrogenase
Glucose axidase, monosaccharides and, **34**:158, 167
Glucose dehydrogenase
  monosaccharides and
    applications, **34**:167, 168, 170, 171, 174
    fermentation, **34**:155, 156, 158, 160
    mechanisms, **34**:143, 146, 147
    structure, **34**:155
  substances from fungi and, **34**:236–238
Glucose fermentation, itaconic acid from, **39**:127
Glucose-1-phosphate
  as glucosyl donor for sucrose phosphorylase, **32**:177, 182, 187
  potential applications, **32**:196–197
  production from sucrose by sucrose phosphorylase, **32**:196–197
    ATP-independent, **32**:199
Glucose yeast extract, foodborne yeasts and, **36**:230
Glucosidase, basidomacromycetes, **37**:297–299, 325–326
β–Glucosidases, **33**:5, 6
  catalytic mechanisms, **40**:24–25
  molecular properties, **40**:13–15
  synergistic properties, **40**:20–24
β–D-Glucoside glucohydrolase, **33**:4
Glucosides, gibberellins and, **34**:38, 39, 44
D-Glucuronate, monosaccharides and, **34**:155
Glucuronide, biphenyl degradation, **37**:154
Glutalmine synthetase, in secondary metabolism, **28**:82–85
Glutamate
  anoxygenic phototrophic bacteria and, **38**:223, 225, 230, 244, 247
  biodegradation in subsurface, **33**:143
Glutamate dehydrogenase, anoxygenic phototrophic bacteria and, **38**:244
Glutamic acid, biodegradation in subsurface, **33**:143
Glutamine, anoxygenic phototrophic bacteria and, **38**:244, 246–247, 264
Glutamine synthetase, anoxygenic phototrophic bacteria and, **38**:244, 246
Glutaraldehyde
  antibody technologies and, **38**:151, 165, 188–189
  in sucrose phosphorylase immobilization, **32**:189, 191, 192

Glycans, *Ganoderma*, **37:**116
Glycerokinase purification
  by dye-ligand chromatography, **33:**348, 352, 353
  by ion-exchange chromatography, **33:**341
Glycerol
  α–amylase production and, **35:**39
  gibberellins and
    liquid surface fermentation, **34:**58
    submerged fermentation, **34:**61, 65, 66, 79, 80
  monosaccharides and, **34:**161
  substances from fungi and, **34:**234
Glycinate, protein analysis and, **36:**282
Glycine
  α–amylase production and, **35:**15
  protein analysis and, **36:**282, 284–286, 301, 313
Glycine max, genetically engineered microorganism effects, **40:**265
Glycolate, biodegradation in subsurface, **33:**143
Glycolipids
  actinomycete, toxicity, **39:**79–80
  alkane-utilizing microorganisms, **39:**73–75
  and growth, **26:**235
  mycobacterial, toxicity, **39:**80
Glycols
  biodegradation, **23:**178–188
    BOD studies and activated sludge tests, **23:**178–184
    glycol-metabolizing bacteria, **23:**188–189
    mixed cultures, **23:**180–183
    pathways, **23:**188, 189–191
    pure culture studies, **23:**185–188
    structure and properties, **23:**174–175
  uses, **23:**175
Glycoprotein
  antibody technologies and, **38:**188, 193–194
  biotechnology and, **34:**286
  protein analysis and, **36:**286–287, 293, 317, 326
  recombinant *E. coli* K-12 and, **36:**115
  substances from fungi and, **34:**231
Glycosides
  biotransformation of, with immobilized plant cells, **28:**15

gibberellins and, **34:**38
levan and, **35:**177
Glycosylation
  antibody technologies and, **38:**171
  biotechnology and, **34:**268, 286
  haloperoxidases, **37:**45
  by microbial cellulases, **40:**19–20
  protein analysis and
    electroblotting, **36:**303, 305, 307
    PAGE, **36:**284, 286
    quality control of recombinant proteins, **36:**326, 328
GOGAT, anoxygenic phototrophic bacteria and, **38:**244, 246
Gouy layer, **30:**134–135
Graesser contactor, **41:**116
Gramicidin S, **24:**194
Gramicidins, **24:**189
  strut turn of, **22:**181
Gram-negative bacteria
  cell wall of, **25:**39–42
  chemical injury to, **23:**237–238
    enzymes, **23:**238
    permeability modification, **23:**237–238
  high-temperature injury to, **23:**222–231
    cell age, **23:**226–227
    lipid role, **23:**222–224
    pH effects, **23:**228–229
    salinity, **23:**224–226
    solutes, **23:**227
  injury and repair of, **23:**219–243
  light damage to, **23:**238–241
  low-temperature injury, **23:**231–236
    age, **23:**233
    dehydration, **23:**235–236
    mechanism, **23:**231–233
    repair mechanism, **23:**236
    solutes, **23:**233–235
  membrane structure in, **23:**220–222
  nonfermentative
    alternative methods of identification
      culture storage, **31:**315
      microscopic evaluation, **31:**313–314
    biochemical basis for identification tests
      acetate alkalinization, **31:**334
      DNase test, **31:**335–336
      esculin hydrolysis test, **31:**335
      gelatin liquefaction test, **31:**335

Gram-negative bacteria (*continued*)
    glucose oxidation, **31**:331–334
    growth in 6.5 percent NaCl broth, **31**:336
    nitrate/nitrite reduction test, **31**:325, 336–337
    ONPG test, **31**:334–335
    oxidase test, **31**:33.5, 325
    phenylalanine deaminase agar, **31**:325–326, 329, 336
    Tween 80 hydrolysis, **31**:334
    urease test, **31**:329–330, 336
    xylose, maltose, fructose, mannitol oxidation, **31**:336
  coding list for unrecognizable strains, **31**:352–358
  definition of, **31**:298
  description of identification system, **31**:315–319
    auxiliary tests, **31**:329
    confirmation tests, **31**:32S-331
    directions for tests, **31**:319–324
    media formulations, **31**:326–328
    reagents and stains, **31**:325–326
  identification
    coding list, **31**:337–351
    schemes and commercial identification kits, **31**:309–313
  problems associated with identification of bacteria recovered with heterotrophic procedures, **31**:307–309
  taxonomic uncertainty, **31**:298–299
    nonpigmented bacteria, **31**:305–307
    yellow-pigmented bacteria, **31**:299–305
  osmotic injury to, **23**:236–237
Gram positive bacteria, cell wall of, **25**:39–42
Granules, **42**:146–151
Gravity separation, **41**:98, 111–112
Green bacteria, hydrogen production technology and, **38**:215–217, 220, 260
Grifola
  growth substrate changes, **37**:313
  values, **37**:249
Griseofulvin, substances from fungi and, **34**:202
Grisorixin
  microbial source of, **22**:190
  structure of, **22**:184
Groundwater
  concentration of dissolved salts in, **33**:118–119
  disinfection, **30**:79
  microorganism population densities, **33**:126–133
  organic compounds in, **33**:112–113
  pH, **33**:118–119
  pollution and, **33**:108
  redox conditions in, **33**:114–115
  research programs, emergence of, **33**:108–110
  from wastewater, **33**:153
Group A meningococcal polysaccharide vaccine production, **33**:333, 337
Growth, *see* Epidermal growth factor; Growth factors; Growth inhibitors; Growth kinetics; Growth regulators; Growth retardation; Growth stimulators; Growth systems; Hair growth stimulants
Growth factors
  antibody technologies and, **38**:163
  bacterial gene transfer in soil and, **35**:122
  gibberellins and, **34**:73
  media, genetically engineered microorganisms and, **38**:29–30
  protein analysis and, **36**:318–319
  solid-state fermentation and, **38**:100
  transition from nonhydrocarbons to hydrocarbons, **26**:102
  using hydrocarbon substrates, **26**:106–108
Growth hormone, biotechnology and, **34**:264, 300, 301; **36**:68, 80
  human protein, **34**:291
  industrial organism, **34**:268
  inherited diseases, **34**:296
Growth inhibitors, bacteria in milk
  bacilli, **40**:78–79
  effect on milk quality, **40**:71–72
  enterobacteria, **40**:77–78
  hydrogen peroxide, **40**:60–61
  lactic acid bacteria, **40**:53–69
  leptospiras, **40**:80
  mycoplasmas, **40**:80–81
  propionibacteria, **40**:79
  staphylococci, **40**:79–80

thiocyanate, **40**:61
Growth kinetics
  foodborne yeasts and, **36**:190
  herbicides and pesticides and, **36**:49–63
Growth regulators, for plant cell cultures, **25**:229–231
Growth retardation, from cadmium, **23**:69
Growth stimulators, bacteria in milk, **40**:72–76
  commercial substances, **40**:76
  complex substances, **40**:74–76
  components, **40**:72–73
  minerals, **40**:73
  pancreas extract, **40**:74–75
Growth systems
  agitation systems
    general requirements, **31**:145–146
    reactors without impellers, **31**:151–152
    types of impellers, **31**:146–151
  general discussion, **31**:143–145
  harvesting of cells
    release of cells from microcarriers, **31**:165–167
    separation of cells from microcarriers, **31**:3:36, 167–168
  inoculum and, **31**:163–164
  medium, **31**:172–17:3
  mode of cell propagation and product production
    batch and modified hatch mode, **31**:168–169
    continuous or extended operation, **31**:169–172
  monitoring and controlling parameters, **31**:152–15:3
    advanced systems for process control and optimization, **31**:163
    carbon dioxide concentration, **31**:162–163
    oxidation-reduction potential, **31**:161–162
    oxygen measurement and control, **31**:156–161
    pH control, **31**:154–156
    stirring speed, **31**:153–154
    temperature control, **31**:154
Guanosine monophosphage, **33**:86
Guardia, stormwater, **37**:26
Gum, levan and, **35**:188, 189

H

Haake viscometer, hydrodynamic shear stress, **37**:181
Habitat
  foodborne yeasts and, **36**:188
  identification, **36**:236, 251
  specific habitats, **36**:194–228
  xenobiotics and
    activity, **35**:203, 206
    phases, **35**:198–203
Hadacidin, substances from fungi and, **34**:235
Hae 1I fragment, recombinant E. coli K-12 and, **36**:93–94
Hair growth stimulants, basidiomacromycetes, **37**:335
Halide ions, haloperoxidases, **37**:41–42, 50, 81
Haloaromatic compounds, see Chloroaromatic herbicide-degrading genes
Haloaromatics
  biotechnological processes and, **36**:78
  herbicides and pesticides and, **36**:2–3, 25, 33, 37, 62
Halobenzoates, herbicides and pesticides and, **36**:36
Halogen, herbicides and pesticides and, **36**:23, 25–26
Halogenated hydrocarbons, biodegradation in subsurface, **33**:143–146
Halohydrins, reactions, **37**:56
Halometabolites, **37**:42–43, 90–91
Haloperoxidases, **37**:41–43, 84, 90–92
  reactions, **37**:53
    alkenes, **37**:56–63
    amines, **37**:75–77
    aromatic compounds, **37**:63–66
    assay methods, **37**:53–56
    heme-containing enzymes, **37**:82–85
    heterocyclic compounds, **37**:66–75
    immobilized enzymes, **37**:79–81
    mechanisms, **37**:82, 89
    substrates, **37**:77–79
    vanadium-containing enzymes, **37**:86–89
  sources, **37**:43
    known sources, **37**:43–49
    new sources, **37**:49–53

Hanseniaspora, foodborne yeasts and, **36**:184, 193
  fermented foods, **36**:225–226
  identification, **36**:240, 243, 251
  specific habitats, **36**:199, 206–207, 209–210, 213–214, 217
Hansenula, foodborne yeasts and, **36**:248
Hansenula capsulata gum, production and properties, **23**:35–37
Hansenula holstii gum, production and properties, **23**:34–37
Haploid cells, culture of, **25**:215–216
Hapten, antibody technologies and, **38**:169–170
Hartmannella, in drinking water, **30**:107
Hazards, biotechnological processes and, **36**:68–69, 80, 82
  case studies, **36**:76, 79
  risk assessment, **36**:74–75
γ-HCH, *see* γ-Hexachlorocyclohexane
HEAT, *see* Hexahydro-1,3,5-tris-(2-hydroxyethyl)striazine
Heat
  α-amylase production and, **35**:7, 9
  bacterial gene transfer in soil and, **35**:98, 102, 113, 152
  combustion, basidiomacromycetes, **37**:290–291
  effect on bacterial spores, **23**:245–261
  foodborne yeasts and, **36**:191–192, 209, 231, 248, 252
    tolerance, **36**:188, 216
  levan and, **35**:189
  solid-state fermentation and, **38**:113, 118
    dissipation, **38**:111–112
    transfer, **38**:106–108, 142
      experimental measurements, **38**:135, 140–141
      mathematical modeling, **38**:118, 126, 128
Heat transfer resistance, biofilms and, **29**:130
Heavy metals
  accumulation, basidiomacromycetes, **37**:331–332
  interactions with nickel, **29**:252–256
Helicostylium piriforme
  biphenyl degradation, **37**:154
  PAH metabolism, **30**:36

Helotium gum, production and properties, **23**:33
Helvolic acid
  antimicrobial spectra of, **25**:100
  properties of, **25**:97
Heme
  enzymes
    haloperoxidases, **37**:82–85
    herbicides and pesticides and, **36**:26
    microbial cytochromes P450 and, **36**:133, 135
    eucaryotes, **36**:168, 171
    procaryotes, **36**:141, 144, 146, 154
Hemicellulase, basidiomacromycetes, **37**:299–300
Hemicellulose
  acetone-butanol from, **39**:121
  basidiomacromycetes, **37**:281, 335
    applications of spent substrate, **37**:318, 322, 325–326
    growth substrate changes, **37**:292–294, 300, 312–313
    lignocellulosic substrates, **37**:251–252, 257
  chemical composition, **39**:296
  feedstocks, conversion techniques, **39**:93
  hydrolysate
    ethanol inhibitors in, **39**:132
    xylose fermentation, **39**:118–119
  hydrolysis, acid or enzymatic, **32**:129–132
  in lignocellulosic biomass, **39**:297
  preparation from aspen chips
    flowsheets of procedures, **32**:130–131
    hydrolysis, acidic or enzymatic, **32**:129, 131
    steam explosion, **32**:129
  removal, alkali treatment, **39**:307
  residue distribution, **39**:93
  sugar composition, **39**:93
  sugars from hydrolysate, addition to K. pneumoniae culture media, **32**:128–129
  2,3-butanediol and other products recovery, **32**:129, 131–132
  thermal extraction, **39**:304–305
  wood concentration, **39**:298
Hemodialysis units, water bacteria in, **23**:164–165

Hemoglobin, hydrodynamic shear stress, **37**:206
Hepatitis, biotechnology and, **34**:290, 294
Hepatitis A virus, **30**:133
Hepatitis B
  surface protein, **41**:42
  virus, biotechnology and, **34**:268, 300
Hepatoma cells, antibody technologies and, **38**:155
Heptitols, monosaccharides and, **34**:164
Herbicide-degrading genes, *see* Chloroaromatic herbicide-degrading genes
Herbicides
  biphenyl degradation, **37**:147
  microbial cytochromes P450 and, **36**:153, 163
  nitroaromatic compounds, **37**:2, 4, 8
  and pesticides, transformations of, **36**:1–2
    anaerobic aromatic metabolism, **36**:32–36
    chloroaromatic degradation, **36**:37–44
    chloroaromatic metabolism, **36**:21–23
      chlorocatechols, **36**:29–31
      dehalogenation, **36**:23, 25–26
      demethylation, **36**:23–24
      ring cleavage, **36**:26–29
    cometabolism, **36**:29–32
    degradative microrganisms, **36**:36–37
    dicamba degradation, **36**:44–48
    growth kinetics in liquid culture, **36**:49–50
      dicamba concentration, **36**:50–52
      field study, **36**:58, 60–63
      growth chamber study, **36**:56–59
      pH, **36**:52–53
      soil, **36**:54–56
      temperature, **36**:53–54
    herbicide movement, **36**:4–5
    history of microbial conversions, **36**:2–4
    kinetics of biodegradation, **36**:7–12
      adaptation rate, **36**:15–17
      adsorption, **36**:13–15
      chloroaromatic degradation, **36**:18–20
      desorption, **36**:13–15
      moisture, **36**:17–18
      nutrients, **36**:17–1
      solubility, **36**:12–13
      structure, **36**:12–13
      temperature, **36**:17–18
      taxonomy of degradative organisms, **36**:5–7
      xenobiotics and, **35**:246
    classification, **35**:210–212
    effects, **35**:223, 227, 229, 232
Herpes virus hominis type 1, adsorption, **30**:143, 148
Heteroatom release, microbial cytochromes P450 and, **36**:138–139
Heterochimeras, antibody technologies and, **38**:174–175
Heterocyclic compounds, haloperoxidases, **37**:66–75
Heterocyclic hydrocarbon, oxidation by bacterial extracts, **26**:77–78
Heterodera glycines, **42**:229–231
Heterokaryons, basidiomacromycetes, **37**:236, 326, 339
Heterolysis, anoxygenic phototrophic bacteria and, **38**:258–259
γ-Hexachlorocyclohexane
  aerobic degradation, **41**:85–86
  anerobic degradation, **41**:84
Hexachloroethane, biodegradation in subsurface, **33**:145
Hexadecane, oxidation, fatty acids from, **39**:52–53
Hexahydrothiadizines, **33**:242–243
Hexahydrotriazines, **33**:232–242
Hexahydro-1,3,5-triethyl-S-triazine, **33**:232–237
Hexahydro-1,3,5-tris-(2-hydroxyethyl)striazine
  biocidal mixtures of, **33**:253, 255
  neutralization, **33**:234–235
Hexamethylenetetramine, *see* Methenamine
Hexane, oxidation, lipids from, **39**:47–49
Hexitols, monosaccharides and, **34**:165
Hexokinase purification, **33**:351, 354
Hexosamine, basidiomacromycetes, **37**:290
Hfr cells, bacterial gene transfer in soil and, **35**:74, 116, 122
High-performance liquid chromatography, **42**:86–87
  antibody technologies and, **38**:158–160

High-performance liquid chromatography (*continued*)
  genetically engineered microorganisms and, **38**:78
  herbicides and pesticides and, **36**:47, 56, 58
  levan and, **35**:180, 181, 184
  protein analysis and, **36**:325, 327–328
    electroblotting, **36**:315
    purification, **36**:316, 318
    structural analysis, **36**:291, 296–297, 301–302
  solid-state fermentation and, **38**:131
High-pressure liquid chromatography, nitroaromatic compounds, **37**:9
Histamine, hydrodynamic shear stress, **37**:200
HIV, *see* Human immunodeficiency virus
Homeostasis, bacterial gene transfer in soil and, **35**:92
Homochimeras, antibody technologies and, **38**:175–177
Homokaryons, basidiomacromycetes, **37**:236, 337, 339
Homologous recombination,
  biotechnology and, **34**:271, 272
  crop improvement, **34**:285
  inherited diseases, **34**:297
Homology
  anoxygenic phototrophic bacteria and, **38**:253, 255
  antibody technologies and, **38**:152
  bacterial gene transfer in soil and, **35**:63
    conjugation, **35**:77, 79, 84
    recombinants, **35**:150
    terrestrial microcosms, **35**:108
  basidiomacromycetes, **37**:305, 307
  biphenyl degradation, **37**:143, 150–151, 153–154, 156
  foodborne yeasts and, **36**:181, 212, 252–253, 256
  genetically engineered microorganisms and, **38**:4–5, 91–92, 94
    metabolic activity, **38**:9, 11, 52–53
    methods of study, **38**:35–36, 48, 50
    nitrogen transformations, **38**:78–79, 87
    results, **38**:51–52, 69, 90
    soil preparation, **38**:18
    species diversity, **38**:53, 56, 62

  herbicides and pesticides and, **36**:7–8
  microbial cytochromes P450 and
    eucaryotes, **36**:164, 166, 168
    procaryotes, **36**:145–147, 152, 154, 160
  protein analysis and, **36**:319, 321–323, 327
Homolysis, anoxygenic phototrophic bacteria and, **38**:258
Homopolymer tailing, recombinant DNA synthesis by, **27**:23
HOPDA, biphenyl degradation, **37**:138, 152
Hormones
  from anoxygenic phototrophic bacteria, **41**:201–202
  antibody technologies and, **38**:152
  gibberellins and, **34**:30, 43
  secondary metabolism and, **34**:14
Horseradish peroxidase, **37**:91
  antibody technologies and, **38**:189–191
  reactions, **37**:55, 85
  sources, **37**:48
Host-vector systems, for recombinant DNA, **27**:32–47
HPLC, *see* High-performance liquid chromatography
H537 SY2, possible tolerance to, **25**:152
Hudson River, biphenyl degradation, **37**:144
Human growth hormone
  biotechnology and, **34**:268; **36**:68–69
  plasmid for, **27**:20–21
Human immunodeficiency virus
  antibody technologies and, **38**:174–176, 188, 193–194
  basidiomacromycetes, **37**:329
  lentinan effects, **39**:169–170
  shiitake mushroom effects, **39**:172–173
Humans
  cadmium effects on, **23**:67
  risk to, biotechnological processes and, **36**:74–76, 78
Humidifiers, water bacteria in, **23**:163–164
Humidity
  genetically engineered microorganisms and, **38**:18
  solid-state fermentation and, **38**:108, 110, 112–114

Humoral response, antibody technologies and, **38**:154
Huntington's chorea, biotechnology and, **34**:295, 296
Hyaluronic acid, biotechnology and, **34**:264
Hybridization
  bacterial gene transfer in soil and conjugation, **35**:81, 82
    recombinants, **35**:144–151
  biotechnology and, **34**:301
    antibiotics, **34**:280
    crop improvement, **34**:281–283
    technology, **34**:270
  biphenyl degradation, **37**:142, 150, 152–153, 156
  foodborne yeasts and, **36**:212, 252, 256
  herbicides and pesticides and, **36**:41
  patent law and, **35**:286, 290
  protein analysis and, **36**:321–322, 328
Hybridomas
  antibody technologies and, **38**:161–167, 175
  biotechnology and, **34**:264, 294, 301
  hydrodynamic shear stress, **37**:219, 223
    fluid mechanics, **37**:187
    sensitivity of biocatalysts, **37**:202–205, 208, 211
  patent law and, **35**:262, 264, 266
Hybridoma technologies, *see* Biotechnology, commercial
Hybrids
  anoxygenic phototrophic bacteria and, **38**:213
  antibody technologies and, **38**:166, 172, 174
Hydration
  microbial, **41**:2–22
  oleic acid, **41**:2–5
  substrate specificity, *see* Substrate specificity
Hydride, anoxygenic phototrophic bacteria and, **38**:258–259
Hydrocarbons
  alkane-utilizing microorganisms, **39**:66
  aromatic, oxidation by bacterial extracts, **26**:77–78
  biphenyl degradation, **37**:136, 141, 145, 150, 154–155
  in contaminated aquifers, **33**:156–157
  foodborne yeasts and, **36**:180, 187
  halogenated, biodegradation in subsurface, **33**:143–146
  herbicides and pesticides and, **36**:16, 33
  inclusions, alkane utilization, **39**:33
  microbial cytochromes P450 and, **36**:148, 157, 166
  microbial degradation, **41**:56–72
    meta pathway, **41**:58–65
    ortho pathway, **41**:65–70
    control by lysR proteins, **41**:69–70
  nitroaromatic compounds, **37**:11
  oxidation by methane monooxygenases, **26**:71–85
  petroleum-derived, biodegradation in subsurface, **33**:148–150
  protein analysis and, **36**:294
  as substrates, growth yields, **26**:106–108
Hydrocarbon-utilizing microorganisms, *see* Alkane-utilizing microorganisms
Hydrochloric acid
  genetically engineered microorganisms and, **38**:10, 12, 15–16
  lignocellulose treatment, **39**:311
Hydrocortisone, biotransformation, **39**:63
Hydrodynamic effects
  adhesion of microbial cells to wetted surface, **29**:104–105
  stress proteins, hydrodynamic shear stress, **37**:217
Hydrodynamic shear stress, **37**:165–166
  assessment, **37**:187–190
  biological effects, **37**:222–224
  cell architecture, **37**:166–170
  fluid mechanics, **37**:185–187
  nomenclature, **37**:225–226
  physical effects, **37**:219–222
  sensitivity of biocatalysts comparative study, **37**:217–219
    enzymes, **37**:190–191
    insect cells, **37**:208–211
    lower eukaryotes, **37**:191–195
    mammalian cells, **37**:195–208
    nematodes, **37**:217
    plant cells, **37**:211–217
    prokaryotes, **37**:191
  stirred tank reactors, **37**:170–171
    collision-related damage, **37**:181–185
    turbulent regime, **37**:171–181

Hydrogen
 bacterial gene transfer in soil and, **35**:68
 haloperoxidases, **37**:42, 55
 herbicides and pesticides and, **36**:23
 microbial cytochromes P450 and, **36**:138, 141–142, 154, 156, 163
 monosaccharides and, **34**:143, 146, 148, 174
 protein analysis and, **36**:285
 SRB corrosive action and, **32**:19
Hydrogenase
 anoxygenic phototrophic bacteria and, **38**:241–243, 249–259
 carbon assimilation, **38**:261
 classification, **38**:218
 hydrogen metabolism, **38**:219–220
 hydrogen production, **38**:227–228, 231, 239–240
 SRB-induced cathodic depolarization and, **32**:11–13
Hydrogen fluoride, lignocellulose treatment, **39**:311
Hydrogenolysis, microbial cytochromes P450 and, **36**:144
Hydrogenophage pseudoflava, poly(β-hydroxybutyrate) in, **42**:118
Hydrogen peroxide
 bacterial growth inhibition in milk, **40**:60–61
 biphenyl degradation, **37**:154
 haloperoxidases, **37**:41–42, 91
 reactions, **37**:60, 76, 80–81, 85, 87
 sources, **37**:50
 lignocellulose treatment, **39**:311–312
 microbial cytochromes P450 and, **36**:138–139
Hydrogen production
 commercial applications, **41**:258–260
 developing technologies for, multiple utilization, **41**:256–257
 electron donors used, **41**:247–252
 enzymes for, **41**:246–247
 genetic improvement for enhanced production, **41**:256
 organisms of choice, **41**:245–246
 photobioreactor design, **41**:257–258
 photoproduction, **41**:246
 stabilization and enhancement, **41**:252–255
 technology, anoxygenic phototrophic bacteria and, *see* Anoxygenic phototrophic bacteria
 use of cocultures, **41**:255–256
Hydrogen sulfate, as SRB corrosive agent, **32**:18
Hydrogen sulfide, as depolarizer in corrosion, **32**:14
Hydrolases
 as pectic enzyme, **39**:240–243
 xenobiotics and, **35**:207
Hydrolysis
 α-amylase production and, **35**:2, 3, 46, 47
 industrial production, **35**:13, 14
 modes for economy, **35**:3–6
 present status, **35**:19, 20, 31, 35, 42, 45
 basidiomacromycetes, **37**:253–254, 300, 317, 325
 biotechnology and, **34**:264, 280, 288
 foodborne yeasts and, **36**:186–187, 190, 226
 gibberellins and, **34**:38, 39, 106, 107
 herbicides and pesticides and, **36**:5, 16, 24, 25
 levan and, **35**:178, 180, 181, 184, 185, 188–191
 monosaccharides and, **34**:152, 169
 protein analysis and, **36**:307
 recombinant *E. coli* K-12 and, **36**:89
 substances from fungi and, **34**:232, 240, 242
 xenobiotics and, **35**:214, 215, 244
Hydroperoxidation, alkane degradation, **39**:43
Hydroperoxides, *see* Hydrogenperoxide
Hydrophobic chromatography, for bioproducts recovery, **33**:354–355
Hydrophobic interaction chromatography, antibody technologies and, **38**:159
Hydrophobicity
 herbicides and pesticides and, **36**:13
 microbial cytochromes P450 and, **36**:134, 142, 152, 167
 protein analysis and, **36**:293, 304, 328
Hydrostatic pressure
 nickel toxicity and, **29**:252
 subsurface microbial ecology and, **33**:118–119

Hydroxamine acid reaction, pectin, **39**:229
Hydroxyacyl-CoA dehydrogenase, **42**:140–142
Hydroxyarylamines, nitroaromatic compounds, **37**:3–4
4-Hydroxybenzoate, herbicides and pesticides and, **36**:23, 25
Hydroxybiphenyls, biphenyl degradation, **37**:148–149, 154
5-exo-Hydroxycamphor, microbial cytochromes P450 and, **36**:141–143, 156
Hydroxylation
  alkane degradation, **39**:43
  gibberellins and, **34**:43, 44, 56, 57
  herbicides and pesticides and, **36**:28–29, 34, 36
  microbial cytochromes P450 and, **36**:136, 138
    Actinomyces, **36**:151–152, 155–156
    eucaryotes, **36**:167–170, 172
    procaryotes, **36**:145, 147–149, 151
    Pseudomonas putida, **36**:140, 142, 144
2-(Hydroxymethyl) amino-2-methylpropanol, **33**:244
Hydroxymethylglutaryl CoA, gibberellins and, **34**:52
3-Hydroxymyristic acid, sterility assessment, **39**:8
p-Hydroxyphenyl, delignification, **39**:321
10-Hydroxystearic acid, oleic acid hydration to, **41**:4
5-Hydroxytryptophan production by, immobilized cells, **22**:5
14-α–Hydroxywithaferin A, substances from fungi and, **34**:244
Hypertension
  from cadmium, **23**:69
  Ganoderma, **37**:115, 122
  shiitake mushroom effects, **39**:171–172
Hyphae, foodborne yeasts and, **36**:181–182, 248–249, 252
Hyphochytrium catenoides, PAH metabolism, **30**:36
Hyphopichia burtonii, foodborne yeasts and fermented foods, **36**:227
  identification, **36**:239, 243, 249
  specific habitats, **36**:200, 207, 209, 217–218, 220

Hypochlorite ion, **33**:86
Hypochlorous acid, **33**:86
Hypocholesterolemic activity, Gonoderma, **37**:115–116, 121–122
Hypoglycemia, *Ganoderma,* **37**:116–117, 121, 123
Hypotension, *Ganoderma,* **37**:114–115

I

Ice supplies and storage, water bacteria in, **23**:165
Icl+ serine pathway, of formaldehyde fixation, **26**:24
IDA, *see* International Depository Authority
Idiophase
  definition of, **28**:55
  gibberellins and, **34**:78, 79, 87
Idiotypes, antibody technologies and, **38**:182, 194
  polyclonal antibodies, **38**:155–157
  recombinant antibodies, **38**:172, 174
L-Idonate, monosaccharides and, **34**:170
Illudins, substances from fungi and, **34**:239
Illumination, anoxygenic phototrophic bacteria and, **38**:271–273, 279
Imidazole, antibody technologies and, **38**:169
Imidazolidinylurea
  biocidal activity, **33**:248
  combinations with biocides, **33**:259
Immobilization, **42**:291–292
  haloperoxidases, **37**:53, 65, 72, 79–81
  hydrodynamic shear stress, **37**:197, 215
  microbial enzymes, **25**:22–25
  supports for, antibody technologies and, **38**:187–191
Immobilized cells
  acetone/butanol fermentation and, **31**:88–89
  agar and, **22**:2–3, 8
  alginate and, **22**:2, 8
  anoxygenic phototrophic bacteria and
    enzymes, **38**:249
    hydrogen production, **38**:224, 227, 234–240

Immobilized cells (*continued*)
  hydrogen production technology, **38**:268, 270, 273–278
  bifunctional reagents for, **22**:108
  cellulose triacetate and, **22**:2–3, 8
  collagen and, **22**:2, 8
  cross-linking cells and, **22**:2
  entrapment of in matrix, **22**:2
  general uses of, **22**:2
  historical, **22**:1
  ionic binding and, **22**:2
  liquid Membrane and, **22**:8
  methods of immobilization and, **22**:2
  plant, **28**:1–26
  polyacrylamide and, **22**:2–3, 8
  polystyrene and, **22**:2
  systems for, **42**:71–77
  for transformations, prospects for future of, **22**:24
  whole, gibberellins and, **34**:98–100, 119
Immune responses, antibody technologies and, **38**:151–154, 162, 173, 175
Immunization, antibody technologies and, **38**:156
  immunotherapy, **38**:182
  monoclonal antibodies, **38**:164–166, 168
  polyclonal antibodies, **38**:152, 157
Immunoassays
  antibody technologies and, **38**:151, 186, 194
  enzyme immunoassay, **38**:187–191
  immunoglobulin-binding proteins, **38**:158
  immunotherapy, **38**:180
  polyclonal antibodies, **38**:152
  recombinant DNA, **38**:191
  genes, **27**:8
Immunogenicity, antibody technologies and, **38**:152–153, 165, 177, 180–81
Immunoglobulins
  antibody technologies and, **38**:151, 194–195
  enzyme immunoassay, **38**:190
  immunoglobulin-binding proteins, **38**:157–158
  immunotherapy, **38**:180–182
  immunotoxins, **38**:183, 185
  monoclonal antibodies, **38**:163–167
  polyclonal antibodies, **38**:154–155

  radiolabels, **38**:186
  recent developments, **38**:158, 160–161
  recombinant antibodies, **38**:170–172, 174–175, 177–178
  levan and, **35**:185
  protein analysis and, **36**:306, 316
Immunology, antibody technologies and, **38**:150, 156
Immunomodulatory action, *Ganoderma*, **37**:118–120, 123, 125
Immunoreactivity, antibody technologies and, **38**:160
Immunoscreening, antibody technologies and, **38**:191–193
Immunosuppression, antibody technologies and, **38**:195
Immunotherapy, antibody technologies and, **38**:151, 180–182
  polyclonal antibodies, **38**:156–157
  radiolabels, **38**:186
  recombinant antibodies, **38**:175, 177
Immunotoxins, antibody technologies and, **38**:151, 182–185, 194
Impact spray foam breakers, **33**:208–209
Impellers, hydrodynamic shear stress, **37**:183–185, 202–203, 212
Inclusions, hydrocarbon, **39**:33
Incompatibility group, recombinant *E. coli* K-12 and, **36**:91, 100, 104, 110, 118
Incubation
  α–amylase production and, **35**:32, 33
  bacterial gene transfer in soil and, **35**:119, 121, 129, 135, 136
  time concerning, basidiomacromycetes, **37**:269, 291, 293
  xenobiotics and, **35**:223, 240
Indiana University, history of Microbiology Department at, **27**:185–205
Indian meal moths, **42**:228
Indole alkaloids, plant cell biosynthesis of, **25**:224–225
Inducers, of extracellular enzymes, **25**:60–61
Industrial applications
  cellulase systems for, **33**:40–41
  potential of *Clostridium thermocellum*, **33**:9–10
Industrial organisms, improvement by recombinant DNA technology, **27**:56–41

Industrial residues, basidiomacromycetes, 37:257–258
Industry, see Biotechnology, commercial
Inertial-subrange turbulent stresses, hydrodynamic shear stress, 37:179–180
Infants, water bacteria infectious in, 23:165–166
Infection, biotechnological processes and, 36:75–76, 79
  laboratory-acquired, 36:75–76
Inflammation, levan and, 35:180
Inflammatory response, antibody technologies and, 38:153
Influenza A, isoelectric points, 30:142
Infrared analysis
  fatty acid oxidation endproducts, 41:9
  solid-state fermentation and, 38:133–135
Infrared spectra, gibberellins and, 34:108, 115, 116
Inherent nitrifying capacity, xenobiotics and, 35:225
Inhibition
  α–amylase production and, 35:24, 44, 45
  bacterial gene transfer in soil and, 35:63
    conjugation, 35:91, 93, 117
    environmental factors, 35:71
    recombinants, 35:140, 142
    transduction, 35:138
  biphenyl degradation, 37:141, 154
  foodborne yeasts and
    ecology, 36:185, 187, 190, 194
    methods for isolation, 36:231–232
    specific habitats, 36:211, 225
  Ganoderma, 37:108–119, 122, 124–125
  herbicides and pesticides and, 36:15, 17, 33, 50, 52
  hydrodynamic shear stress fluid mechanics, 37:187
    insect cells, 37:210
    plant cells, 37:212
    sensitivity of biocatalysts, 37:190, 200–203, 207–208
  levan and, 35:177, 180, 188
  microbial cytochromes P450 and, 36:137, 152, 162, 164, 166
  nitroaromatic compounds, 37:9
  protein analysis and, 36:313, 321, 326
  recombinant E. coli K-12 and, 36:106, 119
  xenobiotics and, 35:220–226, 228, 231–234
Inhibitors, see also Growth inhibitors
  of aflatoxin pathway, 29:76–78
  anoxygenic phototrophic bacteria and
    carbon assimilation, 38:260, 263
    classification, 38:219
    enzymes, 38:241–242, 245–247
    hydrogen production, 38:230, 237, 240, 271
  antibody technologies and, 38:155, 167, 169, 181, 184, 195
  basidiomacromycetes, 37:249–250, 270, 320, 326, 329
  effect on epoxidation of propylene, 26:51
  genetically engineered microorganisms and, 38:74, 78, 90, 92
  hydroxylation of methane, 26:51
  of inulinase, 29:166
  solid-state fermentation and, 38:114, 125
Inoculum
  acetone/butanol fermentation and, 31:65
  development, 42:64–65
  gibberellins and
    solid-state fermentation, 34:101–104
    submerged fermentation, 34:88, 89
  monosaccharides and, 34:161
Insecticides
  bacterial, larvicidal population studies of B. sphaericus, 33:56–58
  biological, Bacillus thuringiensis as, 42:16–17
  nitroaromatic compounds, 37:2
  organophosphorus
    accumulation of, 28:152–153
    effects on
      metabolic pathways, 28:189–191
      microorganisms, 28:149–200
      photosynthesis, 28:186–187
    entry into microbial environments, 28:151–152
    hydrolytic reactions of, 28:153–154
    metabolism of, 28:153–177
      enzymes, 28:169–177
      pathways, 28:155–169
    as mutagens, 28:187–189
    oxidative reactions of, 28:155

Insecticides (*continued*)
  reductive reactions of, **28**:154–155
  structures of, **28**:150
Insects
  biotechnological processes and, **36**:79–82
  cells, hydrodynamic shear stress, **37**:204, 208–211
  in drinking water distribution systems, **30**:108
  foodborne yeasts and, **36**:184
  tolerance to
    Cry genes and, **42**:31–33
    in plants, **42**:21–26
Insertion sequences, bacterial gene transfer in soil and, **35**:76, 77
INSIGHT gene, **30**:185–193
Insoluble disinfectants, viral inactivation mechanisms, of metal oxides, **33**:91-92
Instruments, for cell-culture process control, **27**:137–167
Insulin
  antibody technologies and, **38**:155, 163
  biotechnological processes and, **36**:68
  biotechnology and, **34**:264, 268, 291, 300
  discovery and development, **40**:169–172
  Ganoderma, **37**:117
Interesterification, chemical, use in lipid modification, **39**:201–203
Interfacial tension
  in aqueous two-phase systems, **41**:105–106, 107
  carboxylic acids, **26**:247
Interferon
  antibody technologies and, **38**:167
  biotechnology and, **34**:264, 268, 290, 291
  Ganoderma, **37**:118, 125
  induction by shiitake mushroom, **39**:155–156
  production of, by recombinant DNA technology, **27**:54–55
  substances from fungi and, **34**:211
Interleukin-2
  antibody technologies and, **38**:175, 177, 184–185
  biotechnology and, **34**:290, 292
  lentinan effects, **39**:165
Interleukins, lentinan effects, **39**:159
Intermediate filaments, hydrodynamic shear stress, **37**:169
International Depository Authority, patent law and, **35**:267, 270–274, 279–281
International Searching Authority, patent law and, **35**:276
Interparticle mass transfer, solid-state fermentation and, **38**:103–104
Intestine, human
  recombinant *E. coli* K-12 and, **36**:88–89, 113–121
  survival of *E. coli* K12 in, **31**:101, 103
Intraparticle mass transfer, solid-state fermentation and, **38**:104
Intraplasmic membrane, alkane utilization, **39**:33
Inulin
  levan and, **35**:171, 172, 174
  analysis, **35**:185
  biosynthesis, **35**:178
  chemistry, **35**:178, 180, 182
  utilization, **35**:190
  nature and sources of, **29**:141–142
Inulinase
  applications of
    acid *versus* enzymatic hydrolysis, **29**:171, 172–174
    ethanol production from inulin, **29**:172
    immobilization of inulinase, **29**:170–171
    production of fructose syrups, **29**:166–170
  assay, **29**:148–149
  end product, **29**:142–145
  history, **29**:140–141
  microbial production of
    carbon source and regulation of formation, **29**:149–150
    effect of pH on production, **29**:151
    fermentation
      media, **29**:149
      processes for production, **29**:152–154
    influence of
      aeration, **29**:151
      metal ions, **29**:151
      temperature, **29**:151–152

location and recovery of activity,
    29:154–155
  nitrogen source, **29:**150–151
  producing strains, **29:**145–146
  screening for, **29:**146–148
  properties and characterization of
      effect of
        pH on activity and stability, **29:**160
        temperature, **29:**157–160
      inhibitors and activators, **29:**166
      purification and physicochemical
        properties, **29:**155–157
      substrate
        affinity, **29:**162–166
        specificity, **29:**160–162
Inverted triangle concept, product
    development model, **40:**161–162
Iodide, haloperoxidases, **37:**60, 79
Iodination, haloperoxidases, **37:**71, 82
Iodine
  α–amylase production and, **35:**35, 36, 40
  antibody technologies and, **38:**186
  levan and, **35:**180
  viral inactivation mechanisms, **33:**88
Iodoperoxidases
  reactions, **37:**63
  sources, **37:**48
Ion channels, hydrodynamic shear stress,
    37:169
Ion exchange, **42:**83–84
  of bioproducts, **33:**338–339, 341
Ion-exchange chromatography, antibody
    technologies and, **38:**159
Ions
  antichaotropic, **30:**138–139
  chaotropic, **30:**138–139
  composition of, bacterial gene transfer
    in soil and, **35:**70
  strength of, control in cell cultures,
    27:149–152
Iron
  anoxygenic phototrophic bacteria and
    hydrogenase, **38:**253, 255–258
    nitrogenase, **38:**243, 245, 247–248
  bacterial gene transfer in soil and, **35:**71
  basidiomacromycetes, **37:**244, 295
  effect on secondary metabolism, **28:**39
  haloperoxidases, **37:**42, 44–45, 89
  herbicides and pesticides and, **36:**23,
    26–27

microbial cytochromes P450 and,
    36:135–136
  eucaryotes, **36:**169
  procaryotes, **36:**141, 144, 151, 160
  protein analysis and, **36:**305
  recombinant *E. coli* K-12 and, **36:**98
  xenobiotics and, **35:**199, 205, 209, 240
Iron oxide, viral inactivation mechanisms,
    33:91–92
Iron oxyhydroxides, in subsurface,
    33:114–115
Irrigation, bacterial gene transfer in soil
    and, **35:**69, 110, 114
Isoamylase, solid-state fermentation and,
    35:4, 5
Isocitrate Iyase, of propane-utilizer,
    26:104–105
Isoelectric focusing
  foodborne yeasts and, **36:**235
  protein analysis and, **36:**287–289, 317
Isoelectric point precipitation, **33:**337
Isolation
  of alkane utilizers, **26:**90–91
  gaseous alkane-utilizing organism,
    26:94–95
  methane-oxidizing organisms,
    26:18–21
Isopentenyl pyrophosphate, gibberellins
    and, **34:**52, 53
Isoprene unit, mevalonate as precursor of,
    28:65
Isopropanol, *see* Isopropyl alcohol
Isopropyl alcohol, levan and, **35:**184, 188
Isotropic turbulence theory,
    hydrodynamic shear stress, **37:**177,
    182, 203
Issatchenkia orientalis, foodborne yeasts
    and
  cereal, **36:**218
  dairy products, **36:**222
  fermented foods, **36:**224–226
  identification, **36:**241, 243, 245,
    247–248
  specific habitats, **36:**200, 206–207,
    209–211, 213
Issatchenkia terricola, foodborne yeasts
    and, **36:**227, 241, 258
Itaconic acid production, pentose
    fermentation and, **39:**127
Iturin A, **24:**196–198

J

Japanese
  beetles, resurgence of, **23**:14–15
  Patent Office, **35**:270, 280, 281

K

Kado and Liu plasmid isolation method,
  from *Pseudomonas*, **40**:305–307
Kanamycin, genetically engineered
  microorganisms and, **38**:93
Kaolinite, *see* Aluminum silicate
Kenyon loam soil, herbicides and
  pesticides and, **36**:54
Ketoaldonic acids, monosaccharides and,
  34:141, 152, 156, 157, 169
Ketofermentations, monosaccharides and,
  34:141, 142, 152
Ketogenic cells, monosaccharides and,
  34:144
Ketogluconates, monosaccharides and,
  34:142, 145, 154, 158
Ketone
  formation by C-utilizing microbes,
    26:54–68
  production, alkane-utilizing
    microorganisms, **39**:64–65
Ketoses
  levan and, **35**:175, 184
  monosaccharides and, **34**:141
    applications, **34**:165–167
    structure, **34**:150
β-Ketothiolases, **42**:140
Kidney dysfunction, from cadmium,
  23:68
Killer T cells, effect of lentinan,
  39:159–160, 163
Kinetics
  anoxygenic phototrophic bacteria and,
    38:212, 220, 256, 266
  antibody technologies and, **38**:168
  genetically engineered microorganisms
    and, **38**:9, 41
  herbicides and pesticides and
    biodegradation, **36**:7–20
    field study, **36**:58, 60–63
    growth chamber study, **36**:56–59
    liquid culture, **36**:49–56
  microbial cytochromes P450 and,
    36:144, 169
  solid-state fermentation and,
    38:101–102, 104, 142
    mathematical modeling, **38**:118–123,
      125
    physical parameters, **38**:114, 117
Klebsiella
  anoxygenic phototrophic bacteria and,
    38:247
  biotechnological processes and, **36**:71
  in drinking water, public health
    importance, **30**:98–99
  stormwater, **37**:22–23
  in water supply, **30**:79, 93, 96
Klebsiella pneumoniae
  anoxygenic phototrophic bacteria and,
    38:268, 271
  biphenyl degradation, **37**:150
  2,3-butanediol generation, **32**:89, 92
    aeration effect
      on glucose as substrate,
        32:118–122
      on xylose as substrate, **32**:120–122
    from agricultural residues, **32**:132
    anaerobic, from various
      monosaccharides, **32**:106
    from citrus canning-plant press juice,
      32:126
    from lactose, **32**:127
    stereoisomer of, **32**:91
    from sugar beet molasses, **32**:140
    from sugar beet pulp, **32**:128
    from wood hydrolysate, aspen,
      32:128–129
      cellulose fraction, **32**:132
      hemicellulose fraction, **32**:129, 131
    diol-hydrogen fermentation, **32**:102–103
  in drinking water, public health
    importance, **30**:98–99
  glucose dissimilation, **32**:91, 104
  growth, water activity and, **32**:121, 123
  recombinant *E. coli* K-12 and, **36**:103,
    108, 110, 112, 118
Kluyveromyces, foodborne yeasts and
  dairy products, **36**:222–223
  ecology, **36**:188, 191, 193
  identification, **36**:240–241, 243,
    251–252, 255
  methods for isolation, **36**:233

specific habitats, **36**:200–201, 203, 206, 221
Koji
  process, **28**:253–255
  solid-state fermentation in, **28**:205–207
  room, solid-state fermentation and, **38**:108, 120, 128
Kojic acid, production by solid state fermentations, **28**:215–216
Kolmogoroff stresses
  fluid mechanics, **37**:179–180
  microscale, **37**:172, 180–182, 186
  sensitivity of biocatalysts, **37**:195–197, 203, 210, 211, 215, 218
Kraft effluent treatment, lignocellulose hydrolysis and, **39**:325–326

L

LA, *see* Luria agar
Laboratory-acquired infection, biotechnological processes and, **36**:75–76
Laccase, basidiomacromycetes, **37**:302, 305–307, 335
β–Lactam antibiotics
  biosynthesis of, **28**:66–68
  biotechnology and, **34**:280, 281
β–Lactamases, occurrence of, **28**:32
Lactate
  anoxygenic phototrophic bacteria and enzymes, **38**:247
    hydrogen production, **38**:223–228, 231, 233, 236–237, 269, 275
  foodborne yeasts and, **36**:188, 224
Lactate dehydrogenase
  in mixed acid-2,3-butanediol pathway, **32**:99
  release of, hydrodynamic shear stress, **37**:189, 203–205
Lactenin, bacterial growth studies in milk, **40**:48–53
Lactic acid
  bacteria, growth in milk
    agglutinin effects, **40**:53–56
    autoinhibition by hydrogen peroxide, **40**:60–61
    culture manipulation, **40**:67–68
    heated growth medium, **40**:65–67
    lactoferrin role, **40**:62
    lactoperoxidase system, **40**:56–60
    other inhibitors, **40**:62–63
    seasonal activity variation, **40**:63–65
    starter cultures, **40**:68–69
    stimulators, **40**:72–76
    thiocyanate role, **40**:61
  commercial uses, **42**:48–50
  distillation, **42**:83
  fermentation
    acidification, **42**:82
    adsorption, **42**:83–84
    aeration, **42**:63–64
    agitation, **42**:63–64
    bacteria, **42**:50–54
    batch processes, **42**:65–66
    centrifugation, **42**:82–83
    continuous membrane cell recycle systems, **42**:68–71
    continuous stirred tank reactor systems, **42**:66–68
    dialysis systems, **42**:77–79
    economics, **42**:87–88
    equipment, **42**:63
    history, **42**:45–47
    HPLC, **42**:86–87
    immobilized cell systems, **42**:71–77
    inoculum development, **42**:64–65
    ion exchange, **42**:83–84
    microfiltration, **42**:82–83
    microorganisms, **42**:50–54
    modeling studies, **42**:79–81
    molds, **42**:54
    on-line control systems, **42**:87
    pH control, **42**:86
    precipitation, **42**:82
    process control, **42**:85–86
    process kinetics, **42**:79–81
    process systems, **42**:58–64
    purification, **42**:82
    raw materials, **42**:54–58
    reverse osmosis, **42**:84
    solvent extraction, **42**:84–85
    sterilization, **42**:63
    temperature control, **42**:63–64
    tubular bioreactors, **42**:71
    ultrafiltration, **42**:82–83
  foodborne yeasts and
    acid-preserved foods, **36**:227

Lactic acid (*continued*)
  fermented foods, **36:**223–226
  specific habitats, **36:**207, 212–213, 218, 222
  production, pentose fermentation and, **39:**124
  properties, **42:**47–48
Lactobacillus, in water supply systems, **30:**94
Lactobacillus casei S-1, temperate and lytic bacteriophages, **30:**13–14
Lactobacillus confsus, D-lactodehydrogenase isolation and purification using ATPE, **41:**156
D-Lactodehydrogenase, isolation and purification using ATPE, **41:**156
Lactoferrin, *see also* Transferrins
  bacterial growth inhibition in milk, **40:**62
β–Lactoglobulin, protein analysis and, **36:**306, 309, 313
β–Lactone, polymerization, **42:**111–113
Lactones
  description and sources, **29:**39
  formation by microorganisms, **29:**39–40
  lipid biotransformation, **39:**190
  monosaccharides and, **34:**141, 167
  substances from fungi and, **34:**244
Lactoperoxidases, **37:**43, 91
  reactions, **37:**60, 62–63, 79
  sources, **37:**48
  system, bacterial growth inhibition in milk, **40:**56–60
Lactose
  antibody technologies and, **38:**184
  bacterial gene transfer in soil and, **35:**136, 141
  conversion to 2,3-butanediol by K. pneumoniae, **32:**127
  foodborne yeasts and, **36:**222–224, 233, 252
  gibberellins and
    immobilized whole cells, **34:**99
    production, **34:**89
    submerged fermentation, **34:**65, 66, 79, 80, 83
  herbicides and pesticides and, **36:**42, 44
  hydrolysis by immobilized cells, **22:**3
  levan and, **35:**188
  substances from fungi and, **34:**235

Laidlomycin
  microbial source of, **22:**190
  structure of, **22:**185
Laminar flow, hydrodynamic shear stress, **37:**203–204, 215, 220
Laminaribiose phosphorylase
  detection in algae, **32:**166
  reaction catalyzed by, **32:**165
Langmuir isotherm, **30:**136–137
Lanostanoids, *Ganoderma*, **37:**107, 116
Lanosterol, microbial cytochromes P450 and, **36:**162–166
Lasalocids
  antibacterial activity and, **22:**213–214
    synthetic derivatives of, **22:**213–214
  anti-*Coccidia* activity and, **22:**211–213
    synthetic derivatives of, **22:**213
  biosynthetic pathways to, **22:**194–202
  microbial source of, **22:**191
  structures of, **22:**187
Lasioderma serricorne, **42:**227–228
Lattice models, biomolecule partitioning, **41:**133–136
Laurencia nipponica, haloperoxidases, **37:**60, 62–63
LB, *see* Luria broth
L-Dopa, *see* Levodopa
Leachates, **33:**108
Leaching, biotechnological processes and, **36:**79
Lead
  microbial corrosion, **32:**25, 26
  viral inactivation by, **33:**90–91
Lectin
  genetically engineered microorganisms and, **38:**93
  hydrodynamic shear stress, **37:**207
Lectinan, *see also* Shiitake mushroom
  antibacterial activity, **39:**168
  anti-diabetic activity, **39:**170
  antifungal activity, **39:**168–169
  anti-inflammatory agents, **39:**174
  anti-parasite activity, **39:**168
  antitumor effects, **39:**158
    age factor and, **39:**163
  antiviral activity, **39:**169–170
  cell-mediated immune response to, **39:**159
  chemical structure, **39:**157–158
  combination therapies, **39:**164–168

enzyme activity affected by,
     39:161–162
  fertility effects, **39**:163
  immunoassay, **39**:175
  immunotherapeutic agent, **39**:173–174
  low natural killer syndrome effects,
     39:170
  medicinal benefits, **39**:171
  mode of action, **39**:158
  postoperative treatment, **39**:175
  radioprotection, **39**:170
  serum protein effects, **39**:161
  T-cell effect on activity, **39**:158–160
  toxicity, **39**:163–164
  treatment with, combination therapies,
     39:164–168
  tumor-host system effects, **39**:162–163
  tumor necrosis factor induction, **39**:165
Legionella
  in distribution systems, **30**:116
  in drinking water, public health
     importance, **30**:98–99
  pneumophila
     chlorine tolerance, **30**:112
     disinfection, from drinking water,
        30:85
     survival, in water, **30**:78
Lemon grass, basidiomacromycetes,
     37:294, 297
Lenoremycin
  microbial source of, **22**:191
  structure of, **22**:186
Lentinacine, *see* Eritadenine
Lentinan
  basidiomacromycetes, **37**:249
  substances from fungi and, **34**:237, 242
Lentinus, **37**:339
  applications of spent substrate, **37**:319,
     328
  biology, **37**:238–239, 241–242
  growth substrate changes, **37**:290,
     299–301, 307, 313
  lignocellulosic substrates, **37**:258–259,
     268
  lignocellulosic wastes, **37**:272, 274, 281,
     284
  mycelium, **37**:331, 333–335
  values, **37**:248–250
Leptospiras, growth inhibition in milk,
     40:80

Leptothrix
  manganese oxidation by, **33**:301
  spores, manganese oxides in, **33**:305
  in water supply systems, **30**:93
Leptothrix dicophora, oxidation of
     manganese, **33**:305, 307–308
Lettuce hypocotyl bioassay, gibberellins
     and, **34**:112, 113
Leucinostatin, substances from fungi and,
     34:231
Leuconostoc mesenteroides
  fructose metabolism, scheme, **32**:171
  glucose metabolism, scheme, **32**:171
  sucrose metabolism, scheme, **32**:171
  sucrose phosphorylase
     discovery, **32**:163, 166
     fermentation
        medium for, **32**:167–169
        pH and, **32**:171–172
        profile, **32**:169–170
        temperature and, **32**:173–174
     immobilization procedures, **32**:189,
        191–192
     pH effect, **32**:180
Leukemia
  antibody technologies and, **38**:182, 187
  biotechnology and, **34**:291
  substances from fungi and
     basidiomycetes, **34**:236, 238, 239, 241
     fungi imperfecti, **34**:229, 232, 233, 235
     phycomycetes, **34**:244
Leukocytes, hydrodynamic shear stress,
     37:207
Levan, **35**:171, 172, 191
  analysis, **35**:184–186
  biosynthesis
     hydrolysis, **35**:178
     inhibition, **35**:177, 178
     levansucrase, **35**:174–176
     specificity, **35**:176, 177
  chemistry
     Bacillus polymyxa, **35**:180–184
     properties, **35**:180
     structure, **35**:178–180
  occurrence, **35**:172–174
  production, **35**:186–188
  utilization, **35**:190–191
     blood plasma extender, **35**:189, 190
     industrial gums, **35**:188, 189
     sweeteners, **35**:190

Levansucrase, **35**:174–176, 185, 186, 188
Levodopa
  plant cell biosynthesis of, **25**:227
  production by immobilized cells, **22**:4
Levulan, **35**:172, 189
Lichens, cadmium effects on, **23**:96
Lifshitz theory, **33**:82–83
Ligands
  anoxygenic phototrophic bacteria and, **38**:253, 257–258
  antibody technologies and, **38**:155, 160
  enzyme thermostabilization and, **29**:18–19
  haloperoxidases, **37**:44–45, 47
  microbial cytochromes P450 and, **36**:141, 154, 164, 167
  protein analysis and, **36**:294
Light
  anoxygenic phototrophic bacteria and, **38**:212
    advances, **38**:262, 264
    carbon assimilation, **38**:259, 262, 264–266
    classification, **38**:216–217
    hydrogenase, **38**:257
    hydrogen production, **38**:220, 229, 231–234, 238, 240
    nitrogenase, **38**:241–244, 249
  genetically engineered microorganisms and, **38**:5
Light basidiomacromycetes, **37**:280
Light microscopy, xenobiotics and, **35**:242
Light scattering, solid-state fermentation and, **38**:132–133
Lignin
  basidiomacromycetes
    applications of spent substrate, **37**:316–319, 322, 326–329
    growth substrate changes, **37**:290, 292–295, 297, 302–305, 307, 310–316
    lignocellulosic substrates, **37**:251–254, 257, 268–269
    lignocellulosic wastes, **37**:271, 281, 283
    mycelium, **37**:330, 332–333, 335–336
  biphenyl degradation, **37**:135–136, 154–156
  cellulose hydrolysis affect, **39**:297
  chemical composition, **39**:296
  function in wood, **39**:299
  in lignocellulosic biomass, **39**:297
  nitroaromatic compounds, **37**:11
  radiation effects, **39**:303
  removal
    alkali treatment, **39**:307–308
    microbial, **39**:300
    solvent, **39**:313–317
  structure, **39**:299
  thermal extraction, **39**:305
  wood concentration, **39**:298
  xenobiotics and, **35**:205
Ligninase, basidiomacromycetes, **37**:303, 305–306
Lignin peroxidase
  basidiomacromycetes, **37**:304–307, 316, 326, 333
  genetically engineered microorganisms and, **38**:93
  reactions, **37**:59, 66, 82
Lignocellulose, *see also* Hemicellulose
  feedstocks, conversion techniques, **39**:92–93
  pretreatment, **39**:94
Lignocellulosic biomass
  biological treatment
    bacteria, **39**:321–323
    biodelignification, **39**:317–323
    biopulping, **39**:323–324
    Kraft effluent treatment, **39**:325–326
    potential microorganisms, **39**:317
    white rot fungi, **39**:317–321
  chemical treatment
    acid, **39**:309–311
    alkali, **39**:306–309
    cellulose solvent, **39**:312
    gases, **39**:312
    oxidizing agents, **39**:311–312
    solvent delignification, **39**:313–316
  enzymatic hydrolysis, effect of chemical pretreatment on, **39**:302
  mechanical treatment
    ball milling, **39**:300–301
    fluid energy, **39**:301
    hammer milling, **39**:301
    roller milling, **39**:301
    wet colloid, **39**:301
  pretreatment methods, **39**:297–298
  products derived from, **39**:295–296
  radiation effects, **39**:302–304
  selected, composition, **39**:296–297
  structure, **39**:298–300

thermal treatment
 autohydrolysis, **39**:304
 hydrothermolysis, **39**:305–306
 steam explosion, **39**:305
Lignocellulosic substrates,
 basidiomacromycetes, **37**:337, 339
 applications of spent substrate,
  37:322–323, 325, 328
 biomass conversion efficiencies,
  37:282–285
 cultural conditions, **37**:271–282
 growth substrate changes, **37**:285–286,
  301, 312–316
 preparation, **37**:270–271
Lignocellulosic wastes,
 basidiomacromycetes, **37**:234
 applications of spent substrate,
  37:317–319
 growth substrate changes, **37**:287,
  296–297, 310
 substrates, **37**:250–259
Lignolytic enzymes, basidiomacromycetes,
 37:301–306, 330
Lignosulfonic acid, basidiomacromycetes,
 37:313, 315
Lilly Company DNA Computing
 Environment, see DNA Computing
 Environment, Lilly Company
Lilly Interactive Drug Design System,
 30:172
Linkers, for recombinant DNA synthesis,
 27:29–31
Linoleic acid
 hydration, **41**:13–17
  by *Acetobacterium woodii*, **41**:5
  by *Flavobacterium* sp. DS5 system,
   41:5
 yeast lipid content, **39**:192
Linolenic acid, yeast lipid content, **39**:192
α–Linolenic acid, hydration product,
 identification, **41**:18
γ–Linolenic acid, hydration product,
 identification, **41**:18
Lipase, see Triacylglycerol lipase
Lipids, see also Biolipid extracts;
 Glycolipids; Neutral lipid; Ornithine
 lipid; Peptidolipids; Phospholipids;
 Rhamnolipids; Sophorose lipids;
 Trehalose lipid
 anoxygenic phototrophic bacteria and,
  38:213, 216

antibody technologies and, **38**:153, 155
biotechnology and, **34**:264, 266
classes
 alkane utilization and, **39**:37–38
 alkane-utilizing microorganisms,
  39:37–41
composition
 hexadecane-grown cells, **39**:38
 of utilizing organisms, **26**:103–104
content
 acetate-grown cells and, **39**:39
 alkane chain length and, **39**:40
 alkane-utilizing microorganism,
  39:35–37
 yeast, **39**:39–41
ethanol production affected by, **39**:131
foodborne yeasts and, **36**:235, 253
Ganoderma, **37**:114
gibberellins and, **34**:110
haloperoxidases, **37**:78
in high-temperature injury of bacteria,
 23:222–224
hydrodynamic shear stress, **37**:166
microbial cytochromes P450 and,
 36:166–168, 171, 173
modification
 fermentative synthesis and,
  39:193–199
 genetic engineering aspects,
  39:199–201
 interesterification, **39**:201–204
 stress effects, **39**:200
 yeast metabolism and, **39**:187
protein analysis and, **36**:324
secondary metabolism and, **34**:20
sophorose, alkane-utilizing
 microorganisms, **39**:74
sterols, yeast, **39**:200
Lipolysis, foodborne yeasts and, **36**:220,
 228, 246
Lipomyces, foodborne yeasts and, **36**:186,
 219
Lipopeptide, in surfactants, **26**:239–241
Lipopolysaccharides
 anoxygenic phototrophic bacteria and,
  38:213
 antibody technologies and, **38**:154
 endotoxins, **33**:273
 lentinan therapy with, **39**:164
Liposomes, antibody technologies and,
 38:182

Liquefication, α–amylase production and, **35**:46
  industrial production, **35**:13, 14
  modes for economy, **35**:5
  present status, **35**:25, 27, 40
Liquid fuel, ethanol production, **26**:147–224
Liquid-liquid two-phase extraction, **33**:327–331
Liquid surface fermentation
  α–amylase and, **35**:7
    advantages, **35**:11, 12
    industrial production, **35**:14, 16–18
    present status, **35**:18–20, 36
  gibberellins and, **34**:57–59
    economics, **34**:117, 120, 121
    routes, **34**:48
    submerged fermentation, **34**:60
Liquid transfer system, bioreactor, **39**:19–20
Liver
  dysfunction, from cadmium, **23**:68
  Gonoderma, **37**:112–117, 121–122
  substances from fungi and, **34**:237
Location and recovery, of inulinase activity, **29**:154–155
Lodderomyces elongisporus
  foodborne yeasts and, **36**:200, 241, 243, 255
  microbial cytochromes P450 and, **36**:172–173
Lolium perenne, genetically engineered microorganism effects, **40**:262
Lonomycin
  microbial source of, **22**:190
  structure of, **22**:185
Loss of organic matter, basidiomacromycetes, **37**:286–287
Low-alcohol wines, basidiomacromycetes, **37**:335
LSF, *see* Liquid surface fermentation
Lucidenic acids, *Ganoderma,* **37**:103–106
Lucidone, *Ganoderma,* **37**:103, 105–106
Luria agar, bacterial gene transfer in soil and, **35**:124, 133, 134, 156, 157
Luria broth, bacterial gene transfer in soil and, **35**:156
  conjugation, **35**:78–81, 85, 91, 93, 124, 125
  transduction, **35**:96, 135

Luxury metabolite, secondary metabolism and, **34**:15
Lyase
  endopolygalacturonate, **39**:243–244
  exopolygalacturonate, **39**:244
  oligogalacturonide, **39**:244
  polymethylgalacturonate, **39**:244
Lymphocytes
  antibody technologies and
    immunotherapy, **38**:180
    monoclonal antibodies, **38**:163, 165
    panning, **38**:165, 167
    recombinant antibodies, **38**:172–173
  hydrodynamic shear stress, **37**:202, 208
Lymphokine-activated killer cell, lentinan effects, **39**:165
Lymphokines, biotechnology and, **34**:264
Lymphoma, antibody technologies and, **38**:182, 187
Lyophilization, for preservation of microorganisms, **24**:15–26
  equipment, **24**:16–17
  factors affecting survival, **24**:17–29
    cell concentration, **24**:19–20
    extent of drying, **24**:23–24
    method of reconstitution, **24**:25–26
    physiological age, **24**:18–19
    rate of freezing, **24**:22, 24:23
    storage atmosphere, **24**:24, 24:25
    suspending medium, **24**:20–22
    temperature of storage, **24**:25
    type of organisms, **24**:17–18
Lypophyllum, **37**:249, 285
Lysine
  effect in secondary metabolism, **28**:68–69
  production by immobilized cells, **22**:4
L-Lysine-oxidase, substances from fungi and, **34**:233
Lysis, bacterial gene transfer in soil and
  recombinants, **35**:148, 151, 152
  transduction, **35**:95, 102, 103, 132–134, 139
Lysocellin
  microbial source of, **22**:191
  structure of, **22**:187
Lysogeny, bacterial gene transfer in soil and
  recombinants, **35**:152

transduction, **35**:96–98, 104, 105
  study methods, **35**:132–134, 136, 138, 139
Lysosomes, hydrodynamic shear stress, **37**:207
LysR proteins, control of catabolic operons of *ortho* pathway, **41**:69–70

M

MacConkey agar, bacterial gene transfer in soil and
  conjugation, **35**:78, 80, 116, 123, 130
  recombinants, **35**:142
  transduction, **35**:98, 102, 134, 136
Machinery mold contamination, foodborne yeasts and, **36**:184
Macrocystis pyrifera, haloperoxidases, **37**:75–76
Macrofluorophotometer, **30**:199–200
  measurement of fading in, **30**:218
  selection of optimal reducing agent in, **30**:220–221
Macrolides, polyenic, tolerance to, in producer organisms, **25**:151–152
Macrophages
  hydrodynamic shear stress, **37**:207–208
  lentinan effects, **39**:160
Macrotetralides, structure of, **22**:181–183
Magnesium
  α–amylase production and, **35**:42
  bacterial gene transfer in soil and, **35**:133, 156
  basidiomacromycetes, **37**:244, 295, 326
  gibberellins and, **34**:70, 76, 82, 83
  microbial corrosion, **32**:26
  monosaccharides and, **34**:160
  xenobiotics and, **35**:199
Magnesium oxide, viral inactivation by, **33**:91–92
Magnesium peroxide, viral inactivation by, **33**:92
Maintenance medium, genetically engineered microorganisms and, **38**:18–19
Malate
  anoxygenic phototrophic bacteria and carbon assimilation, **38**:260–261, 266
  enzymes, **38**:236, 238–240, 247

hydrogen production, **38**:223–230, 236, 238–240
secondary metabolism and, **34**:11
Malathion
  effects on microorganisms, **28**:180–181
  metabolism in microorganisms, **28**:164–166, 171–172
m-Maleimidobenzoyl-N-hydroxysuccinimide ester, antibody technologies and, **38**:152
Malic acid
  production
    by immobilized *Brevibacterium ammoniagenes*, **22**:15, 17
    economics and, **22**:19
    effects of detergents on, **22**:18
    stability of, **22**:19
  by immobilized coils, **22**:4
  secondary metabolism and, **34**:2
Malignancy, antibody technologies and, **38**:185
Maltase, α–amylase production and, **35**:5
Malt extract agar, foodborne yeasts and, **36**:231
Malt flavor, production by microorganisms, **29**:41–42
Maltose
  α–amylase production and, **35**:2, 42
  binding protein, β–galactosidase gene fusion with, **25**:48
  levan and, **35**:188
  monocorynomycolate, surfactant, **39**:75
Maltose phosphorylase
  detection in Neisseria spp., **32**:166
  reaction catalyzed by, **32**:164
Mammalian cells, hydrodynamic shear stress, **37**:195
  anchorage-dependent cells, **37**:195–202
  anchorage-independent cells, **37**:202–208
Mammalian intestinal tract, recombinant *E. coli* K-12 and, **36**:88–89, 113–121
Manganese
  biotechnology and, **34**:269
  chemistry of, **33**:280–282
  cycling and biogeochemistry, **33**:284–285
  haloperoxidases, **37**:45
  redox states, **33**:280
  role in biological processes, **33**:282–283

Manganese (*continued*)
  viral inactivation mechanisms, **33**:90–91
  xenobiotics and, **35**:205, 209, 240
Manganese oxidation
  biological *vs.* chemical, **33**:288–289
  biologic involvement criteria, **33**:285
  biology of, **33**:285–287
  determination methods for water samples, **33**:290–292
  direct, **33**:301–302
    by Bacillus SO-1, **33**:302–308
    by Pseudomonas S-36, **33**:308–311
  indirect, by Chlorella sp. and Microcystis sp., **33**:311–314
  laboratory and field data summary, **33**:314–315
  microbial, **33**:279–280
  in natural environments, **33**:287–301
  stoichiometric relationships, **33**:280
Manganese oxide
  in subsurface, **33**:114–115
  viral inactivation mechanisms, **33**:91–92
Manganese peroxidase, basidiomacromycetes, **37**:304, 306–307, 316
Mannans, microbial production, **23**:34–37
Mannitol
  foodborne yeasts and, **36**:241, 253–256
  monosaccharides and, **34**:165
  secondary metabolism and, **34**:4
Mannitol-negative yeasts, **36**:256–258
D-Mannitol, monosaccharides and, **34**:165, 166, 171
D-Mannonate, monosaccharides and, **34**:172, 173
Mannose, substances from fungi and, **34**:237
Mapping, *see also* Epitopes, mapping; Peptides, mapping
  herbicides and pesticides and, **36**:39
  microbial cytochromes P450 and, **36**:147
  protein analysis and, **36**:285, 290
Margaric acid, alkane-utilizing microorganisms, **39**:67
Marinactan, lentinan therapy, **39**:165
Marine ecology, cadmium effects on, **23**:96–108

Marketing, *see* Biotechnology, commercial
Mass diffusivities, solid-state fermentation and, **38**:116–117
Mass spectrometry
  anoxygenic phototrophic bacteria and, **38**:220
  protein analysis and, **36**:303, 328
Mass spectroscopy, herbicides and pesticides and, **36**:40
Mass transfer
  in columns, **41**:118–120
  hydrodynamic shear stress, **37**:193, 213, 224
  solid-state fermentation and, **38**:102–106
    bioreactor design, **38**:108–111
    experimental measurements, **38**:140–141
    mathematical modeling, **38**:118, 124–126
    physical parameters, **38**:116–117
Mass transfer coefficient, proteins, **41**:113–114
Mass transport, solid-state fermentation and, **38**:102, 135, 142
Mating
  bacterial gene transfer in soil and, **35**:117–121, 125–128
  foodborne yeasts and, **36**:245, 247
  recombinant *E. coli* K-12 and, **36**:102, 108, 117
    biparental, **36**:90–96, 99
    liquid, **36**:100, 107
    sewage, **36**:109–113
    surface, **36**:100
    triparental, **36**:91, 97, 99, 111–112, 118, 120
    water, **36**:104
Matric potential, solid-state fermentation and, **38**:113
Maximum time-independent shear rate, fluid mechanics, **37**:178
Mayonnaise, foodborne yeasts and, **36**:227–228, 254
Mean shear rate, hydrodynamic shear stress, **37**:178
Meat
  foodborne yeasts and, **36**:195–205, 218–220
    identification, **36**:237, 246–249, 252–255, 257–258

semipreserved, nisin use in, **27**:116–117
Mechanical foam breakers
　advantages and disadvantages, **33**:199–201
　cyclone-type defoamers, **33**:207–208
　disadvantages, **33**:200–201
　impact spray type, **33**:208–209
　modifications and improvements, **33**:203–205
　nozzle type, **33**:209–210
　patents, **33**:203
　with rotating parts, **33**:201–207
　syneresis-based, **33**:210–211
　vacuum-based, **33**:211
Mechanical foam breaking rotating disk, **33**:205
Media
　enrichment
　　bacteria, anoxygenic phototropic, **41**:177, 180, 182
　　foreign gene expression, **41**:32–37, 38, 45
　　for plant cell cultures, **25**:228–229
　　preparation, bioreactor asepsis and, **39**:10–12
Medicago sativa, genetically engineered microorganism effects, **40**:265
Medicinal properties, basidiomacromycetes, **37**:247–250
Meiosis, biotechnology and, **34**:285
Melinacidins, substances from fungi and, **34**:230
Membrane filter
　bioreactor air system, **39**:18–19
　pads for water bacteria cultivation, **23**:157–158
　ultrafiltration, **33**:339
　use in sterility assessment, **39**:8
Memory cells, antibody technologies and, **38**:195
Menthol
　production, microorganisms and, **29**:37–39
　synthesis by immobilized cells, **22**:4
Mercuric chloride, **33**:288
Mercury, basidiomacromycetes, **37**:332
Merodiploids, recombinant DNA in construction of, **27**:48
Merulinic acids, substances from fungi and, **34**:241

Merulius
　applications of spent substrate, **37**:317
　growth substrate changes, **37**:303
Mesocosms, xenobiotics and, **35**:236, 237
Mesophilic bacteria
　pentose fermentation, **39**:99–100
　physiological characteristics, **39**:100
Metabolic activity
　genetically engineered microorganisms and
　　methods of study, **38**:8–16
　　results, **38**:52–55, 62, 74
　inhibitors, ethanol production, **39**:132
　pathways for, transfer by recombinant DNA technology, **27**:58–41
Metabolism, solid-state fermentation and, **38**:101, 106–107, 112–113
Metabolites, secondary, *see* Secondary metabolites
Metal, accumulation in waste biotreatment, **41**:213–214
Metal-chelating agent, 2-butanone production, **26**:61
Metal ions
　inulinase production and, **29**:151
　viral inactivation mechanisms, **33**:90–91
Metal oxides, viral inactivation mechanisms, **33**:91–92
Metals
　accumulation in waste biotreatment, **41**:215
　acetone/butanol fermentation and, **31**:78–79
　microbial corrosion
　　cathodic depolarization by SRB
　　　alternative mechanisms
　　　　FeS as depolarizer, **32**:13–14
　　　　gaseous H2S as depolarizer, **32**:14
　　　classical theory, **32**:2, 11–13
　　corrosion cell formation
　　　crevice, **32**:6
　　　oxygen concentration, **32**:6, 7
　　corrosion inhibitor breakdown, **32**:20
　　corrosive metabolic products
　　　acids
　　　　organic, **32**:16–17
　　　　sulfuric, **32**:16–17
　　　ammonia and amines, **32**:19
　　　hydrogen, **32**:19

Metals (*continued*)
    sulfur and sulfuric compounds, **32**:18
    volatile phosphorus compound, **32**:15–16
  economic aspects, **32**:3–4
  electrochemical process, **32**:5–6
  history, **32**:2–3
  immerse metals, colonization
    biofouling, **32**:14–15
    tubercle formation, **32**:15, 16
  microorganisms associated with
    algae, **32**:10
    bacteria, **32**:7–9
    fungi, **32**:9–10
  multiple mechanisms of, **32**:20–21
  prevention and control
    biocides and biostats, **32**:29
    cathodic protection, **32**:28–29
    environment selection, **32**:27
    plastic tape coating, **32**:28
    protection against SRB, **32**:27–28
    protective film disruption, **32**:19–20
Meta pathway of degradation, **41**:56, 58–65, 75
Methane
  anoxygenic phototrophic bacteria and, **38**:280–281
  bacteria grown with, oxidation of gaseous alkenes and methane, **26**:50
  biotechnology and, **34**:267
  economics of production from biomass
    capital costs, **32**:49
    computer model, **32**:69, 71
    computer program, overview, **32**:38, 40–48
    digester system, **32**:49–51
      schematic design, **32**:51
    digestion process optimization, **32**:80–84
    digestion profitability
      beef feedlot waste, **32**:57, 59–63
      cattle waste, **32**:53–59
      poultry waste, **32**:64–66, 67
      swine waste, **32**:64
      water hyacinth, **32**:66, 68–69, 70, 84
    electricity production from methane and, **32**:37–38, 50, 53, 57, 84
    fertilizer plant design and, **32**:50, 52
    gas production calculation, **32**:71–72
    reaction rate constant and, **32**:75, 76
    refractory solid concentration and, **32**:72–75
    retention time and, **32**:72, 73
    total solid concentration and, **32**:72, 74
    input baseline variables, **32**:39–40
    organic fertilizer production and, **32**:37–38, 53–54, 57, 84
    process parameters, **32**:49, 50
    substrates for anaerobic digestion, **32**:48
    unit gas cost, effects of
      reaction rate constant
        with fertilizer plant, **32**:78–79, 80
        without fertilizer plant, **32**:77–78, 79
      refractory volatile solid concentration
        with fertilizer plant, **32**:75–77, 78
        without fertilizer plant, **32**:75, 77
      refractory volatile solid concentration and reaction rate constant
        with fertilizer plant, **32**:80, 82
        without fertilizer plant, **32**:79–80, 81
  epaxidation of propylene, **26**:51
  herbicides and pesticides and, **36**:33, 35–36
  hydroxylation, inhibitors, **26**:51
  microbes utilizing
    assay method, **26**:44–45
    characteristics, **26**:91–92
    strains, **26**:43–44
  oxidation, coded by plasmids, **26**:32–35
    by extracts of *M. capsulatus*, **26**:75
    inhibitors, **26**:79
  oxidizing activities of methylotrophs, **26**:52
  production in Lake Mendota, Wisconsin, **26**:7–12
Methane monooxygenase
  electron transfer, mechanism, **26**:84
  M. trichosporium, **26**:78–80
  oxidation of alkanes, **26**:74–75
  alkenes, **26**:75–76

ethers, **26**:76–77
hydrocarbons, **26**:71–85
propene, **26**:85–86
purification from *M. capsulatus* Bath, **26**:80–84
specificity of, **26**:96–97
substrates, **26**:73–78
Methane oxidation, by yeasts, **26**:26–27
Methane-oxidizing bacteria, *see also* Methylotroph
in aquatic environments, **26**:7–12
diversity of, **26**:21–26
isolation of, **26**:18–21
occurrence, **26**:4
Methanobacterium thermoautotrophicum, nickel-, cobalt-, and molybdenum-dependent strain, **32**:26
Methanol
anoxygenic phototrophic bacteria and, **38**:263–264
and bacteria, **26**:27–30
biodegradation in subsurface, **33**:151
biotechnology and, **34**:269
cell yield, **24**:180–181
dissimilation
by organisms other than yeasts, **24**:167–169
by yeasts
enzyme systems for dissimilation
alcohol oxidase, **24**:174–175
assimilation of methanol, **24**:179–180
oxidation of formaldehyde to formate, **24**:176–178
oxidation to formaldehyde, **24**:173–175
historical, **24**:165–167
and fungi, **26**:27–30
levan and, **35**:189
polysaccharides from substrates of, **23**:46–47
production of cells, **24**:182–183
protein analysis and, **36**:302, 305
Methenamine
derivatives, **33**:228–232
formaldehyde mode of action, **33**:228
preparation, **33**:227–228
reactivity, **33**:228
Methionine
in antibiotic biosynthesis, **28**:69–73

biotechnology and
crop improvement, **34**:286
human protein, **34**:291
industrial organism, **34**:268, 269
technology, **34**:274
protein analysis and, **36**:319, 325–327
synthesis by immobilized cells, **22**:4
Methoxy derivatives, preparation, **33**:227
Methylbenz[*a*]anthracene, microbial metabolism, **30**:57–61
4-Methylbenz[*a*]anthracene
fungal oxidation, pathways, **30**:59–60
microbial metabolism, **30**:38
7-Methylbenz[*a*]anthracene
fungal metabolism, **30**:58
mammalian metabolism, **30**:58
microbial metabolism, **30**:38, 57–61
structure, **30**:32
Methylchloroisothiazolone, synergism with tris(hydroxymethyl)nitromethane, **33**:253, 254
3-Methylcholanthrene, **30**:46
microbial metabolism, **30**:38, 60–61
structure, **30**:32
Methyldichloroethylene, use in lipid modification, **39**:199
Methylene chloride, solid-state fermentation and, **38**:131
Methyl ethyl ketone
inhibition studies, **26**:61
pH, **26**:58–59
product inhibition, **26**:60–61
production, effect of metal-chelating agent, **26**:61
substrate concentration, **26**:60
substrate specificity, **26**:62
temperature, **26**:58–59
Methyl ketones
alkane-utilizing microorganisms, **39**:65
formation by microorganisms, **26**:54–68
microbial formation, assay for, **26**:55–56
Methylmonas polysaccharides, from methanol substrate, **23**:46–47
2-Methylnaphthalene, biodegradation in subsurface, **33**:148
N-Methyl-N'-nitro-N-nitrosoguanidine, S. peucetius mutagenesis induction, **32**:205
Methylobacter, methane oxidation, **26**:23

Methylobacterium organophilum, carbon assimilation, pathway, **26:**28
Methylobacterium organophilum XX, DNA homology, **26:**35
Methylococcus, methane oxidation, **26:**23
Methylococcus capsulatus Bath, methane monooxygenase, purification, **26:**81–84
Methylocystis, methane oxidation, **26:**23
N-Methylolchloroacetamide, **33:**245–246
N-Methylol derivatives, **33:**245–249
N-Methylolhydantoin, **33:**245
N-Methylolmelamine, **33:**248–249
N-Methylolmercaptobenzothiazole, **33:**246
Methylomonas, methane oxidation, **26:**23
Methylomonas methanica, oxidation of hydrocarbons, **26:**85
Methylosinus
  methane oxidation, **26:**23
  oxidation of *n*-alkenes and *n*-alkanes, **26:**53
Methylosinus mchosporium, methane monooxygenase, **26:**78–80
Methylotroph
  cell fractions, **26:**52
  conversion of 2-butanol to 2-butanone, **26:**63
  detection, techniques for, **26:**4–6
  ecology, **26:**3–35
  epoxidation
    inhibition studies, **26:**50–51
    propylene, **26:**46
  facultative, carbon assimilation by, **26:**28
  propylene oxide production, time course, **26:**47
  and substrate specificity, **26:**49–50
Methyl parathion, effects on microorganisms, **28:**179
3-Methylpyrrole-2,4-dicarboxylic acid biosynthesis of, **27:**126
6-Methylsalicylic acid synthetase, induction of, **28:**35
Methyltrophic bacteria, alcohol and ketone production, **39:**64
Metschnikowia, foodborne yeasts and identification, **36:**240, 243, 252–253
  specific habitats, **36:**200, 206, 210, 214–215
Mevalonate, secondary metabolites from, **28:**65

Mevalonic acid, gibberellins and, **34:**52, 74, 81
Microbes, *see* Transgenic microbe construction
Microbial assays, genetically engineered microorganisms and, **38:**16–36
Microbial cells
  solid-state fermentation and, **38:**100, 102, 132
  use in biochemical production, **25:**24
Microbial cytochromes P450, *see* Cytochrome P450
Microbial degradation
  anaerobic, **41:**83–84
  biphenyl, *see* Biphenyl degradation
  DDT, **41:**83–84
  γ-hexachlorocyclohexane, **41:**84–86
  hydrocarbons
    hybrid pathways, **41:**71–72, 79–82
    meta pathway, **41:**56, 58–65, 75
    ortho pathway, **41:**56, 65–70
  nitroaromatic compounds, *see* Nitroaromatic compounds, microbial degradation of
  polychlorinated biphenyls, **41:**78–83, 89
Microbial dehydrogenases of monosaccharides, *see* Monosaccharides
Microbial digestion, of straw, **23:**135–136
Microbial enzymes
  alkaline phosphatase as, **25:**42–44
  applications of, **25:**10–18
  as antioxidants, **25:**28
  in dental hygiene, **25:**19, 22
  future, **25:**29–30
  in organic synthesis, **25:**19
  in plastein reaction, **25:**27–28
  immobilized, **25:**22–25
  localization of, **25:**38–44
  protein modification by, **25:**26–27
  sources of, **25:**8–9
  utilized to enhance flavor
    debittering of
      citrus products, **29:**46–47
      soy products, **29:**46
    flavorese enzymes, **29:**45
    production of vanillin, **29:**46
Microbial fermentation, gibberellins and, **34:**48, 49

Microbial growth, solid-state fermentation and
  experimental measurements, **38:**135
  mathematical modeling, **38:**118, 125–126, 129
  physical parameters, **38:**116–117
  water activity, **38:**112
Microbial oxidation, **41:**1–22
Microbial polysaccharides, **23:**19–54
  alginic acids, **23:**27–29
  from *Arthrobacter*, **23:**26–27
  "black yeast" polysaccharides, **23:**38–40
  Cryptococcus heteropolysaccharide, **23:**37–38
  curdlan, **23:**31–32
  genetic control, **23:**20
  from hydrocarbons and petrochemical substrates, **23:**44–47
    n-alkanes, **23:**44–45
    methanol, **23:**46–47
    polyhydric alcohols, **23:**45–46
  β–linked glucans, **23:**32–33
  mannans, **23:**34–37
  phosphomannans, **23:**34–37
  production, **23:**19–54
  pullulan, **23:**40–44
  succinoglucan, **23:**29–31
  xanthan gum, **23:**21–26
Microbial secondary metabolism, **34:**4–11, 23, 24
  history, **34:**1–4
  naming, **34:**11
    function, **34:**13–16
    growth phase, **34:**12, 13
    overproduction, **34:**11, 12
  nomenclature
    alternatives, **34:**16–18
    definitions, **34:**22, 23
    semantics, **34:**18–22
Microbiology Department at Indiana University, **27:**185–205
  early period of, **27:**187
  faculty and research of, **27:**191–197
  modern period of, **27:**187–191
  physical facilities of, **27:**197–201
Microcarriers
  for cell culture, **27:**139–140
  hydrodynamic shear stress, **37:**183, 185–186, 195–197, 212
Micrococcin tolerance to, in producer organisms, **25:**154, 162

Micrococcus, in water supply systems, **30:**94
Microcoleus chthonoplastes, PAH metabolism, **30:**37
Microcosms
  bacterial gene transfer in soil and, **35:**105–111
  conjugation, **35:**127, 132
  quality assurance, **35:**155
  sampling, **35:**114, 115
  transduction, **35:**139
  for biotransformation studies in subsurface samples, **33:**126
  xenobiotics and, **35:**236–238, 244
Microcystis sp., indirect oxidation of manganese, **33:**311–314
Microelectrode studies, of indirect manganese oxidation in Chlorella, **33:**313
Microfilaments, hydrodynamic shear stress, **37:**169, 205–206, 208
Microfiltration, **42:**82–83
  cY-amylase production and, **35:**8, 9
Microflora, foodborne yeasts and, **36:**183, 231
  specific habitats, **36:**194–195, 206, 216, 218–220
Microfluorophotometer, **30:**200–201
  measurement of fading, **30:**218–219
Microhabitats, bacterial gene transfer in soil and, **35:**58–60, 62–64
  conjugation, **35:**83, 93
  environmental factors, **35:**71
  sampling, **35:**115
  selection, **35:**111
Micromonospora, from drinking water, **30:**100, 101
Microorganisms
  biotechnology and, **34:**263, 264, 293
  gibberellins and
    chemistry, **34:**34–36
    mode of action, **34:**40, 41
    production, **34:**49–51
    solid-state fermentation, **34:**100–103
    submerged fermentation, **34:**81, 93
  as models for drug metabolism, **25:**170–172
  organophosphorus insecticide effects on, **28:**149–200
  in phytase production, **42:**266–268
  preservation, **24:**153

Microorganisms (*continued*)
  secondary metabolism and, D
    substances from fungi and, **34**:184, 231
  xenobiotics and, *see* Xenobiotics, effects on soil microorganisms
Microsequence analysis, protein and, **36**:280–281, 326–329
  applications, **36**:318–323
  electroblotting, **36**:303, 306–315
  purification, **36**:315, 317–318
  structural analysis, **36**:290, 292, 299–300, 302
Microsomes, microbial cytochromes P450 and, **36**:135
  eucaryotes, **36**:162, 165, 167–168, 170–171
  procaryotes, **36**:148, 157, 160
Microtubules, hydrodynamic shear stress, **37**:169, 195, 201, 208
Microwave irradiation
  biologic systems, effect on, **26**:137–138
  microorganisms, effect on, **26**:129–143
    survival, **26**:135–136
  Staphylococcus aureus, effect on enzymatic activity, **26**:141–142
  thermal *vs.* nonthermal, **26**:138–143
Milk
  bacterial growth, **40**:45–83
    antimicrobial systems applications, **40**:81–82
    cow ration effects, **40**:69–71
    early studies, **40**:47–48
    inhibition
      bacilli, **40**:78–79
      effects on milk quality, **40**:71–72
      enterobacteria, **40**:77–78
      lactic acid bacteria, **40**:53–69
      leptospiras, **40**:80
      mycoplasmas, **40**:80–81
      propionibacteria, **40**:79
      staphylococci, **40**:79–80
    lactenin studies, **40**:48–53
    lactic acid bacteria, **40**:53–69
      agglutinin effects, **40**:53–56
      autoinhibition by hydrogen peroxide, **40**:60–61
      culture manipulation, **40**:67–68
      heated growth medium, **40**:65–67
      lactoferrin role, **40**:62
      lactoperoxidase system, **40**:56–60
      other inhibitors, **40**:62–63
      seasonal activity variation, **40**:63–65
      starter cultures, **40**:68–69
      stimulators, **40**:72–76
      thiocyanate role, **40**:61
    stimulators, **40**:72–76
      commercial substances, **40**:76
      complex substances, **40**:74–76
      components, **40**:72–73
      minerals, **40**:73
  fermentations, **30**:1–2
Milk products, nisin use in, **27**:118
"Milky disease," from *B. popilliae,* **23**:1
Milling, lignocellulose pretreatment, **39**:300–302
  ball, **39**:300–301
  hammer, **39**:301
  roller, **39**:301
Mineralization
  biphenyl degradation, **37**:141–143, 146, 154–156
  genetically engineered microorganisms and, **38**:36, 41, 53, 90, 94
  herbicides and pesticides and, **36**:2–3, 5, 39, 46
    anaerobic aromatic metabolism, **36**:33–34, 36
    growth kinetics, **36**:49–51, 55, 61
    kinetics of biodegradation, **36**:12, 14–17, 20
  nitroaromatic compounds, **37**:12
Minerals, bacterial growth stimulation in milk, **40**:73
Mineral salts, gibberellins and, **34**:70, 72
Minimum inhibitory concentration, genetically engineered microorganisms and, **38**:35
Mining, biotechnological processes and, **36**:76, 79
Miso, **28**:239–265
  from barley, **28**:251
  chemical composition of, **28**:257–259
  fermentation flow sheet, **28**:245
  future developments in, **28**:259–261
  history of, **28**:245–246
  production, yeasts in, **39**:190
  raw materials for, **28**:248–251
  ratio of, **28**:251–252
  treatment of, **28**:252–253

from rice, **28:**250
from soybeans, **28:**248–250
types of, **28:**247–248
Mitochondria
  biotechnology and, **34:**271
  gibberellins and, **34:**92
  monosaccharides and, **34:**145, 148, 149
  secondary metabolism and, **34:**10
Mixed culture fermentation
  enrichment techniques, **24:**135
    practice, **24:**140–141
    theory, **24:**138–140
    turbidostat, **24:**136
    two-stage chemostat, **24:**136–137
  industrial uses, **24:**129,**24:**130–132
    brewing, **24:**130
    koji, **24:**130
    yoghurt, **24:**131
  production
    of metal leaching system, **24:**158–159
    of organic acids, **24:**158
    of vitamin B$_{12}$, **24:**157–158
  single cell protein, **24:**141
    advantages, **24:**152–156
    methane as substrate,
      24:142–145,**24:**147
    methanol as substrate, **24:**145–152
    problems, **24:**156–157
  steroid oxidation by, **24:**159–160
  types of microbial action
    amensalism, **24:**133
    commensalism and mutualism, **24:**134
    competition, **24:**132
    neutralism, **24:**133
    parasitism, **24:**133
    predation, **24:**132–133
Mixing, control in cell cultures,
  27:146–148
Mizoribine, substances from fungi and,
  34:234, 243
Mobilization, bacterial gene transfer in
  soil and, **35:**75–77, 84
mob sites, recombinant *E. coli* K-12 and,
  36:90–96, 122
Modeling, aqueous two-phase systems,
  41:127–139
  for effects of protein surface properties,
    41:161–162
Modulation, genetically engineered
  microorganisms and, **38:**93

Moisture
  α–amylase production and, **35:**26–30, 39
  bacterial gene transfer in soil and,
    35:113, 127
  genetically engineered microorganisms
    and, **38:**8
  herbicides and pesticides and, **36:**17–18
  recombinant *E. coli* K-12 and,
    36:105–106
  solid-state fermentation and, **38:**103,
    107, 111–113
  xenobiotics and, **35:**205
Molasses
  2,3-butanediol production
    commercial, process design,
      32:139–146
      capital costs, **32:**143, 145, 154–155
      estimated costs, **32:**143, 145–146
      fermentation, **32:**140–141, 143
        flowsheet of plant section, **32:**141
      inoculation with *K.* pneumoniae,
        32:140
      production costs, **32:**143, 146,
        155–157
      product recovery, **32:**140
        flowsheet of plant section, **32:**142
    experimental, **32:**127–128
  pigment from, basidiomacromycetes,
    37:333
  prevention of foam during production,
    33:213
  production of solvents from, **31:**67–71
Molds, *see also* Fungi
  alkane utilizing, **39:**31–35
  chlorinated alkane utilization, **39:**55–56
  enzymes from, production by solid-state
    fermentation, **28:**208–213
  ethanol production, **39:**113–114
  fermentations from, antifoams for,
    33:189
  injury and recovery of, **23:**203–217
    in growth and cell properties,
      23:206–208
    subcellular, **23:**208–211
  in lactic acid production, **42:**54
  lipid content, alkane utilization and,
    39:41
  low-temperature injury to, **23:**211–213
    cold-osmotic shock freezing,
      23:212–213

Molds (*continued*)
  membrane damage to, **23**:213–214
  produced fatty acids, **39**:192
  thermal injury to, **23**:204–206
  xylose fermentation, aeration effects, **39**:129–131
Moldy bran, α–amylase production and, **35**:8, 9
Molecular biology
  computing, **30**:194
  extracellular enzymes, **25**:37–55
Molecular recognition, product discovery, **40**:132–134
MOLGEN project, **30**:192
Molybdenum, anoxygenic phototrophic bacteria and, **38**:248, 263
Monensin
  activity of an promoting feed utilization in ruminants, **22**:215–216
  biosynthetic pathways to, **22**:202–203
  microbial source of, **22**:190
  microbial transformation of, **22**:203
  structure of, **22**:184
Monobactams
  bacterially produced agents that synergize with β–lactams, **31**:200–201
  biosynthesis of, **31**:196–200
  detection of, **31**:185–186
  individual
    EM5400, **31**:190–192
    SQ 26,180, **31**:186–188
    SQ 28,332, **31**:192–194
    SQ 28,502 and SQ 28,503, **31**:195–196
    sulfazecin and isosulfazecin, **31**:188–190
Monochlorodimedone, haloperoxidases, **37**:90
  reactions, **37**:53, 55, 60, 68
    mechanisms of, **37**:83–84, 86
  sources, **37**:45, 50
Monoclonal antibodies
  bacterial gene transfer in soil and, **35**:147, 151, 152, 154
  biotechnology and, **34**:294, 295, 301
  hydrodynamic shear stress, **37**:202, 205
  technologies, **38**:150–152, 161–170
    enzyme immunoassay, **38**:191
    immunofluorescence, **38**:187
    immunotherapy, **38**:180–181
    radiolabels, **38**:186
    recent developments, **38**:159–160
    recombinant antibodies, **38**:172–173, 175, 177
    recombinant DNA, **38**:191–192, 194
Monoculturing, basidiomacromycetes, **37**:260–261
Monoglycerides, substances from fungi and, **34**:231, 240
Monooxygenases, **41**:2
  herbicides and pesticides and, **36**:26, 28–29, 39
  importance in drug metabolism, **25**:173–175
  microbial cytochromes P450 and, **36**:142, 144, 146, 171
Monosaccharides, microbial dehydrogenases of, **34**:141, 142
  applications
    alditols, **34**:160–166
    aldonates, **34**:169–174
    aldoses, **34**:167–169
    ketoses, **34**:166, 167
  fermentation, **34**:155, 156
    enzyme inhibitors, **34**:158–160
    individual groups, **34**:156, 157
    technique, **34**:157
  mechanisms
    cytosol, **34**:144, 145
    electron transport system, **34**:145–147
    membrane, **34**:143, 144
    nature, **34**:147, 148
    electron transport system, **34**:148, 149
    gluconobacter oxydons, **34**:149, 150
    respiration, **34**:149
  structure, **34**:155
    alditols, **34**:150–152
    aldonic acids, **34**:153–155
    aldoses, **34**:152, 153
Monoterpenes, production by microorganisms, **29**:35–37
Monoterpenoids, plant cell transformation of, **25**:223–224
Montmorillonite
  bacterial gene transfer in soil and, **35**:70, 71
  conjugation, **35**:82, 84, 91
  transduction, **35**:97, 102

genetically engineered microorganisms and, **38**:51, 79
Moraxella
  herbicides and pesticides and, **36**:48
  metabolism of PAH, **30**:35
  microbial cytochromes P450 and, **36**:151
  nitroaromatic compounds, **37**:8
  in water supply systems, **30**:94
Morinda citrifolia, immobilized cells of, anthraquinone biosynthesis on, **28**:21–22
Moromi, production of, **28**:255–257
Morphinane alkaloids, plant cell biosynthesis of, **25**:225–25
Morphology
  basidiomacromycetes, **37**:236–238, 269
  foodborne yeasts and
    classification, **36**:180, 182
    identification, **36**:234, 237–238, 246, 251
Mosquito larvae, **42**:222
Most probable number method
  bacterial gene transfer in soil and, **35**:150
  xenobiotics and, **35**:241, 242
Moths, *see* Indian meal moths
mRNA, *see* RNA, messenger
Mucoprotein, substances from fungi and, **34**:240
Mucor, PAH metabolism, **30**:36
Multilocus enzyme electrophoresis, **33**:48
  B. sphaericus populations
    background, **33**:64–65
    experimental methods, **33**:65–66
  bordetella sp., **33**:55
  E. coli sp., **33**:56
  measurement of culture differences, **33**:52–53
  N. meningitidis, **33**:55–56
  Y. ruckeri, **33**:55
Multiple antigenic peptides, antibody technologies and, **38**:152
Multiple-contact countercurrent leaching, gibberellins and, **34**:109
Multiple-drug resistance, biotechnological processes and, **36**:71
Multiplicity reactivation, **33**:95–97
Multistage extraction, **41**:114–120

Multivariable screening, in biotechnology process development, **40**:194
Muramyl dipeptide, antibody technologies and, **38**:153–154
Murex trunculus, haloperoxidases, **37**:52
Muscle creatine kinase, antibody technologies and, **38**:165
Mushrooms, *see also* Basidiomacromycetes; *Ganoderma,* medicinal benefits of
  straw use in cultivation of, **23**:146–14X
Mussels, *see* Zebra mussels
Mutagenesis
  antibody technologies and, **38**:173–174, 179
  biotechnological processes and, **36**:68
  herbicides and pesticides and, **36**:39–40
  localized, using recombinant DNA, **27**:50–51
  microbial cytochromes P450 and, **36**:142, 156, 158–159, 161, 173
  nitroaromatic compounds, **37**:2–3, 12
  secondary metabolism and, **28**:52
Mutagenicity, of formaldehyde, **33**:224–225
Mutagens, organophosphorus insecticides as, **28**:187–191
Mutants
  anoxygenic phototrophic bacteria and, **38**:228–229, 242, 246, 252, 266
  antibody technologies and, **38**:184
  butanol resistance and, **31**:74
  clostridia, **31**:37–38
  genetically engineered microorganisms and, **38**:35, 93
Mutations
  α-amylase production and, **35**:22, 23
  bacterial gene transfer in soil and
    conjugation, **35**:77, 116, 121, 124
    recombinants, **35**:152
    transduction, **35**:96, 132–134, 137
  basidiomacromycetes, **37**:303, 306, 323, 326, 339
  bioreactor contamination by, **39**:6
  biotechnological processes and, **36**:68
  biotechnology and
    crop improvement, **34**:281, 282, 285, 286, 288
    enzymes, **34**:276
    industrial organism, **34**:267, 268

Mutations (*continued*)
  inherited diseases, **34**:297
  pollutants, **34**:275
  technology, **34**:269, 271, 273–275
  biphenyl degradation, **37**:136, 152
  ethanol production and, **39**:141
  gibberellins and, **34**:52, 56, 112
  herbicides and pesticides and, **36**:16, 40, 44
  microbial cytochromes P450 and, **36**:142, 154, 157, 164–165
  secondary metabolism and, **34**:9
  substances from fungi and, **34**:242
Myasthenia gravis, antibody technologies and, **38**:156
Mycelium
  basidiomacromycetes
    applications of
      functions, **37**:329–336
      spent substrate, **37**:322, 326
    biology, **37**:236
    growth substrate changes, **37**:287, 293–294, 296, 299, 302
    lignocellulosic substrates, **37**:261, 268–269
    lignocellulosic wastes, **37**:271, 278, 280
    values, **37**:246, 250
  Ganoderma, **37**:103, 105, 107–108, 110–111, 118–123
  hydrodynamic shear stress, **37**:193
  solid-state fermentation and
    bioreactor design, **38**:109–110
    experimental measurements, **38**:132
    mass transfer, **38**:104
    mathematical modeling, **38**:119, 122–123
    water activity, **38**:113
Mycobacillin, **24**:195,**24**:196
Mycobacteria
  alkane utilization, **39**:32, 33
  antibody technologies and, **38**:153, 154
  lipid classes in, **39**:38
  lipid content, **39**:36
Mycobacterium 10, carbon assimilation pathway, **26**:28
Mycobacterium, glycol metabolism by, **23**:189
Mycobacterium polysaccharides, from *n*-alkane substrates, **23**:44–45

Mycobacterium smegmatis, microbial, cytochromes P450 and, **36**:160
Mycohacterium vaccae, growth on gaseous alkanes, **26**:106
Mycolic acids, environmental effects, **39**:79–80
Mycoplasmas
  bioreactor contamination by, **39**:3
  growth inhibition in milk, **40**:80–81
Mycorrhizae, xenobiotics and
  activity, **35**:205, 206, 209
  assessment, **35**:242
  effects, **35**:227, 231–233
Mycosubtilin, **24**:199
Mycotoxins
  acute and chronic toxicity of, **22**:85
  biological effects of, **22**:85
  chemical structures of, **22**:88, 89, 90, 91, 92, 94
  carcinogenic effects and, **22**:95–96
  dermatoxic effects and, **22**:91–93
  mutagenic effects and, **22**:96–98
  nephrotoxicity and, **22**:90–91
  neurotoxic effects and, **22**:93
  teratogenic effects and, **22**:98
  effects of
    on carbohydrate metabolism, **22**:100–102
    on lipid metabolism, **22**:105–106
    on mitochondrial respiration, **22**:102–105
    in nonmammalican systems, **22**:98–100
    on nucleic acid and protein synthesis, **22**:107–121
  hepatotoxicity of, **22**:85, 86
  historical, **22**:83, 84
  interaction of with macromolecules, **22**:122–133
  nonhepatoxic lesions and, **22**:84
  from solid-state fermentations, **28**:218–220
  substances from fungi and, **34**:211, 219
Mycoviruses, substances from fungi and, **34**:206, 211
Myelin, biotechnology and, **34**:297
Myeloma cells
  antibody technologies and, **38**:161–162, 164, 171
  hydrodynamic shear stress, **37**:202, 204

Myeloperoxidase, **37**:45, 71, 82, 91
Myosin
  antibody technologies and, **38**:192
  hydrodynamic shear stress, **37**:201
Myxomycetes, substances from fungi and, **34**:186

N

NADH
  herbicides and pesticides and, **36**:23
  microbial cytochromes P450 and, **36**:137
    eucaryotes, **36**:168–169, 171
    procaryotes, **36**:141, 143, 150–151
NADP
  monosaccharides and, **34**:142, 144, 145
  production by immobilized cells, **22**:3
NADPH, microbial cytochromes P450 and, **36**:134, 137
  eucaryotes, **36**:162, 164–172
  procaryotes, **36**:146–148, 151, 155
NADPHDH, monosaccharides and, **34**:145
Naegleria
  in drinking water, **30**:107
  floweri, in drinking water, **30**:108
Nalidixic acid
  bacterial gene transfer in soil and, **35**:81, 128, 137, 143
  resistance, recombinant *E. coli* K-12 and mammalian intestinal tract, **36**:115–116, 118
    pBR322, **36**:90–91, 97
    sewage, **36**:110, 112
    soil, **36**:105, 107
    water, **36**:101–103
Naphthalene, **41**:72–78, 88
  bacterial oxidation, pathway, **30**:42–43
  biodegradation, in natural habitats, **30**:63
  fungal oxidation, pathway, **30**:44
  herbicides and pesticides and, **36**:26, 36, 39
  microbial metabolism, **30**:38, 41–46
  oxidation, **39**:33
  structure, **30**:32
Naphthalene dioxygenase, **30**:41–43
Naphthoquinones, plant cell biosynthesis of, **25**:227

Narasin
  microbial source of, **22**:191
  structure of, **22**:185
National Cancer Institute, substances from fungi and, **34**:183, 184
National Institute of Health, biotechnological processes and, **36**:81
Navicula, PAH metabolism, **30**:37
Nebularine, substances from fungi and, **34**:240
Nebulizers, water bacteria in, **23**:163–164
Nectria haematococca, microbial cytochromes P450 and, **36**:170–171
Neisseria meningitidis
  antibody technologies and, **38**:154
  multilocus enzyme electrophoresis of, **33**:55–56
Nematodes
  in drinking water distribution systems, **30**:108
  hydrodynamic shear stress, **37**:217
  phytoparasitic, **42**:229–231
  zooparasitic, **42**:228–229
Neomycin
  antibody technologies and, **38**:166
  resistance, recombinant *E. coli* K-12 and, **36**:102–103
Neoplasia, substances from fungi and, **34**:202
Neoschizophyllan, substances from fungi and, **34**:237
Nervous system, Gonoderma, **37**:113
Neurospora crassa
  benzo[*a*]pyrene hydroxylase, **30**:53
  nitroaromatic compounds, **37**:7
  PAH metabolism, **30**:36
Neutralization, genetically engineered microorganisms and, **38**:16
Neutral lipid
  from *Acinetobacter*, **26**:249
  biosurfactants and, **26**:249–250
Neutral salts, enzyme thermostabilization and, **29**:17–18
Neutrophils, lentinan effects, **39**:160
NH2, *see* Amides
Nickel
  anoxygenic phototrophic bacteria and, **38**:253, 255–258, 263
  effects on microbes and viruses

Nickel (*continued*)
  microbe-mediated ecologic processes, 29:217–218
  overt toxicity toward growth, 29:197–211
  subtle toxicity and other effects, 29:211–217
  factors affecting toxicity
    abiotic, 29:219–256
    biotic, 29:218–219
  microbial corrosion, 32:26
  occurrence and uses of, 29:195–197
  regulatory aspects, 29:256–259
  viral inactivation by, 33:90–91
Nicotiana tabacum, hydrodynamic shear stress, 37:216–217
Nicotinamide nucleotides, monitoring in cell cultures, 27:159–162
Nicotine alkaloids, plant cell biosynthesis of, 25:225
nic sites, recombinant *E. coli* K-12 and, 36:88–90, 93–96
nif genes, genetically engineered microorganisms and, 38:4, 44
Nigericin
  microbial source of, 22:190
  structure of, 22:184
Nisin, 27:85–123
  antibacterial spectrum of, 27:94
  antibiotics cross resistant to, 27:110, 112–113
  assay of, 27:98–100
  biology of, 27:87–98
  biosynthesis of, 27:105–108
  as a cell growth regulator, 27:91–94
  chemistry of, 27:98–109
  composition, structure, and molecular weight of, 27:101–103
  culture, strains, and media for, 27:87–89
  as a dominance factor, 27:90–91
  effect on sporeformers, 27:94–96
  enzymatic inactivation of, 27:104–105
  factors affecting effectiveness of, 27:96
  function to producer organism, 27:90–94
  genetic control of synthesis of, 27:89–90
  growth stimulation by, 27:113
  mode of action of, 27:94–98
    molecular basis, 27:96–96
  as peptide mixture, 27:101
  preparation of, 27:100–101
  properties of, 27:103–104
  resistance to, 27:97–98
  as a secondary metabolite, 27:90
  toxicity of, 27:109–110
  use of, 27:108–119
    as cheese starter, 27:113–115
    countries permitting, 27:111
    in heat-processed foods, 27:115–119
Nitrate
  anoxygenic phototrophic bacteria and, 38:219
  broth, genetically engineered microorganisms and, 38:23–24
  foodborne yeasts and, 36:187, 233, 237, 240, 248–251
  genetically engineered microorganisms and, 38:62, 87
  herbicides and pesticides and, 36:6, 33
  microbial cytochromes P450 and, 36:151, 168
Nitration, nitroaromatic compounds, 37:3
Nitrazepam, degradation of, 37:2
Nitrification, genetically engineered microorganisms and, 38:4
  methods of study, 38:9, 49
  microbial assays, 38:24–26
  nitrogen transformations, 38:41–46, 79, 87
  results, 38:79, 87
Nitriloacetic acid, biodegradation in subsurface, 33:151
Nitrite
  genetically engineered microorganisms and, 38:62, 87
  nitroaromatic compounds, 37:7–8, 11
Nitroalkylmorpholine, 33:251–252
Nitroanilines, degradation of, 37:8–9
Nitroaromatic compounds, microbial degradation of, 37:1–3, 14
  growth substrates
    2,4, 37:6-trinitrotoluene, 9, 11–14
    chloronitrophenols, 37:8
    1,3-dinitrobenzene, 37:9–10
    nitroanilines, 37:8–9
    nitrobenzene, 37:7
    nitrobenzoates, 37:9
    nitrophenols, 37:8
  nitro group
    reduction, 37:3–6
    removal, 37:6–7

Nitrobenzene, degradation of, **37**:2–4, 7
Nitrobenzoates, degradation of, **37**:1–4, 6, 9
4-Nitrobenzyl alcohol, degradation of, **37**:1
4-Nitrobiphenyl, biphenyl degradation, **37**:138, 141
2-Nitro-2-bromo-1,3-propandiol, **33**:271–271
Nitrocatechol, degradation, **37**:9
Nitrocellulose
  antibody technologies and, **38**:187–188, 191
  bacterial gene transfer in soil and, **35**:147, 148
  protein analysis and, **36**:304–307, 315
Nitrogen
  acetone/butanol fermentation and, **31**:76
  α–amylase production and, **35**:17, 23, 30
  anoxygenic phototrophic bacteria and
    carbon assimilation, **38**:259, 264, 267
    classification, **38**:216–217, 219
    enzymes, **38**:241–242, 244, 246–249, 252
    hydrogen production, **38**:223, 227, 230, 267, 271
  availability, in subsurface, **33**:112–113
  bacterial gene transfer in soil and, **35**:72, 83, 105, 110
  basidiomacromycetes
    applications of spent substrate, **37**:321, 326–328
    growth substrate changes, **37**:287, 292, 295, 301, 303, 311, 313
    lignocellulosic substrates, **37**:254, 268
    lignocellulosic wastes, **37**:270, 281
    values, **37**:242–243
  biotechnology and, **34**:266, 268, 285, 289
  biphenyl degradation, **37**:155
  fixation
    biofertilizer production, **41**:257–258
    by cocultures, **41**:261–262
    foodborne yeasts and, **36**:187, 237
    genetically engineered microorganisms and, **38**:3, 94
      dinitrogen fixation, **38**:46–48
      metabolic activity, **38**:11

  transformations, **38**:41–46, 78–87
  gibberellins and
    biosynthesis pathways, **34**:57
    economics, **34**:117
    growth phases, **34**:75–79
    kinetic studies, **34**:82, 83
    production, **34**:85–87
    solid-state fermentation, **34**:100, 105
    submerged fermentation, **34**:61, 63, 64, 66–71
  haloperoxidases, **37**:47
  herbicides and pesticides and, **36**:36
  lipid modification and, **39**:193, 196
  microbial cytochromes P450 and, **36**:138, 164, 167, 169
  monosaccharides and, **34**:149, 167
  nitroaromatic compounds, **37**:1, 7–9, 11, 14
  patent law and, **35**:265
  PHB synthesis and, **42**:154–155
  recombinant *E. coli* K-12 and, **36**:98
  secondary metabolism and, **34**:6, 10
  solid-state fermentation and, **38**:100, 123, 131, 133
  source for inulinase production, **29**:150–151
  xenobiotics and, **35**:196, 245–247
    activity, **35**:204–209
    assessment, **35**:234, 235, 238–240, 243
    classification, **35**:213
    effects, **35**:227, 228, 231–233
    soil as microbial habitat, **35**:203
Nitrogenase, **41**:246–247, 248–250
  anoxygenic phototrophic bacteria and, **38**:240–249, 252–253
  classification, **38**:218
  hydrogen metabolism, **38**:219
  hydrogen production, **38**:228, 231, 239–240, 278
  in hydrogen production, **41**:246–247
Nitro groups
  biphenyl degradation, **37**:141
  degradation of, **37**:9, 11
  microbial reduction of, **37**:3–6
  removal of, **37**:6–7
4-Nitromandelate, degradation of, **37**:1
Nitromethane, **33**:250
Nitropectin, pectin polymerization and, **39**:231

p-Nitrophenol
  biodegradation in subsurface, **33**:147
  metabolism in microorganisms, **28**:171
4-Nitrophenols, degradation of, **37**:1–4, 7–8
p-Nitrophenyl, genetically engineered microorganisms and, **38**:36
p-Nitrophenylserinol, effect on chloramphenicol biosynthesis, **25**:89
1-Nitropyrene
  degradation of, **37**:3
  microbial metabolism, **30**:62
Nitroreduction, nitroaromatic compounds, **37**:7
Nitrosamine, catalysis by FA, **33**:255
Nitrosomethylurethane, S. peucetius mutagenesis induction, **32**:205
Nitrotoulenes, degradation of, **37**:2, 4
Nitzschia, PAH metabolism, **30**:37
NMR, *see* Nuclear magnetic resonance
Nocardia
  anthracene metabolism, **30**:48
  biphenyl degradation, **37**:138, 154
  cytochrome P450 system in, **25**:177, 181
  from drinking water, **30**:100, 101
  metabolism of PAH, **30**:35
  nitroaromatic compounds, **37**:7, 9
  phenanthrene metabolism, **30**:49
Nocardia cholesterolicum, oleic acid hydration, **41**:3
Nomenclature, ATPE, **41**:162–166
Norbornanone, biotransformation, **39**:63
Normal stress, hydrodynamic shear stress, **37**:174
Norwalk virus, **30**:133
Nostic, PAH metabolism, **30**:37
Novel genes, genetically engineered microorganisms and, **38**:2–3, 5, 90–94
  metabolic activity, **38**:8–9
  methods of study, **38**:41, 48, 50
  microbial assays, **38**:35–36
  results, **38**:69
Noviosylcoumarin, biosynthesis of, **27**:126
Noxythiolin, *see* Noxytiolin
Noxytiolin, **33**:246–248
Nozzle foam breakers, **33**:209–210
Nuclear magnetic resonance
  in analysis of fatty acid oxidation endproducts, **41**:9

characterization of poly-β–hydroxyalkanoate granules, **41**:230
gibberellins and, **34**:39, 111
levan and, **35**:181, 182, 185, 191
protein analysis and, **36**:303
studies on aflatoxin biosynthesis, **29**:64–75
Nucleases, genetically engineered microorganisms and, **38**:37
Nucleic acids
  in bacterial injury, **23**:263–285
  effects of ultraviolet light on, **33**:93–94
  substances from fungi and, **34**:232
Nucleotide release, hydrodynamic shear stress, **37**:189
Nucleotides
  antibody technologies and, **38**:179
  bacterial gene transfer in soil and, **35**:143, 146, 150
  biotechnology and, **34**:271
  microbial cytochromes P450 and, **36**:135, 147, 166
  protein analysis and, **36**:294, 321, 328
  secondary metabolism and, **34**:20, 22
  synthetic, as primers for gene isolation, **27**:18–19
Nutrients
  broth, bacterial gene transfer in soil and, **35**:124
  foodborne yeasts and, **36**:185–187, 195
  herbicides and pesticides and, **36**:17–19
  medium, nonsterility, bioreactor, **39**:5
  restriction, solventogenesis and, **31**:45–46
  supplementation, basidiomacromycetes, **37**:281
Nutrition
  effects
    acetone and butanol production, **39**:133
    butanediol production, **39**:134
    ethanol production, **39**:128–129
    organic acid production, **39**:136
    secondary metabolism, **28**:38
  index, basidiomacromycetes, **37**:246–247
  phytic acid in, **42**:270–271
  value, basidiomacromycetes, **37**:246–247
Nx, *see* Nalidixic acid

Nystatin, tolerance to, in producer organisms, **25**:152

O

Octadecanol, **33**:189
Octapeptins, **24**:202
Octitols, monosaccharides and, **34**:164
Ogligosaccharides
  α–amylase production and, **35**:15, 42
  levan and, **35**:175, 178, 189, 190
Oil
  modification by yeast, **39**:198
  pollutants
    behavior of, **22**:228–229
    microbial attack on, **22**:253–261
    sources of, **22**:226–227
  recovery, alkane-utilizing microorganisms, **39**:79
  sterilization, bioreactor, **39**:11
Oil seed crop residues, basidiomacromycetes, **37**:255, 337
Olefins, microbial cytochromes P450 and, **36**:138, 144, 150
Oleic acid
  bioconversion, **41**:6
  microbial hydration
    Flavobacterium sp. DS5 system, **41**:12–13
    Pseudomonas aeruginosa PR3 system, **41**:5–12
  yeast wine fermentation, **39**:187–188
Oligogalacturonase
  activity, **39**:242
  microbial sources, **39**:239
Oligogalacturonide lyase, characteristics, **39**:244
Oligomers, hydrodynamic shear stress, **37**:206–207
Oligonucleotides
  anoxygenic phototrophic bacteria and, **38**:213
  antibody technologies and, **38**:179
  probes, protein analysis and, **36**:318–322
Oncogenes
  biotechnology and, **34**:270
  patent law and, **35**:261, 262, 288
One-dimensional SDS-PAGE, protein analysis and, **36**:315–317

Open reading frames
  microbial cytochromes P450 and, **36**:143
  protein analysis and, **36**:318, 322
Operational taxonomic units, **33**:54
Operons
  definition of, **27**:4
  fusion of, technology for, **27**:48–49
Optical absorption spectroscopy, anoxygenic phototrophic bacteria and, **38**:256
Optimization, gibberellins and, **34**:74, 75, 103, 119
Organic acids
  anoxygenic phototrophic bacteria and, **38**:221, 227, 261, 264, 268–269
  foodborne yeasts and, **36**:192–193, 231
  as fungal corrosive agents, **32**:17
  production
    factors affecting, **39**:136
    pentose fermentation and, **39**:123–127
    by solid-state fermentations, **28**:213–216
Organics
  chemicals, produced from biomass
    cost and production in United States, **32**:154
    demand in United States, **32**:152–153
  material
    biotransformation rate in aquifer, **33**:141
    dissolved, in pristine aquifer, **33**:153
  leached
    nutritional quality of, **33**:139
    quantity and quality, **33**:138–139
  nickel toxicity and, **29**:242–252
Organism JB$_1$, carbon assimilation pathway, **26**:28
Oriental food
  foodborne yeasts and, **36**:225–227
  yeast fermentation, **39**:189–190
Ornithine lipid, in biosurfactant, **26**:241
Ortho pathway of degradation, **41**:56, 65–70
  catabolic operons, control by lysR protein family, **41**:69–70
Oryzachlorin, substances from fungi and, **34**:230
Oscillatoria
  naphthalene metabolism, **30**:45–46
  PAH metabolism, **30**:37, 38

Oscillatoria, biphenyl degradation, **37**:155
Osmophilic yeasts, **36**:185, 215–216
Osmosis, *see* Reverse osmosis
Osmotic potential, solid-state fermentation and, **38**:113
Osmotic pressure, solid-state fermentation and, **38**:118
Osmotic stress, anoxygenic phototrophic bacteria and, **38**:240, 251
Outer membrane proteins, antibody technologies and, **38**:154–155
Ovaries
  biotechnology and, **34**:291
  substances from fungi and, **34**:233
Overproduction, secondary metabolism and, **34**:11, 12
Oxalic acid
  basidiomacromycetes, **37**:280, 291, 300
  secondary metabolism and, **34**:6
Oxazolidines, **33**:243–245
Oxidation, *see also* Microbial degradation
  anoxygenic phototrophic bacteria and, **38**:249, 263
  antibody technologies and, **38**:166
  basidiomacromycetes
    growth substrate changes, **37**:297, 303–305, 315
    lignocellulosic wastes, **37**:280
    mycelium, **37**:329–332, 334, 336
  biphenyl degradation, **37**:141, 144, 151
  foodborne yeasts and, **36**:206, 224
  Ganoderma, **37**:103–104
  genetically engineered microorganisms and, **38**:36
  haloperoxidases
    reactions, **37**:55, 69, 76, 78–80, 87
    sources, **37**:48
  herbicides and pesticides and, **36**:21, 25, 29, 33, 49
  microbial cytochromes P450 and, **36**:133, 135, 137, 173
    Actinomyces, **36**:153, 155–156
    eucaryotes, **36**:162, 164–167, 169, 173
    procaryotes, **36**:140, 142–148, 150
  monosaccharides and
    applications, **34**:164, 165, 167–169, 172
    fermentation, **34**:155, 156, 158
    mechanisms, **34**:145, 146
  nature, **34**:147–149
  structure, **34**:155
  nitroaromatic compounds, **37**:7, 9, 14
  protein analysis and, **36**:302
  rates, manganese, **33**:287
  reduction potential, monitoring in cell culture, **27**:162
  solid-state fermentation and, **38**:126–127
  stormwater, **37**:32
  substances from fungi and, **34**:237
  xenobiotics and, **35**:197, 246
    activity, **35**:208, 209
    assessment, **35**:234
    effects, **35**:221, 224, 227, 233, 234
    environment, **35**:218
    interactions, **35**:214, 215
Oxidative group migration, microbial cytochromes P450 and, **36**:138–139
Oxidizers, genetically engineered microorganisms and, **38**:62
Oxygen
  acetone/butanol fermentation and, **31**:74–76
  α–amylase production and, **35**:27
  anoxygenic phototrophic bacteria and
    carbon assimilation, **38**:259, 263
    enzymes, **38**:242, 247, 252, 257
    hydrogen production, **38**:240
  bacterial gene transfer in soil and, **35**:69, 114, 115, 121
  basidiomacromycetes, **37**:280, 328, 334
    growth substrate changes, **37**:287, 292, 304–306, 311, 313–314
    lignocellulosic substrates, **37**:261, 269–270
  biotechnology and, **34**:285
  biphenyl degradation, **37**:147, 149, 156
  concentrations in subsurface, **33**:113–115
  control in cell cultures, **27**:153–156
  foodborne yeasts and, **36**:188–189, 230
  Ganoderma, **37**:106, 114, 116
  gibberellins and
    biosynthesis pathways, **34**:57
    concomitant products, **34**:92
    economics, **34**:1V
    growth phases, **34**:76, 79
    immobilized whole cells, **34**:99

kinetic studies, **34:**82
submerged fermentation, **34:**62, 63
haloperoxidases, **37:**47, 80, 87
herbicides and pesticides and, **36:**7, 25–27, 30, 33, 46
hydrodynamic shear stress, **37:**193, 215, 221
microbial cytochromes P450 and, **36:**136–137, 171
  eucaryotes, **36:**165, 171
  procaryotes, **36:**141–143, 154
monosaccharides and
  applications, **34:**163, 164, 168, 172
  fermentation, **34:**155, 156, 158
  mechanisms, **34:**145, 146
  nature, **34:**147–149
  structure, **34:**155
nitroaromatic compounds, **37:**4, 8
solid-state fermentation and, **38:**100–101
  bioreactor design, **38:**108–110
  experimental measurements, **38:**132, 134, 140
  heat transfer, **38:**106–107
  mass transfer, **38:**102–105
  mathematical modeling, **38:**118, 120, 122, 124–127
  physical parameters, **38:**114, 117–118
xenobiotics and
  activity, **35:**205
  assessment, **35:**238
  effects, **35:**220, 221, 234
  interactions, **35:**214
  soil as microbial habitat, **35:**199, 202, 203
Oxygenation
  effects
    acetone and butanol production, **39:**133–134
    butanediol production, **39:**135
    ethanol production, **39:**129–131
    fermentation process and, **39:**188
    lipid modification and, **39:**193
    organic acid production, **39:**136
  herbicides and pesticides and, **36:**26
  microbial cytochromes P450 and, **36:**138, 146, 171
Oxygen diffusion, solid-state fermentation and, **38:**104–106, 109

Oxygen transfer rate, antifoams and, **33:**191–192
Oxytetracycline, food borne yeasts and, **36:**231
Ozone
  lignocellulose treatment with, **39:**312
  viral inactivation mechanism, **33:**88–89

P

P. expansum, 2,3-butanediol production, **32:**94–95
P. putrefaciens, sucrose phosphorylase activity, **32:**163, 166
P. saccharophila, sucrose phosphorylase
  discovery, **32:**163
  fermentation media for, **32:**168
  immobilization procedures, **32:**188–189
  purification, **32:**174–175
Pachyman, substances from fungi and, **34:**239
Packed bed fermenter, solid-state fermentation and
  bioreactor design, **38:**108–110
  experimental measurements, **38:**135–137
  heat dissipation, **38:**112
  mathematical modeling, **38:**128–129
Packed column, **41:**110, 142
  mass transfer in, **41:**118–119
PAGE, *see* Polyacrylamide gel electrophoresis
Palmitic acid, microbial cytochromes P450 and, **36:**147
Palm oil wine, **24:**237
  biochemical changes, **24:**245–250
  composition of sap, **24:**240–241
  composition of wine, **24:**250–251
  microbial population, **24:**241–245
  origins, **24:**238–239
Panaeolus
  cambodginensis, PAH metabolism, **30:**36
  subbalteatus, PAH metabolism, **30:**36
Pancreas
  α–amylase production and, **35:**4, 24
  extract, bacterial growth stimulation in milk, **40:**74–75

Pan Labs cloning studies, **42**:290–291
Papaverine, as drug metabolism model, **25**:198–199
Paper manufacture, basidiomacromycetes, **37**:321–324
Paper mill sludge, basidiomacromycetes, **37**:258
Paraffin, liquid, as antifoam carrier, **33**:189
Paraformaldehyde, preparation, **33**:226–227
Paraoxon, nitroaromatic compounds, **37**:2
Parasites
  basidiomacromycetes, **37**:281
  lentinan effects, **39**:168
Parathion
  effects on microorganisms, **28**:177–179
  metabolism in microorganisms, **28**:157, 170–171
  nitroaromatic compounds, **37**:2, 7
Particulates, inorganic, nickel toxicity and, **29**:237–242
Partition affinity ligand assay, **28**:117–147
  albumin-dye studies by, **28**:129
  cells, **28**:133–145
  charged polymer effects on, **28**:123–124
  concanavalin A, **28**:129–132
  digoxin, **28**:127–129
  hydrophobicity role in, **28**:124–126
  partition modification in, **28**:121–122
  phase systems in, **28**:120
  principle of, **28**:118–120
  Saccharomyces cerevisiae, **28**:138–141
  salt effects on, **28**:122–123
  separator molecules in, **28**:126–127
  Staphylococcus aureus, **28**:134–138
  Streptococcus B1, **28**:141–145
  triiodothyronine, **28**:129
Partitioning, **41**:114–116, 120–127
  affinity, **41**:148–151
  models, **41**:131–139
  new phase systems, **41**:151–152
Parvovirus, isoelectric points, **30**:142
Patent Cooperation Treaty, **35**:270, 275, 276
Patent law, **35**:255–257, 289–292
  Budapest Treaty, **35**:269–274
  deposits in culture collection, **35**:261, 262
    availability, **35**:264

    nature, **35**:264, 265
    postal requirements, **35**:262, 263
    release, **35**:265, 266
    security, **35**:265
    time of deposit, **35**:263, 264, 284
  history, **35**:257, 258
  international agreements, **35**:274, 275
    European countries, **35**:279, 280, 282, 283
    European Patent Convention, **35**:276–279, 282
    non-European countries, **35**:280, 281, 283, 284
    Paris Union Convention, **35**:275, 276
    Patent Cooperation Treaty, **35**:276
  legal decisions, **35**:258–261
  new animals, **35**:284, 288, 289
  new plants, **35**:284–287
  regulations, **35**:266–269
Patent Trademark Office, **35**:285, 286, 288, 289
  Budapest Treaty, **35**:271
  deposits, **35**:261, 264–266
  history, **35**:258
  international agreements, **35**:276
  legal decisions, **35**:258–261
  regulations, **35**:266
Pathogens
  biotechnological processes and, **36**:69–70, 74–75, 77, 79
  foodborne yeasts and, **36**:180–181, 221, 223, 255
  microbial cytochromes P450 and, **36**:170
  recombinant *E. coli* K-12 and, **36**:113–115
  stormwater, **37**:22, 26, 28, 31, 35
Pattern analysis, in biotechnology process development, **40**:195–196
pBR322, recombinant *E. coli* K-12 and, **36**:88–89, 120–122
  conjugational transfer, **36**:90–97, 99–100
  mammalian intestinal tract, **36**:116
  sewage, **36**:109
  stability, **36**:97–98
PCBs, *see* Polychlorinated biphenyls
PCT, *see* Patent Cooperation Treaty
Pea
  microbial cytochromes P450 and, **36**:170

seedlings, herbicides and pesticides
and, **36**:56–59, 62
Pectic acid
   exopolygalacturonase action on, **39**:242
   nomenclature, **39**:215
Pectic enzyme
   applications, **39**:197
   classification, **39**:236
   endopolygalacturonase as, **39**:240–241
   esterases as, **39**:238–240
   exopolygalacturonase as, **39**:241–242
   hydrolases, **39**:240–243
   lyases, **39**:243–244
   mode of action, **39**:237
   oligogalacturonase as, **39**:242–243
   in plant disease, **39**:244–245
   polymethylgalacturonase as, **39**:243
Pectic substances
   acetylation, **39**:217–218
   depolymerization, **39**:224–225
   esterification, **39**:217–218, 224
   history of, **39**:213–214
   interrelationship, **39**:215–216
   molecular mass, **39**:221, 231
   nomenclature, **39**:214–215
   occurrence and function, **39**:222–224
   properties, **39**:224–228
   solubility, **39**:224
   viscosity, **39**:224
Pectin
   alkali-soluble, preparation, **39**:277
   anti-diarrhea effects, **39**:235
   applications
      cosmetic, **39**:235
      food, **39**:233–234
      pharmaceutical, **39**:235
   in arabinogalactan molecule, **39**:274, 275
   basidiomacromycetes, **37**:335
   cell wall distribution, **39**:222–223
   characterization
      acetyl content, **39**:229–231
      anhydrogalacturonic acid content, **39**:228
      ester content, **39**:229
      jelling power, **39**:231–232
      methoxyl content, **39**:229
      molecular mass, **39**:231
      neutral sugar content, **39**:231
   chemical extraction, **39**:233

chemistry, **39**:216–222
citrus peel, production methods, **39**:283–285, 287
consumption, prices and markets, **39**:232
content, plant tissue, **39**:223
cosmetic uses, **39**:235
cross-linking, **39**:227
drug delivery use for, **39**:235
ferulic acid, **39**:220
food uses, **39**:233–234
gel formation, **39**:225–227
gel strength, **39**:231–232
hydroxamine acid reaction, **39**:229
isolated, chemical and physical properties, **39**:284–285
lemon peel, properties, **39**:269, 270
manufacturing, **39**:232–233
nomenclature, **39**:215
pharmaceutical uses, **39**:235
standardization, **39**:233
structure
   detailed, **39**:219–220
   hypothetical, **39**:217
   middle lamellae, **39**:219
   plant cell wall, **39**:219–220
   polymer arrangement, **39**:219, 221
   rhamnose effects, **39**:217–218
   side chains, **39**:218–219
sugar beet
   composition, **39**:276–277
   gelation, **39**:226–227
yields, various sources and, **39**:285, 286
Pectinase
   applications, **39**:245–248
   classification, **39**:236
   detection method for, **39**:237
   in fruit juice industry, **39**:246–247
   production
      enzyme source, **39**:245
      factors affecting, **39**:246
      medium used, **39**:245–246
   retting process, **39**:247
Pectinesterase
   characteristics, **39**:238–240
   classification, **39**:236
   microbial sources, **39**:238–239
   mode of action, **39**:237, 238
   saponification, **39**:238

Pectinic acids
  nomenclature, **39**:215
  type II, **39**:219
Pectinolysis, foodborne yeasts and, **36**:224–225
Pectin transeliminas, basidiomacromycetes, **37**:300
Peeper
  description, **33**:297–299
  field test, **33**:299–300
Pellet formation, in phytase synthesis, **42**:278–279
Pelochromatium, hydrogen production technology and, **38**:216
Penicillin
  biotechnology and, **34**:264, 280
  gibberellins and, **34**:33
  haloperoxidases, **37**:78
  herbicides and pesticides and, **36**:42
  history of, **28**:29–31
  recombinant *E. coli* K-12 and, **36**:89
  secondary metabolism and, **34**:4, 5, 19
  substances from fungi and, **34**:184
  synthesis of, **28**:36–37
  tolerance to, in producer organisms, **25**:150–151
Penicillinase, biochemical characterization of, **25**:44–46
Penicillin G extraction, **33**:326–330
Penicillin synthesis by immobilized cells, **22**:4
Penicillin V extraction, **33**:326–330
Penicillium
  chrysogenum, PAH metabolism, **30**:36
  corrosion-inducing species, **32**:10
  from drinking water, **30**:102
  Gonoderma, **37**:102
  lignocellulosic wastes, **37**:271, 281
  mycelium, **37**:334
  notatum
    methylbenz[a]anthracene metabolism, **30**:58
    PAH metabolism, **30**:36
  ocho-chloron, PAH metabolism, **30**:*36*
  on pipe surfaces, **30**:103
  secondary metabolism and, **34**:8, 9
  substances from fungi and, **34**:230–235, 244
Penicillium chrysogenum, hydrodynamic shear stress, **37**:192

Penicillium funiculosum
  in cellulolytic enzyme analysis, **40**:20–24
  cellulolytic enzyme source, **40**:3–5
Penicillium patulum, cytochrome P450 in, **25**:178
Penicillus capitatus, haloperoxidases, **37**:45, 47, 78, 82, 90
Pentachloronitrobenzene, *see* Quintozene
Pentitols
  metabolism by *K. pneumoniae,* **32**:95, 98
  monosaccharides and, **34**:165
Pentose, *see also* Xylose
  ethanol production, **26**:164
  metabolism by *K. pneumoniae,* **32**:95–96, 98
  natural sources, **39**:93–94
Pentose fermentation, *see also* specific pentose
  alcohol inhibition mechanisms, **39**:137
  butanol inhibition, **39**:138
  future prospects, **39**:142–143
  lipid effects, **39**:131
  metabolic inhibitor effects, **39**:132
  nutrition effects, **39**:128–129, 133, 134–135
  oxygenation effects, **39**:129–131, 133–134, 135
  pH effects, **39**:127–128, 132, 134
  product tolerance, **39**:136–139
  strain improvement, **39**:139–142
  temperature effects, **39**:128, 132–133, 134
  water activity effects, **39**:135
  weak acid inhibition, **39**:138–139
Pentose-fermenting organisms
  acetic acid from, **39**:125–126
  acetone and butanol from, **39**:119–121
  butanediol from, **39**:109, 121–123
  ethanol from, **39**:112–119
  filamentous fungi, **39**:98–99
  growth characteristics, **39**:95
  mesophilic bacteria, **39**:99–100
  organic acids from, **39**:123–127
  yeast, **39**:96–98
Pentose metabolism, *see also* specific sugar
  anaerobic scheme for, **39**:109
  bacteria, **39**:107–112

transport mechanisms in, **39:**101, 108
yeast, **39:**102–107
Peptides
  antibiotics
    from *Bacillus* species, **24:**187–188
    biosynthesis of, **28:**65–66
  antibody technologies and
    enzyme immunoassay, **38:**187–189
    immunotoxins, **38:**183–184
    monoclonal antibodies, **38:**169
    polyclonal antibodies, **38:**151–153
    recombinant antibodies, **38:**177, 179–180
    recombinant DNA, **38:**192
  biotechnology and, **34:**204, 280, 295, 301
  composition and activities, of cellulosome, **33:**25–26
  mapping, protein analysis and, **36:**285, 306
    quality control of recombinant proteins, **36:**324–327
    structural analysis, **36:**290–292, 296, 300–301
  microbial cytochromes P450 and, **36:**146, 160, 165
  protein analysis and, **36:**323, 325–329
    electroblotting, **36:**306, 308–309, 314–315
    PAGE, **36:**281, 285–286
    purification, **36:**315–316
    structural analysis, **36:**290–293, 297, 299, 302–303
Peptidolipids, alkane-utilizing microorganisms, **39:**75–76
Peptidomannan, shiitake mushroom, **39:**156
Peptones, basidiomacromycetes, **37:**301
Peracetic acid, lignocellulose treatment, **39:**311
Perchloroethylene, *see* Tetrachloroethylene
Percolation
  α–amylase production and, **35:**37, 39
  solid-state fermentation and, **38:**110
Perfusion, genetically engineered microorganisms and, **38:**3, 94
  methods of study, **38:**49
  nitrogen transformations, **38:**41–43, 78
Peripheral blood lymphocytes, antibody technologies and, **38:**163, 167

Perkin-Elmer 650–40 spectrofluorophotometer, **30:**200
  calibration, **30:**217
Permanent wilting point, bacterial gene transfer in soil and, **35:**112, 114
Permeabilization, of plant cells, **28:**22–24
Peroxidase, basidiomacromycetes, **37:**302, 331
Peroxisomes, monosaccharides and, **34:**142
Pestalotia, PAH metabolism, **30:**36
Pesticides
  biotechnological processes and, **36:**79, 81
  nitroaromatic compounds, **37:**1
  production, **41:**234–238, 239–244, 257
  xenobiotics and, **35:**196
    assessment, **35:**235, 236, 242, 244
    effects, **35:**220, 232, 233
Pests, basidiomacromycetes, **37:**282
Petalonia fascia, PAH metabolism, **30:**37
Petriellidium boydii, from drinking water pipe, **30:**103
Petroleum hydrocarbons
  biodegradation in subsurface, **33:**148–150
  enrichment of microbial populations with, **22:**231–232
  environmental constraints on microbial attack on, **22:**246–253
  microbial emulsification of, **22:**236–246
  sublethal effects of, **22:**234–235
  suppression of microbial populations with, **22:**232–233
PFU, *see* Plaque-forming units
pH
  α–amylase production and, **35:**9, 10
    enzyme characteristics, **35:**41, 42
    enzyme recovery, **35:**39
    industrial production, **35:**13–15
    present status, **35:**20, 26, 27, 29, 30
    research needs, **35:**43, 44
  anoxygenic phototrophic bacteria and
    carbon assimilation, **38:**263, 266
    classification, **38:**217
    enzymes, **38:**243, 253
    hydrogen production, **38:**227, 229–231, 240
    hydrogen production technology, **38:**272–276, 279

pH (continued)
  antibody technologies and, **38**:160
  bacterial gene transfer in soil and
    conjugation, **35**:83, 126
    environmental factors, **35**:68, 69, 71
    maintenance, **35**:114
    preparation, **35**:112
    quality assurance, **35**:153
    selection, **35**:112
    terrestrial microcosms, **35**:106
  basidiomacromycetes
    growth substrate changes, **37**:291, 295–299, 303, 306, 310
    lignocellulosic substrates, **37**:268
    lignocellulosic wastes, **37**:280
  control, **42**:86
    in cell cultures, **27**:148–149
  effects
    acetone and butanol production, **39**:132
    ATPE, **41**:125
    butanediol production, **39**:134
    ethanol production, **39**:127–128
    on formaldehyde release from HMT, **33**:229, 230
    on organic acids, **39**:136
    on secondary metabolism, **28**:39
  foodborne yeasts and, **36**:231, 257
    ecology, **36**:187–188, 191–193
    specific habitats, **36**:195, 208, 212, 215, 220, 227
  genetically engineered microorganisms and, **38**:4
    methods of study, **38**:12, 17, 41
    results, **38**:69, 73, 78–79
  gibberellins and
    concomitant products, **34**:92
    growth phases, **34**:77, 78
    history, **34**:32
    immobilized whole cells, **34**:99
    kinetic studies, **34**:82
    liquid surface fermentation, **34**:58
    production, **34**:84
    routes, **34**:48
    solid-state fermentation, **34**:104
    submerged fermentation, **34**:60, 61, 70
  herbicides and pesticides and
    growth kinetics, **36**:52–53, 56, 60–61
    kinetics of biodegradation, **36**:9, 12, 17

  inulinase activity and stability and, **29**:160
  levan and, **35**:176, 186–189
  of medium, inulinase production and, **29**:151
  microbial cytochromes P450 and, **36**:155
  monosaccharides and, **34**:161, 167, 171, 173
  nickel toxicity and, **29**:219–226
  oxidation of manganese and, **33**:280–281
  protein analysis and, **36**:282, 289–290, 302
  recombinant *E. coli* K-12 and, **36**:105–106, 111
  solid-state fermentation and, **38**:101, 118, 135
  subsurface microbial ecology and, **33**:118–119
  water, effect on viral conformation, **33**:81–82
  xenobiotics and, **35**:196, 246
    activity, **35**:204
    effects, **35**:221, 222
    environment, **35**:216–218
    interactions, **35**:214–216
    soil as microbial habitat, **35**:200
Phage, bioreactor contamination, **39**:3
Phanerochaete chrysosporium, **37**:339–340
  applications of spent substrate, **37**:322–323, 326, 328
  biphenyl degradation, **37**:154–155
  growth substrate changes, **37**:293, 299, 301, 303–307, 311, 313–316
  haloperoxidases, **37**:48, 59, 66
  lignocellulosic substrates, **37**:261, 268–269
  mycelium, **37**:329–334, 336
  nitroaromatic compounds, **37**:11
Pharmaceutical bioprocesses, **36**:76–79
Pharmaceutical research, *see* Biotechnology, commercial
PHAs, *see* Poly(hydroxyalkanoates)
Phase composition, **41**:124
Phaseolus vulgaris, genetically engineered microorganism effects, **40**:262–263
Phase partitioning, in biochemical preparation, **28**:118

PHB, *see* Poly(β–hydroxybutyrate)
Phellinus
  applications of spent substrate, **37**:322
  mycelium, **37**:336
Phenanthrene, **41**:72–78
  bacterial oxidation, pathways, **30**:49–50
  bay-region, **30**:46
  biodegradation, **30**:63
  fungal oxidation, **30**:50–51
  K-region, **30**:46
  lack of carcinogenicity, **30**:46–48
  low biological activity, **30**:46–48
  mammalian metabolism, **30**:46
  microbial metabolism, **30**:38, 46–51
  structure, **30**:32
Phenobarbital, microbial cytochromes P450 and, **36**:145–146, 154
Phenolics, basidiomacromycetes
  growth substrate changes, **37**:296, 299, 304, 306–307, 311
  mycelium, **37**:330
Phenol monooxygenase, **41**:60
Phenol oxidases, basidiomacromycetes, **37**:301–306, 310–311
Phenols
  basidiomacromycetes, **37**:280–281, 291–292, 336
  biodegradation in subsurface, **33**:146–10
  biphenyl degradation, **37**:141, 145, 147, 154
  haloperoxidases, **37**:64–65
  herbicides and pesticides and, **36**:2, 33–34, 36
  microbial degradation of, **41**:60
  use in delignification, **39**:314
Phenotype
  antibody technologies and, **38**:187, 193
  bacterial gene transfer in soil and conjugation
    in soil, **35**:127, 128, 131, 132
    in vitro, **35**:116, 117, 121–125
    quality assurance, **35**:152, 154
    recombinants, **35**:140–145, 152
    survival, **35**:81
    transduction study methods, **35**:137, 139
  basidiomacromycetes, **37**:339
  biotechnology and, **34**:271, 273, 274, 282
  biphenyl degradation, **37**:142, 149–150

  genetically engineered microorganisms and, **38**:90–91, 95
  methods of study, **38**:11, 32–36
  results, **38**:52, 90
  herbicides and pesticides and, **36**:41–42
  nitroaromatic compounds, **37**:14
  secondary metabolism and, **34**:16
Phenylalanine, biodegradation in subsurface, **33**:143
Phenylalanine ammonia-lysine, substances from fungi and, **34**:233
Phenylisothiocyanate, protein analysis and, **36**:297, 300
3-Phenylpropanoic acid, effect on cellulase of R. albus, **33**:39
Phenylthiohydantoin amino acids, protein analysis and, **36**:280, 313, 327–328
  structural analysis, **36**:297, 300–301
Pheromones, bacterial gene transfer in soil and, **35**:74
Phlebia
  applications of spent substrate, **37**:323
  growth substrate changes, **37**:305, 313
  mycelium, **37**:331
Phlebia tremellosa
  growth substrate changes, **37**:316
  lignocellulosic substrates, **37**:261, 268–269
Phlyctochytrium, PAH metabolism, **30**:36
Pholiota, biology, **37**:240
  applications of spent substrate, **37**:325
  growth substrate changes, **37**:307, 313
  lignocellulosic wastes, **37**:272, 285
Phorate
  effect on microorganisms, **28**:183–184
  metabolism in microorganisms, **28**:166–167, 173
Phosphate
  α–amylase production and, **35**:27, 28, 32, 38, 39
  bacterial gene transfer in soil and, **35**:114
  inorganic
    determination, enzymatic assay, **32**:197
    effects on sucrose phosphorylase good glucosyl acceptor for, **32**:177
    inhibition of, **32**:182
  xenobiotics and, **35**:227
Phosphinothricin, biotechnology and, **34**:288

Phosphoketolase
  bacteria, **39**:109
  yeast, **39**:107
Phospholipids
  antibody technologies and, **38**:155
  basidiomacromycetes, **37**:244, 305
  biosurfactants, **26**:242–245
  composition, alkane-utilizing microorganisms, **39**:68–72
  fatty acid composition, **39**:72–73
  Ganoderma, **37**:115
  production, alkane-utilizing microorganisms, **39**:67–73
  structure, **26**:242
  xenobiotics and, **35**:233
  yeast, **39**:68, 196
Phosphomannans, microbial production, **23**:34–37
  Type I, **23**:35
Phosphomonoesterase, genetically engineered microorganisms and, **38**:37–38
Phosphorescence, principle, **30**:211–212
Phosphorus
  availability, in subsurface, **33**:112–113
  compound, volatile, as corrosive agent, **32**:15–16
  gibberellins and, **34**:70, 76
  phytase synthesis and, **42**:274–278
  xenobiotics and, **35**:209, 245, 246
    activity, **35**:205, 206, 209
    assessment, **35**:227, 228, 238, 240, 243
    effects, **35**:227, 228, 232
Phosphorylase
  glucose-1-phosphate production, **32**:196
  sucrose production, **32**:193–194
    combined action with sucrose phosphorylase, **32**:193
Phosphorylation
  anoxygenic phototrophic bacteria and, **38**:265
  gibberellins and, **34**:92
  herbicides and pesticides and, **36**:33–34
  monosaccharides and, **34**:142, 144, 149, 160
  solid-state fermentation and, **38**:103
  xenobiotics and, **35**:221
Photoaffinity labeling, protein analysis and, **36**:294

Photobioreactors
  anoxygenic phototrophic bacteria and, **38**:249, 270–279
  for hydrogen bioproduction, **41**:257–258
Photodynamic inactivation, for disinfection of water, **33**:94–95
Photosynthesis
  anoxygenic phototrophic bacteria and, **38**:212, 279–281
  carbon assimilation, **38**:261, 266
  classification, **38**:213, 216
  enzymes, **38**:250–254, 257
  hydrogen production, **38**:220, 229, 234, 268–269
  bacterial gene transfer in soil and, **35**:70
  basidiomacromycetes, **37**:251–252, 254
  levan and, **35**:174
  organophosphorus insecticide effects on, **28**:186–187
  xenobiotics and, **35**:197, 246
    activity, **35**:207
    effects, **35**:228, 231, 233, 234
Phototrophic bacteria, anoxygenic, *see* Anoxygenic phototrophic bacteria
Phototrophs, **42**:116–118
Phycomyces blakesleeanus, PAH metabolism, **30**:36
Phycomycetes, substances from fungi and, **34**:202, 206, 244
  antibiotics, **34**:186, 202
  screening, **34**:186
Physicochemical forces, adhesion of microbial cells to wetted surface, **29**:105–107
Physiological groups, genetically engineered microorganisms and, **38**:28–32
Physisorption, **33**:82
6-Phytase
  active site determinations, **42**:284–285
  Aspergillus niger producing, **42**:266–268, 272–273
  bacterial sources, **42**:272
  characterization, **42**:279–281
  cloning, **42**:288–291
  enzyme engineering studies, **42**:285–288
  feed studies, **42**:292–295
  fungal sources, **42**:272–273

immobilization studies, **42:**291–292
microorganisms producing, **42:**266–268
plant sources, **42:**271
pollution abatement and, **42:**295–296
product development, **42:**263–269
sequence studies, **42:**281–284
synthesis
   cornstarch source effects, **42:**274–278
   medium ingredient effects, **42:**278–279
   pellet formation effects, **42:**278–279
   phosphorous effects, **42:**274–278
   yields, **42:**278–279
Phytic acid
   in nutrition, role, **42:**270–271
   in plants, role, **42:**269–270
Phytophthora cinnamon, PAH metabolism, **30:**36
Phytoplankton, **33:**282–283, 296
Phytosterols, plant cell transformation of, **25:**222–223
pi, protein analysis and, **36:**289, 292
Pichia
   foodborne yeasts and acid-preserved foods, **36:**227
      dairy products, **36:**221–223
      ecology, **36:**186–187, 189, 193
      fermented foods, **36:**224–227
      identification, **36:**239–241, 243, 248–250, 252–253, 257–258
      meat, **36:**219–220
      specific habitats, **36:**200, 206–218
   secondary alcohol dehydrogenase, purification, **26:**65
Pickle, yeast fermentation, **39:**190
Pigmented water bacteria, **23:**155–171
   antibiotic sensitivity, **23:**160–161
   biochemical reactions, **23:**159–160
   cadmium effects on, **23:**70–78
      environmental factors affecting, **23:**76–77
   in drinking fountains, **23:**161–162
   identification, **23:**158–161
   infections from, **23:**165–168
      in infants, **23:**165–166
      in surgical patients, **23:**166–167
   isolation and cultivation, **23:**156–158
   pigment characteristics, **23:**158–159
   preventive maintenance for, **23:**169
   sources, **23:**161–165

      in static water supplies, **23:**163–165
   surveillance for, **23:**168–169
Pineapple waste, ethanol production, **26:**202
Pipeline concept, in product development, **40:**159–160
Pisciculture, SCP utilization in, **41:**186
Pisum sativum, genetically engineered microorganism effects, **40:**266–267
Planctomyces, in water supply systems, **30:**94
Plantation crop wastes, basidiomacromycetes, **37:**255, 257, 337
Plant cells
   cultures, **28:**3–4
      batch culture, **25:**212–213
      biosynthesis in, **25:**224–228
      biotransformation in, **25:**219–224
      cell suspensions, **25:**212–214
      continuous culture, **25:**213
      cytodifferentiation in, **25:**217–219
      drugs from, **28:**5
      as drug sources, **25:**209–239
         optimization of, **25:**228–234
      from explants, **25:**210–212
      freeze preservation of, **25:**216–217
      genetic stability of, **25:**216
      growth regulators for, **25:**229–231
      of haploid cells, **25:**215–216
      light sources for, **25:**231–232
      mass cultivation, **25:**213–214
      media for, **25:**228–229
      mutations in, **25:**232–233
      precursors used in, **25:**229
      protoplasts, **25:**214–215
      temperatures for, **25:**232
      variant selection in, **25:**233–234
   hydrodynamic shear stress, **37:**211–217
   immobilized, **28:**1–26
      biosynthetic capacity, **28:**14–28
      preparative techniques, **28:**6–10
      reactors for, **28:**12–14
      viability, **28:**10–12
   permeabilized, **28:**22–24
Plant design, in commercial biotechnology, **40:**204–208
Plant growth hormones, gibberellins and, **34:**30, 31
Plant Patent Act, **35:**259, 285, 286
   effect on cellulase of R. albus, **33:**39

Plants, *see also* Transgenic plants
  bacterial conjugation, **31:**117–119
  biotechnological processes and, **36:**80–81
  DNA host-vector systems from, **27:**44–45
  foodborne yeasts and, **36:**184
  genetically engineered microorganism effects, **40:**261–267
  patent law and, **35:**284–287, 289–291
  phytase sources, **42:**271–274
  phytic acid in, role, **42:**269–270
  vanishing, gene banks from, **27:**61
Plant Variety Protection Act, **35:**259, 285, 286
Plaque-forming units, bacterial gene transfer in soil and, **35:**96, 135, 139
Plasma
  hydrodynamic shear stress, **37:**169, 182
    biological effects, **37:**223
    sensitivity of biocatalysts, **37:**197, 201–202, 214
  levan and, **35:**189, 190
  membranous
    antibody technologies and, **38:**155
    xenobiotics and, **35:**234
  secondary metabolism and, **34:**3
PLASMAP, **30:**184
Plasma protein components, produced by SIBP, **33:**337
Plasmids
  α-amylase production and, **35:**21
  autoselection system, **41:**47–48
  B. subtilis, as DNA host-vector systems, **27:**38–39
  bacterial gene transfer in soil and, **35:**61, 63, 72, 73
    conjugation, **35:**74, 75, 77–81, 83–94
    conjugation study methods, **35:**116, 117, 123–126, 128–31
    environmental factors, **35:**66–71
    terrestrial microcosms, **35:**106
    transduction, **35:**93, 101, 102, 104, 136, 137
  biotechnology and, **36:**71–73, 77–78
    crop improvement, **34:**282, 284, 285
    inherited diseases, **34:**297
    technology, **34:**271
  biphenyl degradation, **37:**135, 143, 149–150, 152–153, 156
  catabolic, **41:**70–72, 75–78
  in clostridia, **31:**3S-39, 40
  E. coli, as DNA host-vectors, **27:**34–35
  genetically engineered microorganisms and, **38:**4, 79, 90, 93
  herbicides and pesticides and, **36:**3, 16, 36–37
    chloroaromatic degradation, **36:**37, 39, 42, 44
    growth kinetics, **36:**62
    isolation from *Pseudomonas,* **40:**301–308
      Allen method, **40:**307–308
      Casse method, **40:**305
      Kado and Liu method, **40:**305–307
      Wheatcraft method, **40:**302–304
  methane oxidation, coding for, **26:**32–35
  microbial cytochromes P450 and, **36:**143
  patent law and, **35:**259, 261, 262, 264, 266, 288
  pDK1
    nutritionally induced instability of dicamba degradation, **40:**308–309
    salicylate effects on batch growth, **40:**309–313
    succinate effects on batch growth, **40:**309–314
  profiles
    of *Bacillus sphaericus* strains, **33:**60–64
    methodology, **33:**49–50
    purification of, **27:**3–4
  pWWO, **41:**58–60, 61–65
  recombinant *E. coli* K-12 and, **36:**87–89, 122
    mammalian intestinal tract, **36:**115–120
    pBR322, **36:**90–100
    sewage, **36:**108, 111–113
    soil, **36:**104–108
    water, **36:**101–104
  role in antibiotic synthesis, **28:**42
  stability in high-density fermentations, **41:**41–42, 44–48
Streptomycetes, as DNA host-vector systems, **27:**40–41
Plasminogen activator
  biotechnology and, **34:**268, 290–292
  protein analysis and, **36:**323–324

Plasmodium falciparum, antibody technologies and, **38**:189
Plastein reaction, microbial enzyme use in, **25**:27
Plastids, gibberellins and, **34**:52
Plate column, **41**:141–142, 143
Platelet aggregation
 inhibition, *Ganoderma,* **37**:117–118
 shiitake mushroom and, **39**:155
Plectania occidentalis gum, production and properties, **23**:33
Pleuromutilin, substances from fungi and, **34**:240
Pleurotin, basidiomacromycetes, **37**:248
Pleurotus, **37**:339
 applications of spent substrate, **37**:318–322, 325–328
 biology, **37**:236, 238–242
 growth substrate changes, **37**:286–287, 290–302, 306–307, 310–311, 313–315
 lignocellulosic substrates, **37**:256–261, 268, 270
 lignocellulosic wastes, **37**:271–272, 274, 277–278, 280–282, 284–285
 mycelium, **37**:332–335
 values, **37**:243–250
Plodia interpunctella, **42**:228
Pluronic polyols, hydrodynamic shear stress, **37**:210
Pluteus, lignocellulosic wastes, **37**:280
pMB1, recombinant *E. coli* K-12 and, **36**:89
Poliovirus, **30**:157
 adsorption, **30**:149
  to estuarine sediments, **30**:137
  to metal surfaces, **30**:135–136
  to minerals and soil, **30**:137
  to soil, **30**:143
 effect of water pH on viral conformation, **33**:81–82
 evolution, **33**:79
 inactivation of, **33**:95
 interaction, on solid surface, **30**:154–155
 protein VP4, amino acid sequences, **30**:143
 type 1
  concentration, **30**:162
  disinfection, **30**:152

 inactivation
  protection against, **30**:152
  in sediments, **30**:151
  interaction with metal oxides, **30**:153
  isoelectric points, **30**:142
 removal
  from wastewater, **30**:157
  from water, **30**:158
 survival
  in containers, **30**:150
  in sediments, **30**:150
 type 2, isoelectric points, **30**:142
Pollutants
 basidiomacromycetes, **37**:329–331
 biotechnology and, **34**:275
 biphenyl degradation, **37**:139, 145, 150
 environmental, degradation by genetically engineered and genetically modified microorganisms, **41**:87–89
 stormwater, **37**:21, 30–31
Pollution
 abatement, **42**:295–296
 biotechnological processes and, **36**:73, 78
 herbicides and pesticides and, **36**:6
 xenobiotics and, **35**:196, 208, 210, 219
Polyacrylamide gel electrophoresis, protein analysis and, **36**:280–283, 327
 electroblotting, **36**:303–315
 structural analysis, **36**:290–303
 two-dimensional, **36**:287–290
Polyadenylation, biotechnology and, **34**:286
Polyarginine, biotechnology and, **34**:290
Polybrene, *see* Whisky
Polybrominated biphenyls, degradation, **37**:147–149
Polychlorinated biphenyls
 degradation, **37**:135–136, 139–141, 144, 146, 155–156
  anaerobic degradation, **37**:143–145
  bacteria growth, **37**:141–143
  bioremediation trials, **37**:145–147
  chromosomal genes, **37**:150–154
  derivatives, **37**:147
  plasmids, **37**:149–150
 microbial degradation of, **41**:78–83, 89
 nitroaromatic compounds, **37**:3, 11

Polyclonal antibodies, technologies, **38**:150–157
  immunotoxins, **38**:182
  recent developments, **38**:160
  recombinant DNA, **38**:191–192
Polycyclic aromatics hydrocarbons
  activation, **30**:33
  algal oxidation, **30**:64
  biodegradation, **30**:65
    in nature, **30**:62–64
  in cancer, **30**:31
  cyanobacterial metabolism, **30**:64–65
  distribution, **30**:32
  fungal degradation, **30**:64
  mammalian metabolism, pathways, **30**:33–34
  microbial metabolism, **30**:31–71
    pathways, **30**:34–41
  nitroaromatic compounds, **37**:11
  nitro-substituted, microbial metabolism, **30**:61–62
  oxidized to dihyclrodiols, by microorganisms, **30**:38–41
  prosynthesis, **30**:32
  sources, **30**:32–33
  structures, **30**:31–32
  microbial cytochromes P450 and, **36**:158–159
Polydimethylsiloxanes, **33**:188–189
Poly (e-caprolactone), **42**:101–103
Polyenes, from chorismate, **25**:89–90
Polyenic macrolides, tolerance to, in producer organisms, **25**:151–152
Polyesters, see also Biodegradable polyesters; Synthetic polyesters
  production, **41**:227–239
Polyether antibiotics
  antimicrobial activity of, **22**:203, 208–209, 211
  cardiovascular activities and, **22**:216–218
  classification of, **22**:178, 183
    by chemical structure, **22**:178–179
    ionophore antibiotics, **22**:181
    by mechanism of action, **22**:178
  coccidiostat activity of, **22**:210–211
  historical, **22**:177
  pharmacology of, **22**:216
  physical constants of, **22**:204–207
  proposed numbering system for, **22**:188–189
  toxicity of, **22**:209, 211
Polyethylene, basidiomacromycetes, **37**:336
Polyethylene glycols, see also Carbowax polyethylene glycols
  biodegradation, **23**:178–188
    BOD studies and activated sludge tests, **23**:178–184
    glycol-metabolizing bacteria, **23**:188–189
    nonbiological, **23**:191–192
    pathways, **23**:189–191
    pure culture studies, **23**:185–188
  in liquid-liquid two-phase extraction, **33**:328–331
  structures and properties, **23**:175–177
  synthesis, **23**:177–178
  uses, **23**:178
Polygalacturonase
  basidiomacromycetes, **37**:300
  bioassay, **39**:237, 241
  classification, **39**:236
  microbial, plant disease and, **39**:244–245
  mode of action, **39**:237, 240–242
Polygalacturonase-AY, star diagram, **39**:258
Polygalacturonase transeliminase, basidiomacromycetes, **37**:300
Polygalacturonate lyase
  classification, **39**:236
  mode of action, **39**:237
Polygalacturonic acid, A_1-type protopectinase affinity, **39**:256, 257
Polyhydric alcohols, polysaccharides from substrates of, **23**:45–46
Poly(β–hydroxyalkanoates), **41**:227–239; **42**:146
  extraction and characterization, **41**:230
  formation and factors regulating production, **41**:232–234
  granules, **42**:149–151
  structure and biochemistry, **41**:228–230
Poly(hydroxyalkanoates), production, **41**:227–239
Poly(β–hydroxybutyrates), **33**:152
  in activated sludge, **42**:164–165
  in *Alcaligenes eutrophus*, **42**:118

in *Bacillus megaterium*, **42**:115–116
biodegradation
  under aerobic conditions, **42**:185
  approaches, **42**:176–179
  bacterial, **42**:176–179
  Biopol, **42**:181–182
  enzymatic, **42**:179–180
  extracellular, **42**:176
  factors effects, **42**:182–187
  hydrolytic, **42**:179–180
  methanogenic, **42**:176–179
  under natural environments, **42**:181
  PHA depolymerases in, **42**:187–194
  polymer composition, **42**:187
  temperature and, **42**:183–184
biosynthesis, **41**:231–232; **42**:128–135, 135–138
  with acetoacyl-CoA reductase, **42**:140–142
  with *Alcaligenes* copolyesters, **42**:139
  with hydroxyacyl-CoA dehydrogenase, **42**:140–142
  with β–ketothiolases, **42**:140
  PHA synthase (polymerase), **42**:143–146
carbohydrate-utilizing halophilic archaebacteria, **42**:125
characterization, **42**:128
chemical synthesis, **42**:107–115
chemotrophs, **42**:118–125
descriptions, **42**:104–107
extraction, **42**:128
fermentation, **42**:159–161
in *Hydrogenophage pseudoflava*, **42**:118
microoganism accumulation, **42**:151–158
in natural environments, **42**:164–165
in nitrogen-fixing bacteria, **42**:122–125
in phototrophs, **42**:116–118
physical properties, **42**:165–169
production, **41**:234–238
in *Pseudomonas oleovorans*, **42**:158
in *Rhodospirillum rubrum*, **42**:118, 158–159
in transgenic plants, **42**:125–126
Poly(β–hydroxybutyric acid)
  biosynthesis, **42**:154–155
  granules, **42**:150
Polyketides
  aflatoxins as, **29**:59–60
  gibberellins and, **34**:80, 108, 122
Poly-L-malate, **42**:103–104
Polymerase, **42**:143–146
Polymerase chain reaction
  antibody technologies and, **38**:172–173
  bacterial gene transfer in soil and, **35**:150
  protein analysis and, **36**:319, 322
  recombinant *E. coli* K-12 and, **36**:121
  stormwater, **37**:26
Polymerization
  basidiomacromycetes, **37**:305, 315
  β–butyrolactone, **42**:114–115
  copolymer P(HB-co-HV), **42**:113–114
  hydrodynamic shear stress, **37**:169, 191, 205, 211
  β–lactone, **42**:111–113
  levan and, **35**:175, 176, 178–180, 191
    analysis, **35**:184
    utilization, **35**:188, 190
  β–propiolactone, **42**:109–111
  protein analysis and, **36**:281, 285, 302
  secondary metabolism and, **34**:6
  xenobiotics and, **35**:215
Polymers
  aqueous two-phase systems, **41**:100–103, 124
  chemical modification, **41**:126–127
  choice of, **41**:124
  degradation by clostridia, **31**:33–37
  production, basidiomacromycetes, **37**:334
  shape, **41**:134–135
Polymethylgalacturonase
  activity, **39**:243
  basidiomacromycetes, **37**:300
  classification, **39**:236
  microbial source, **39**:239
  mode of action, **39**:237
Polymethylgalacturonate lyase
  characteristics, **39**:244
  classification, **39**:236
  mode of action, **39**:237
Polymyxins, **24**:207–208
Polymyxin S_1, **24**:203–205, 24:207–208
Polymyxin T_1, **24**:203–208
Polynoxylin, **33**:246–248
Polyols, foodborne yeasts and, **36**:186
Polyoxins, tolerance to, in producer organisms, **25**:151

Polypeptides
  anoxygenic phototrophic bacteria and, **38**:245
  antibody technologies and
    enzyme immunoassay, **38**:187
    immunotoxins, **38**:183
    polyclonal antibodies, **38**:155
    recombinant antibodies, **38**:171, 174–175, 177
    recombinant DNA, **38**:192
  biotechnological processes and, **36**:79
  herbicides and pesticides and, **36**:29, 44
  protein analysis and, **36**:327
    electroblotting, **36**:304–306, 308, 315
    microsequence analysis, **36**:322–323
    PAGE, **36**:285–286, 288–289
    purification, **36**:316
    quality control of recombinant proteins, **36**:324–327
    structural analysis, **36**:290–291, 293, 296–297, 299, 301
  substances from fungi and, **34**:234
Polyploid, construction, ethanol production and, **39**:141–142
Polyporus
  applications of spent substrate, **37**:319, 322, 326
  growth substrate changes, **37**:299, 303
  lignocellulosic wastes, **37**:285
  mycelium, **37**:331, 332, 334, 335
  values, **37**:250
Polysaccharides
  α-amylase production and, **35**:39, 44
  anoxygenic phototrophic bacteria and, **38**:268
  basidiomacromycetes, **37**:271, 335
  applications of spent substrate, **37**:316–320
    growth substrate changes, **37**:290, 300, 306
    values, **37**:249–250
  biotechnology and, **34**:266, 277
  foodborne yeasts and, **36**:180, 190
  Ganoderma, **37**:108–112, 118, 120–121, 124–125
  hydrodynamic shear stress, **37**:167–168, 191–192
  levan and, **35**:171–173, 191
    analysis, **35**:185
    biosynthesis, **35**:178

    chemistry, **35**:178–180, 182–184
    production, **35**:186, 188, 189
    microbial production of, *see* Microbial polysaccharides
  secondary metabolism and, **34**:10
  substances from fungi and, **34**:236–239
  xenobiotics and, **35**:240
Polysaccharopeptide, substances from fungi and, **34**:236–239, 241, 242
Polytetramethylene succinate, **42**:103
Polyvinyl difluoride, antibody technologies and, **38**:188
Polyvinylidene difluoride, protein analysis and, **36**:328
  electroblotting, **36**:305–306, 309, 311, 313–315
Population
  bacterial gene transfer in soil and, **35**:61–64, 72
    conjugation, **35**:75, 78, 81, 83, 121, 128, 131
    environmental factors, **35**:65, 66, 71
    preparation, **35**:113
    recombinants, **35**:142, 144, 147, 149
    sampling, **35**:115
    terrestrial microcosms, **35**:106, 109, 110
    transduction, **35**:138
  dynamics, genetically engineered microorganisms and, **38**:10
  xenobiotics and, **35**:198, 246
    activity, **35**:203–205
    assessment, **35**:235, 238, 241–244
    effects, **35**:220–222, 225, 228, 230–233
    environment, **35**:216, 218
Poricin, substances from fungi and, **34**:240
Porosity, solid-state fermentation and, **38**:114, 116, 118
Porphyridium cruentum, PAH metabolism, **30**:37
Porphyrins, haloperoxidases, **37**:85
Postal requirements, patent law and, **35**:262, 263
Posttranslational modification, protein analysis and, **36**:286, 307
  microsequence analysis, **36**:323–324
  quality control of recombinant proteins, **36**:326–327
  structural analysis, **36**:301, 303

Potassium
  basidiomacromycetes, **37**:244, 295, 336
  genetically engineered microorganisms and, **38**:36
  gibberellins and, **34**:70, 76, 77, 84
  hydrodynamic shear stress, **37**:201
Potassium hydroxide, genetically engineered microorganisms and, **38**:11–14
Potato dextrose agar
  foodborne yeasts and, **36**:231
  gibberellins and, **34**:88, 89
Poultry
  foodborne yeasts and, **36**:195–205, 218–219, 246, 249
  industry, SCP utilization in, **41**:186–187
  waste digestion profitability
    conversion to methane and other vendable products, **32**:64–65
    flock size effects on
      mesophilic conversion, **32**:65
      digester type and, **32**:65, 67
      thermophilic conversion, **32**:65–66
PPA, *see* Plant Patent Act
Precipitation, **42**:82
  antibody technologies and, **38**:158
  for recavery of bioproducts, **33**:333–337
Precursors, gibberellins and, **34**:73–/5
Pregnenolone
  biotransformation, **39**:63
  plant cell transformation of, **25**:221–222
Preprosubtilisin, biotechnology and, **34**:274
Preservation
  foodborne yeasts and
    ecology, **36**:190–194
    identification, **36**:247, 254
    specific habitats, **36**:195–205, 209, 211, 215
  microorganisms
    criteria, **24**:2–5
      ability to reproduce, **24**:2–3
      functional properties, **24**:3–4
      genetic complement maintenance, **24**:4–5
    in industrial laboratories, **24**:31–34
    methods, **24**:5–29
      dehydrated, **24**:14–15
      direct transfer, **24**:5
      frozen, **24**:6–14

      lyophilized, **24**:15–29
      under oil, **24**:5
      in water, **24**:6
    special groups of microorganisms
      algae, **24**:34–35
      bacteria, **24**:35–41
      fungi, yeast and actinomycetes, **24**:41–43
      phages, **24**:42–47
Problem-solving techniques, in biotechnology research and development, **40**:102–107
Procaryotes
  alkane utilization, **39**:31–32
  microbial cytochromes P450 and, **36**:133, 139–140, 148, 150–151, 173
    Actinomyces, **36**:151–162
    Bacillus megaterium, **36**:145–149
    Pseudomonas putida, **36**:140–145
  protein analysis and, **36**:324, 326
Processed foods, foodborne yeasts and, **36**:180, 183, 190–195, 208
Product recovery, acetone/butanol fermentation and, **31**:85–86
Progesterone
  microbial cytochromes P450 and, **36**:169–170
  plant cell transformation of, **25**:220–221
Proinsulin, **41**:41
Prokaryotes
  anoxygenic phototrophic bacteria and, **38**:213
  antibody technologies and, **38**:170–171
  biotechnology and, **34**:268, 271, 301
  hydrodynamic shear stress, **37**:172, 191, 195
  secondary metabolism and, **34**:10
Proliferation
  biotechnological processes and, **36**:74
  foodborne yeasts and, **36**:194
Promoters, **41**:26–27, 28
  antibody technologies and, **38**:171
Promutagenic chemicals, microbial cytochromes P450 and, **36**:160, 162
Propane
  cooxidations, **26**:110–111
  metabolism, **26**:99
  oxidizing
    molecular oxygen involvement, **26**:95–96

Propane (*continued*)
  system induction of, **26**:95–98
  oxidizing bacteria
    fatty acid production, **26**:109–110
    products from, **26**:108–110
    single-cell proteins, production, **26**:109
    water-soluble vitamin content, **26**:109
    as substrate, growth yields, **26**:106–107
    toxicity, **26**:111
    utilization, **26**:89–112
Propane utilizer
  characteristics, **26**:92–93
  lipid composition of, **26**:103–104
  prospecting with, **26**:111–112
  three carbon substrates, metabolism, **26**:104–106
n-Propanol, anoxygenic phototrophic bacteria and, **38**:223–226, 228, 264
Propene, oxidation by methane monooxygenase, **26**:85–86
Prophages, bacterial gene transfer in soil and, **35**:152
β–Propiolactone polymerization, **42**:109–111
Propionate kinase, as enzyme of secondary metabolism, **28**:35
Propionibacteria, growth inhibition in milk, **40**:79
Propylene
  denitrifying, characteristics, **26**:119
  epoxidation, effect of inhibitors, **26**:51
  metabolism, **26**:101–102
  methane, **26**:51
  microbial epoxidation of, **26**:45–48
  oxidation of, **26**:98
  secondary alcohol dehydrogenase, purification, **26**:64
  whole cell oxidation, **26**:86
n-Propyl gallate, to retard fading, **30**:208–209
Prorennin, *see* Rennin
Prostacyclin, hydrodynamic shear stress, **37**:200–201
Prostaglandins, as drug metabolism models, **25**:192–194
Proteases
  α–amylase production and, **35**:8
  industrial production, **35**:13
  present status, **35**:22, 25, 27, 40

  research needs, **35**:43, 44
  from bacteria, **41**:203–204
  basidiomacromycetes, **37**:300–301, 306–307, 310
  biotechnological processes and, **36**:77
  genetically engineered microorganisms and, **38**:37
  protein analysis and, **36**:292, 306, 326
Protein and Nucleic Acid Data Banks of National Biomedical Research Foundation, **30**:176
Proteinase inhibitors, plant cell biosynthesis of, **25**:227
Protein modification of bioproducts, **33**:343–30
Proteins
  α–amylase production and, **35**:2
    present status, **35**:25, 31, 40
    technique, **35**:10, 12
  analysis, **36**:280–281
    electroblotting, **36**:303–306
      glass fiber, **36**:307–313
      microanalysis, **36**:306–307
      PVDF, **36**:309, 313–315
    microsequence analysis, **36**:318, 322–323
      gene cloning, **36**:318–322
    PAGE, **36**:281–283
    SDS-PAGE, **36**:283–287
    two-dimensional, **36**:287–290
  prospective directions, **36**:327–329
  purification, **36**:315
    one-dimensional SDS-PAGE, **36**:315–317
    two-dimensional SDS-PAGE, **36**:316–318
  quality control of recombinant proteins, **36**:323–327
  structural analysis, **36**:290
    automated amino acid sequenators, **36**:297, 299–300
    detection, **36**:293
    Edman degradation cycle, **36**:296–298
    mapping, **36**:291–293
    photoaffinity labeling, **36**:294
    recovery of proteins, **36**:295–296
    sequences, **36**:300–303
  anoxygenic phototrophic bacteria and, **38**:279–280

carbon assimilation, **38:**266
hydrogenase, **38:**250, 253–257
hydrogen production technology, **38:**268
nitrogenase, **38:**243, 245, 247–248
antibody technologies and, **38:**151, 194
  enzyme immunoassay, **38:**187–189, 191
  immunoglobulin-binding proteins, **38:**157–158
  immunotherapy, **38:**181
  immunotoxins, **38:**183–185
  monoclonal antibodies, **38:**163, 165
  polyclonal antibodies, **38:**154–156
  radiolabels, **38:**186
  recent developments, **38:**159–160
  recombinant antibodies, **38:**174, 176–177
  recombinant DNA, **38:**191–194
bacterial gene transfer in soil and, **35:**63, 70
  conjugation, **35:**73, 74, 80
  quality assurance, **35:**153
  recombinants, **35:**147, 150–152
  terrestrial microcosms, **35:**107
  transduction, **35:**96, 133
bacterial secretion of, **25:**48–53
basidiomacromycetes
  applications of spent substrate, **37:**326, 328
  growth substrate changes, **37:**292, 294, 301, 310
  lignocellulosic substrates, **37:**258
  lignocellulosic wastes, **37:**281, 285
  values, **37:**241, 243–244, 246–248
biotechnology and, **34:**264, 301; **36:**77–79
  crop improvement, **34:**285–289
  embryo transfer, **34:**300
  enzymes, **34:**277
  human, **34:**289–293
  industrial organism, **34:**266, 269
  inherited diseases, **34:**297
  monoclonal antibodies, **34:**295
  pollutants, **34:**275
  technology, **34:**271, 274, 275
  vaccines, **34:**294
direct secretion of, recombinant DNA in, **27:**50

enzyme modification of function of, **25:**26–27
foam stabilization by, **33:**175
foodborne yeasts and, **36:**180, 187, 193, 235
Ganoderma, **37:**102, 109–110, 112, 118–119, 123
gibberellins and
  analytical methods, **34:**114
  mode of action, **34:**43
  solid-state fermentation, **34:**101, 110
  submerged fermentation, **34:**78
haloperoxidases, **37:**42, 45, 48, 79
herbicides and pesticides and, **36:**26, 42, 44
human production by recombinant DNA technology, **27:**54–55
hydrodynamic shear stress
  assessment, **37:**189
  biological effects, **37:**223–224
  cell architecture, **37:**168–169
  denaturation, **37:**186, 190
  fluid mechanics, **37:**187
  insect cells, **37:**210, 217
  sensitivity of biocatalysts, **37:**190–191, 193, 200, 205–208
microbial cytochromes P450 and, **36:**134–135
  Actinomyces, **36:**151–154, 160, 162
  Bacillus megaterium, **36:**146–147, 149
  eucaryotes, **36:**165, 168, 170
  Pseudomonas putida, **36:**141, 143–144
monosaccharides and, **34:**146, 171
processing
  aqueous two-phase extraction, **41:**97–166
  concentration, **41:**125
  economic aspects, **41:**158–159
  partition/mass transfer aspects, **41:**112–120
  surface properties, **41:**124–125
production
  gene recombination, **41:**25–49, 157, 217
  from hydrogen photoproduction, **41:**257
  improvement in, **41:**31–48
  plasmid stability, **41:**42, 44–48
  single-cell, **41:**180–190

Proteins (*continued*)
  toxicity, **41**:37, 45, 186
  recombinant *E. coli* K-12 and, **36**:87, 103, 115, 121
  pBR322, **36**:89, 93, 96
  solid-state fermentation and, **38**:115
  substances from fungi and
    ascomycetes, **34**:242
    basidiomycetes, **34**:237–240
    fungi imperfecti, **34**:229, 232
    history, **34**:185
  toxins, **33**:273
  xenobiotics and, **35**:207, 223, 234, 244
Proteolysis
  α–amylase production and, **35**:45
  antibody technologies and, **38**:152, 169, 177, 180, 183, 194
  bacterial gene transfer in soil and, **35**:151
  biotechnology and, **34**:290
  foodborne yeasts and, **36**:220–222, 226, 228
  microbial cytochromes P450 and, **36**:165
  protein analysis and, **36**:285, 318
    quality control of recombinant proteins, **36**:325–326
    structural analysis, **36**:291, 293, 297
  xenobiotics and, **35**:239
Proteosomes, antibody technologies and, **38**:154
Proteus
  biotechnological processes and, **36**:71
  in drinking water, **30**:91
  public health importance, **30**:98–99
Protocatechuate, herbicides and pesticides and, **36**:21–22, 25–26
Protopectin
  insolubility, reasons for, **39**:222
  nomenclature, **39**:215
  protopectinase action on, **39**:249
  source, **39**:250
  structure, **39**:249
  A_1-type protopectinase affinity, **39**:256, 257
Protopectinase, *see also* specific protopectinase
  activity assay, **39**:249–250
  applications
    pectin production, **39**:283–285
    plant protoplast isolation, **39**:285–286
    single-cell foods, **39**:286–287
  B-type
    amino acid composition, **39**:268
    occurrence, **39**:266
    pectin-releasing activity, **39**:268, 269
    properties, **39**:267–268
    purification, **39**:266
  classification, **39**:236
  history, **39**:248–249
  mode of action, **39**:237
  Trichosporon penicillatum, purification and isolation, **39**:259–260
  A_1-type
    affinity on protopectin and polygalacturonic acid, **39**:256, 257
    amino acid composition, **39**:252, 255
    biological properties, **39**:252, 254
    catalytic properties, **39**:253–254
    classification, **39**:253
    crystals, **39**:251, 253
    galacturonic acid hydrolysis by, **39**:254–257
    mechanism of activity, **39**:255–258
    N-terminal amino acid sequences, **39**:252, 255
    occurrence, **39**:250
    physicochemical properties, **39**:252, 254
    purification, **39**:250–252
    star diagrams, **39**:258
    sugar composition, **39**:252, 255
  A_2-type, biological properties, **39**:261–264, 266
    N-terminal amino acid sequence, **39**:261, 266
    occurrence, **39**:261
    physicochemical properties, **39**:261–264, 266
    purification, **39**:261
    substrate specificities, **39**:261, 267
  types of, **39**:248
Protopectinase-C
  L-arabinan reaction with, **39**:274
  product identification, **39**:271
  reaction mechanism, **39**:274
  substrate
    characteristics, **39**:271
    identification, **39**:271
    preparation, **39**:270
    properties, **39**:271
    spectral data, **39**:272–274

Protopectinase-F, see Protopectinase,
  A$_1$-type
Protopectinase-L, see Protopectinase,
  A$_1$-type
Protopectinase-N, see also Protopectinase,
  A$_2$-type
  classification, 39:264
Protopectinase-R, see also Protopectinase,
  A$_2$-type
  classification, 39:264
  elusion profile, 39:261, 265
  purification, 39:261
Protopectinase-S, **A$_1$-type**; **39**:250, see
  also Protopectinase
  gene cloning, 39:260
  gene structure, 39:260
  multiform, 39:258–259
  PAGE, 39:260
  profiles of inactivation, 39:259
  purification and isolation, 39:259
Protopectinase-T, see also Protopectinase,
  B-type
  reaction products
    chromatography, 39:280
    identification, 39:278–279
    NMR, 39:280–281
    structure, 39:280, 282
  substrate for
    alkali-soluble, 39:277
    smallest, 39:277–278
    specificity, 39:276
    sugar composition, 39:276, 277
Protopectin-solubilizing enzyme, see
  Protopectinase
Protoplasts
  antibody technologies and, 38:171
  cell culture of, 25:214–215
  genetically engineered microorganisms
    and, 38:93
  immobilization of, 28:24
  isolation, protopectinase in plant,
    39:285–286
Protoporphyrins, haloperoxidases, 37:42,
  45–46
Protozoa
  cadmium effects on, 23:95–96
  in drinking water, 30:87–88, 107
  importance, 30:108
  on drinking water distribution system
    wall/pipe surfaces, 30:107–108

  genetically engineered microorganisms
    and, 38:26–28
  overt toxicity of nickel toward growth
    of, 29:209
  patent law and, 35:262, 266
  resistance to chlorine, 30:108
  stormwater, 37:22–24, 26–27
  xenobiotics and, 35:203, 205, 234, 238,
    245
Providencia, in drinking water, public
  health importance, 30:98–99
Pseudomonas
  aerobic metabolism of
    γ–hexachlorocyclohexane, 41:85
  aeruginosa
    in drinking water, public health
      importance, 30:99
    metabolism of PAH, 30:35
    methylbellz[a]anthracene metabolism,
      30:58
    resistance to ozone, 30:103
  α–amylase production and, 35:4, 5
  anthracene metabolism, 30:48
  bacterial gene transfer in soil and, 35:72
    conjugation, 35:77, 81, 83, 91, 125,
      128
    environmental factors, 35:66, 69
    recombinants, 35:141, 150
    transduction, 35:101, 102, 105, 133
  biofilm on immersed metals, 32:14
  biosurfactant production, mechanical
    foam breakers and, 33:200
  biotechnological processes and,
    36:71–73
  biphenyl degradation, 37:140–142, 147,
    149, 151, 153
  carbon assimilation pathway, 26:28
  cellulolytic enzyme source, 40:3, 5–6,
    12
  chloroaromatic herbicide-degrading
    genes, 40:289–319
    alternative carbon source effects,
      40:308–317
    batch growth with dicamba,
      40:309–313
    instability of dicamba, 40:308–314
    salicylate, 40:309–313
    succinate, 40:309–317
  large plasmid isolation, 40:301–308
    Allen method, 40:307–308

Pseudomonas (*continued*)
    Casse method, **40:**305
    Kado and Liu method, **40:**305–307
    Wheatcraft method, **40:**302–304
    models, **40:**290–300
        dicamba metabolism, **40:**291–295
        environmental biotransformations, **40:**295–300
        overview, **40:**289–290
    copper alloy corrosion, **32:**24
    corrosion-inducing species, **32:**9
    desmolyticum, metabolism of PAH, **30:**35
    direct axidation of manganese, **33:**308–311
    in drinking water, **30:**91
        public health importance, **30:**98–99
    fluorescens, metabolism of PAH, **30:**35, 38
    genetically engineered species
        in activated sludge, **40:**248–249
        in aquatic environments, **40:**247–248
        on plants, **40:**261, 263
        in soil, **40:**253–259, 268, 272–273
    glycol metabolism by, **23:**189
    growth substrate changes, **37:**315
    herbicides and pesticides and, **36:**3, 6–8
        chloroaromatic degradation, **36:**39, 42–44
        chloroaromatic metabolism, **36:**25–26, 29
        dicamba degradation, **36:**46, 48
        growth kinetics, **36:**50
        kinetics of biodegradation, **36:**16–17, 19–20
    hydrogen production technology and, **38:**261
    lignocellulosic wastes, **37:**271, 282
    manganese oxidation by, **33:**301
    mildenbergii, metabolism of PAH, **30:**35
        naphthalene dioxygenase, **30:**41
        naphthalene oxidation, **30:**43–44
        phenanthrene metabolism, **30:**49
    naphthalene degradation, **41:**73
    nitroaromatic compounds, **37:**7–8
    oleic acid hydration, **41:**3
    P. aeruginosa, hydrocarbons degradation, **41:**57
    P. aeruginosa PR3, hydration system, **41:**5–12
    P. putida, degradation of
        hydrocarbons, **41:**57–60, 64, 71–72
        naphthalene, **41:**75–77
        PCBs, **41:**81–83
    patent law and, **35:**259
    phenanthrene metabolism, **30:**49
    protective film disruption on metals, **32:**19
    putida
        anthracene metabolism, **30:**48
        metabolism of PAH, **30:**35, 38, 41
        phenanthrene metabolism, **30:**49
    pyocyanea, disinfection, from drinking water, **30:**85
    recombinant *E. coli* K-12 and, **36:**101, 106–108, 111, 113
    rhodocrous, metabolism of PAH, **30:**35
    in water supply systems, **30:**94, 96
    strain B13, **41:**71–72
Pseudomonas aeruginosa
    alginic acids produced by, **23:**27–28
    biphenyl degradation, **37:**142, 146, 150–152
    stormwater, **37:**22, 26–29, 31
Pseudomonas AM1, carbon assimilation pathway, **26:**28
Pseudomonas aminovorans, carbon assimilation pathway, **26:**28
Pseudomonas butanovora
    cell growth, **26:**121–123
    culture conditions, **26:**121–122
    extracellular protein, accumulation, **26:**123–124
    grown on *n*-butane, cell composition, **26:**121
    and *n*-butane, production of protein from, **26:**117–126
    substrate utilization, **26:**120
    taxonomic properties, **26:**118–119
Pseudomonas C, carbon assimilation pathway, **26:**28
Pseudomonas cepacia, biphenyl degradation, **37:**147
Pseudomonas cruciviae
    biphenyl degradation, **37:**138
    nitroaromatic compounds, **37:**6
Pseudomonas exotoxin, antibody

technologies and, **38**:184–185
Pseudomonas fluorescens, nitroaromatic compounds, **37**:3
Pseudomonas manganoxidans, manganese oxidation by, **33**:301
Pseudomonas methanica, polysaccharide from, **23**:47
Pseudomonas MS, carbon assimilation pathway, **26**:28
Pseudomonas oleovorans, **42**:158
  carbon assimilation pathway, **26**:28
  cytochrome P450 system in, **25**:177
Pseudomonas paucimobilis, biphenyl degradation, **37**:147, 151
Pseudomonas pnorescens, hydrogen production technology and, **38**:268–269
Pseudomonas polysaccharogenes polysachharide, from polyhydric alcohol substrate, **23**:46
Pseudomonas pseudoalcaligenes, biphenyl degradation, **37**:150–151
Pseudomonas pseudoflava, see Hydrogenophage pseudoflava
Pseudomonas putida
  biotechnological processes and, **36**:78
  biphenyl degradation, **37**:142–143, 146, 150, 152–153
  cytochrome P450 system in, **25**:177, 181
  genetically engineered microorganisms and, **38**:90, 94
    microbial assays, **38**:20–21
    results, **38**:69, 74, 87
  herbicides and pesticides and, **36**:3
  microbial cytochromes P450 and, **36**:133, 140–145, 157
  nitroaromatic compounds, **37**:7–8
Pseudomonas pyrrocinia
  haloperoxidases, **37**:90, 92
    reactions, **37**:56, 63–64
  reactions, **37**:68–70, 78, 81
    mechanisms of, **37**:88–89
  sources, **37**:50, 53
Pseudomonas testosteroni, biphenyl degradation, **37**:143, 153
Psilocybe spp. PAH metabolism, **30**:36
PSX-1, substances from fungi and, **34**:234
Psychrophilic yeasts, foodborne yeasts and, **36**:228, 246

Psychrotrophic yeasts, foodborne yeasts and, **36**:219, 221, 228, 246
Pterine deaminase, substances from fungi and, **34**:232, 233, 244
PTO, *see* Patent Trademark Office
pUC, herbicides and pesticides and, **36**:42–44
Puccinia chondrillina, biotechnological processes and, **36**:79
Pullan, production and properties, **23**:40–44
Pullanase, *see* α–Dextrin endo-1, 6-α–glucosidase
Pulping
  agents for, basidiomacromycetes, **37**:321–324
  delignification in, **39**:323–324
  Kraft, **39**:323
Pulse plant residues, basidiomacromycetes, **37**:254–255
Purification, *see also* ACTH purification; Adrenocorticotropin purification; Affinity purification; Alkaline phosphate purification; Diaphorase purification; Glycerokinase purification; Hexokinase purification
  α–amylase production and, **35**:4, 28, 42, 45
  anoxygenic phototrophic bacteria and, **38**:267, 281
  antibody technologies and, **38**:151, 158–161
    immunotherapy, **38**:181
    monoclonal antibodies, **38**:163
    recombinant antibodies, **38**:175, 180
    recombinant DNA, **38**:192
  bacterial gene transfer in soil and, **35**:144, 148
  biotechnology and, **34**:274
  in downstream process, **33**:320–321
  gibberellins and, **34**:110, 111, 114, 119
  levan and, **35**:185, 190
  products, **41**:127, *see also* Partitioning chromatography, **41**:115
    microbial degradation, **41**:4, 6–9, 14–16, 18–22
    multistage extraction, **41**:114–120
    scaleup aspects, **41**:154–158
    single-stage extraction, **41**:112–114

Purification (*continued*)
  protein analysis and, **36**:280, 286, 324–325, 327
    electroblotting, **36**:306, 313–314
    microsequences, **36**:318–323
    SDS-PAGE, **36**:315–318
    structure, **36**:296, 299–302
Purine alkaloids, plant cell biosynthesis of, **25**:226
Purple bacteria, hydrogen production technology and, **38**:214–216, 220, 251, 259–260
Purple nonsulfur bacteria, **41**:177–180
  hydrogen production technology and, **38**:213, 216–217, 223, 259–260
  and nitrogen fixation, **41**:264–265
  vitamin production, **41**:190
Putidaredoxin, microbial cytochromes P450 and, **36**:141, 143
Putidaredoxin reductase, microbial cytochromes P450 and, **36**:143–144
PVDF, *see* Polyvinylidene difluoride
PVPA, *see* Plant Variety Protection Act
PWP, *see* Permanent wilting point
Pyocyanin
  from chorismate, **25**:90–91
  monosaccharides and, **34**:149, 156
Pyranose, monosaccharides and, **34**:152
Pyranose oxidase, basidiomacromycetes, **37**:334
Pyrazines
  description and sources, **29**:30–31
  production by microorganisms, **29**:31–34
Pyrazole, haloperoxidases, **37**:70
Pyrenebutyric acid, oxygen quenching, **30**:213–214
Pyrocatechases, herbicides and pesticides and, **36**:29, 39
Pyrolysis, biphenyl degradation, **37**:135–136
Pyrolysis gas chromatography, **33**:51
Pyrolysis mass spectrophotometry, **33**:50–51
2-Pyrone-6-carboxylic acid, biphenyl degradation, **37**:147
Pyrrole, haloperoxidases, **37**:68, 70
Pyrrolnitrin, haloperoxidases, **37**:68–69, 90
Pyrroluitrin, from chorismate, **25**:91

Pyruvate
  anoxygenic phototrophic bacteria and, **38**:223, 225–226, 266
  formation from
    glucose, **32**:95–96
    pentoses and pentitols, **32**:95–96, 98
    xylose, **32**:95, 97
  mixed acid-2,3-butanediol pathway, **32**:96–103
Pyruvate dehydrogenase multienzyme complex, aerobic, acetyl-CoA production, **32**:98

Q

Quarantine requirements, patent law and, **35**:262, 263
Quil A, antibody technologies and, **38**:154
Quillaja saponaria, antibody technologies and, **38**:154
Quinones, plant cell biosynthesis of, **25**:226–227
Quintozene, nitroaromatic compounds, **37**:5

R

Radiation
  lignocellulose hydrolysis affected by, **39**:302–304
  production, *Ganoderma*, **37**:120–121
Radioactive carbon, use in sterility assessment, **39**:8
Radioactivity, antibody technologies and, **38**:186
Radiochemical methods, protein analysis and, **36**:290, 300–301, 306, 323
Radioimmunoassays, antibody technologies and, **38**:186
Radioimmunodetection, antibody technologies and, **38**:186
Radioimmunotherapy, antibody technologies and, **38**:186
Radioisotope methods, for detection of subsurface microorganisms, **33**:125–126
Radiolabeled antibody technologies, **38**:186

Radiolabeling, protein analysis and, **36**:290, 293, 316
Radiometric methods, for coliform counting, **27**:171–172
Radionuclides, antibody technologies and, **38**:186
Radioprotection, lentinan, **39**:170
Raffinose
  foodborne yeasts and, **36**:211, 251–252, 257
  levan and, **35**:176, 177, 188
Rainfall, stormwater, **37**:29–30
Ramycin, *see* Fucidic acid
Rapamycin, tolerance to, in producer organism, **25**:152
Raw materials, for acetone/butanol fermentation, **31**:84–85
Rc2, anoxygenic phototrophic bacteria and, **38**:245–246
Reactors
  hydrodynamic shear stress
    biological effects, **37**:224
    cell architecture, **37**:185–187
    insect cells, **37**:209–210
    plant cells, **37**:211–212, 215
    sensitivity of biocatalysts, **37**:203, 205, 217
  solid-state fermentation and, **38**:107
  systems, continuous stirred tank, **42**:66–68
Rearing processes
  biting blackfly larvae, **42**:224–226
  cigarette beetle larvae, **42**:227–228
  mosquito larvae, **42**:222
  snails, **42**:232–233
  soybean cyst nematode, **42**:230–231
  zebra mussels, **42**:233–236
  zooparasitic nematodes, **42**:229
Recombinant antibodies, technologies, **38**:150–151, 170–180, 184, 194
Recombinant DNA, *see also* Genes
  antibody technologies and, **38**:191–194
  biotechnology and, **34**:300, 301
    crop improvement, **34**:282, 284
    human protein, **34**:293
    industrial organism, **34**:268, 269
    pollutants, **34**:275
    technology, **34**:269–271
  electron microscopy of, **27**:12
  gel electrophoresis of, **27**:10–12

in genome organization studies, **27**:51–53
host-vector systems for, **27**:32–47
  from B. *subtilis*, **27**:38–39
  from *E. coli*, **27**:34–38
  from mammalian cells, **27**:45–47
  from plants, **27**:44–45
  from yeast, **27**:43–44
synthesis of, **27**:22–31
  by blunt end ligation, **27**:27–29
  by DNA linkers, **27**:29–31
  by homopolymer tailing, **27**:23
  by ligation of restriction fragments, **27**:23–27
technology, **27**:1–84
  in antiviral vaccine production, **27**:55–56
  for crop improvement, **27**:61–64
  for directed protein secretion, **27**:50
  in DNA replication studies, **27**:53–54
  for gene banks of vanishing organisms, **27**:61
  in human protein production, **27**:54–55
  for improvement of industrial organisms, **27**:56–61
  in merodiploid construction, **27**:48
  for operon fusions, **27**:48–49
  in resource recovery and waste disposal, **27**:61
  uses of, **27**:47–67
  in *in vitro* localized mutagensis, **27**:50–51
transformation by, **27**:31–32
Recombinant *Escherichia coli*, K-12, environment and, **36**:87–89, 121–122
  alternative detection methods, **36**:120–121
  C600, **36**:90–92, 96, 103
  ColE1, **36**:89–95
  ColK, **36**:92, 94–96
  ColV, **36**:114–115, 118
  intestinal tract, **36**:113–117
    conjugational transfer, **36**:117–120
  pBR322,89
    conjugational transfer, **36**:90–97, 99–100
    stability, **36**:97–98
  sewage, **36**:108–109
    conjugational transfer, **36**:109–113

Recombinant *Escherichia coli*, K-12, environment and (*continued*)
  SF185, **36:**90–91, 94, 96–97
  soil, **36:**104–105
    conjugational transfer, **36:**106–108
    sterile, **36:**104–105
  water, **36:**100–102
    conjugational transfer, **36:**102–104
Recombinant proteins
  antibody technologies and, **38:**157–158, 170, 192
  quality control of, **36:**323–327
Recombinant tumor necrosis factor, lentinan enhancement, **39:**166
Recombination
  bacterial gene transfer in soil and, **35:**62–64, 66, 72, 139–144
  conjugation, **35:**74, 75, 77, 80, 92, 93
  conjugation study methods, **35:**116, 117, 122, 123, 131, 132
  DNA probes, **35:**144–151
  heat induction, **35:**152
  quality assurance, **35:**153
  serological techniques, **35:**151, 152
  transduction, **35:**103, 105
  genetic, *see* Genetic engineering
  patent law and, **35:**288, 291
Recycling, basidiomacromycetes, **37:**326–327
Recycling systems, continuous membrane cell, **42:**68–71
Redox potential, xenobiotics and, **35:**218
Reductase, microbial cytochromes P450 and, **36:**146–148, 167, 172
Reduction, microbial cytochromes P450 and, **36:**138–139
Refrigeration, foodborne yeasts and, **36:**218–219, 221
Refuges, **42:**28–29
Regime analysis, in biotechnology process development, **40:**199–201
Regulons, definition of, **27:**4
Relative humidity, basidiomacromycetes, **37:**272, 277–278
Release, biotechnological processes and, **36:**74, 79
Renaturation, protein analysis and, **36:**324–325
Rennin, biotechnology and, **34:**264, 277, 292

Reovirus, **30:**159
  adsorption, **30:**146
  interaction, on solid surface, **30:**154–155
  removal, during sludge treatment, **30:**157
Reovirus 3
  adsorption, **30:**143
  isoelectric points, **30:**142
Repetitive yield, protein analysis and, **36:**297, 309
Replica-plating, bacterial gene transfer in soil and, **35:**108, 137, 154
Replication
  bacterial gene transfer in soil and, **35:**61, 63
  conjugation, **35:**73–77, 124
    study methods, **35:**127, 131
  quality assurance, **35:**154, 155
  recombinants, **35:**152
  sampling, **35:**114
  terrestrial microcosms, **35:**105, 106, 108
  transduction, **35:**94–96, 137
  biotechnology and, **34:**270, 281
  genetically engineered microorganisms and, **38:**3
  metabolic activity, **38:**10–12
  results, **38:**54, 62, 74
  herbicides and pesticides and, **36:**36, 42
  recombinant *E. coli* K-12 and, **36:**89, 94, 114
  xenobiotics and, **35:**236, 241
Repressors, for extracellular enzymes use in production, **25:**61–62
Residents, recombinant *E. coli* K-12 and, **36:**114
Residue
  herbicides and pesticides and, **36:**2, 5–6
  microbial cytochromes P450 and, **36:**143, 154
Resins
  ion-exchange, **33:**340
  nonpolar macroporous adsorbent, **33:**335
Resistance
  Bacillus thuringiensis, **42:**25–28
    via refuges, **42:**28–29
    via rotations, **42:**27–28
    via toxin mixtures, **42:**28

genetically engineered microorganisms and, **38**:91
Resorcinol, haloperoxidases, **37**:65, 81
Resources, recovery of, recombinant DNA use in, **27**:61
Respiration
  anoxygenic phototrophic bacteria and, **38**:247, 252
  solid-state fermentation and, **38**:107, 119, 124–125
  xenobiotics and, **35**:246
    assessment, **35**:235, 237–239, 241, 243–245
    effects, **35**:220–222
Respiratory system
  Ganoderma, **37**:118–120
  monosaccharides and, **34**:147–149
Response time and gain, of culture process instruments, **27**:142–144
Restriction endonucleases, bacterial gene transfer in soil and, **35**:63, 143, 144
Restriction fragments, ligation of, in recombinant DNA synthesis, **27**:23–27
Retting process, pectinase in, **39**:247
Reverse genetics, biotechnology and, **34**:271–274
Reverse osmosis, **42**:84
Reynolds number, hydrodynamic shear stress, **37**:170–171, 173, 177
Reynolds shear stresses, **37**:176, 180, 186, 203, 215
R-factor
  gene, biotechnological processes and, **36**:71
  recombinant *E. coli* K-12 and, **36**:106, 110, 117, 122
Rhamnolipids, alkane-utilizing microorganisms, **39**:74
Rhamnose, pectin, **39**:217–218
Rheum palmatum, trypsin inhibitor from, **33**:343, 346
Rhinocladiella polysaccharides, production and properties, **23**:38–40
Rhinovirus 2, isoelectric points, **30**:142
Rhizobium, herbicides and pesticides and, **36**:36
Rhizobium bacterioids, cytochrome P450 system in, **25**:178
Rhizobium japonicum, microbial cytochromes P450 and, **36**:151

Rhizoblum fredii, recombinant *E. coli* K-12 and, **36**:106
Rhizophlyctis, PAH metabolism, **30**:36
Rhizopin, substances from fungi and, **34**:244
Rhizopus, foodborne yeasts and, **36**:226
Rhizopus arrhizus, PAH metabolism, **30**:36
Rhizopus nigrans, 2,3-butanediol production, **32**:94–95
Rhizopus nigricans, cytochrome P450 in, **25**:178
Rhizopus oligosporus, solid-state fermentation and, **38**:105–106, 121–122
Rhizopus stolonifer, PAH metabolism, **30**:36
Rhizoxin, substances from fungi and, **34**:244
Rhodobacillus palustris, hydrogen production technology and, **38**:220, 228, 234, 236–239
  advances, **38**:267
  carbon assimilation, **38**:265–266
  enzymes, **38**:243–244, 248–249
Rhodobacter
  hydrogen production technology and, **38**:216–217, 233
  SCP production, **41**:182–184
  vitamin production, **41**:190
  in waste treatment, **41**:207
Rhodobacter capsulates, hydrogen production technology and, **38**:223, 227–233, 235–236, 239
  advances, **38**:268–270, 272
  carbon assimilation, **38**:261, 264–265
  classification, **38**:216
  hydrogenase, **38**:251–255
  hydrogen metabolism, **38**:220
  nitrogenase, **38**:241, 243, 245–248
Rhodobacter sphaeroides, hydrogen production technology and, **38**:227–232, 234–236, 239
  advances, **38**:269–270, 274, 276
  carbon assimilation, **38**:261, 264
  classification, **38**:216
  enzymes, **38**:244, 246
Rhodobacter sulfidophilus, hydrogen production technology and enzymes, **38**:243–244, 253

Rhodobacter sulfidophilus, hydrogen production technology and (*continued*)
   hydrogen production, **38**:221, 229, 231, 270
Rhodococcus rhodochrous, oleic acid hydration, **41**:3
Rhodocyclus purpureus, hydrogen production technology and, **38**:240, 244
ε-Rhodomycinone, conversion to daunorubicin by S. peucetius, **32**:207, 210
Rhodopseudomonas, hydrogen production technology and, **38**:220, 223, 227–228, 235–236, 238, 240
   advances, **38**:269–271
   carbon assimilation, **38**:261, 265
   enzymes, **38**:247
Rhodopseudomonas acidophila, hydrogen production technology and, **38**:217, 263
Rhodopseudomonas palustris, herbicides and pesticides and, **36**:33
Rhodospirillum rubrum, **42**:158–159
   hydrogen production technology and, **38**:220, 224, 229–230, 232–240
   advances, **38**:268–270, 275–278
   carbon assimilation, **38**:261, 263, 265–266
   hydrogenase, **38**:251–252
   nitrogenase, **38**:244–248
   poly(β-hydroxybutyrate) in, **42**:118
Rhodosporidium
   foodborne yeasts and
     identification, **36**:239, 243, 245–246
     specific habitats, **36**:202, 215, 219
   nitroaromatic compounds, **37**:4
Rhodotorula
   foodborne yeasts and, **36**:182, 192
     acid-preserved foods, **36**:227–228
     dairy products, **36**:222
     fermented foods, **36**:227
     identification, **36**:239, 245–246
     meat, **36**:219–220
     specific habitats, **36**:202, 206–207, 212, 217
   glutinis, from drinking water, **30**:104–105
   minuta, on water pipes, **30**:105

   rubra, from drinking water, **30**:104–105
Ribitol, *see* Adonitol
Riboflavine
   herbicides and pesticides and, **36**:29
   microbial cytochromes P450 and, **36**:134, 146, 148, 164, 167, 172
   eucaryotes, **36**:164, 167, 172
   procaryotes, **36**:141–144, 146
   properties, **36**:134–135
   secondary metabolism and, **34**:11, 12
Ribosomal RN
   foodborne yeasts and, **36**:181, 247
   herbicides and pesticides and, **36**:7–8
Ribosomes, antibody technologies and, **38**:174, 185
Ribulose 1,5-bisphosphate carboxylase, anoxygenic phototrophic bacteria and, **38**:259–260
Rice
   biotechnological processes and, **36**:79
   foodborne yeasts and, **36**:207, 225–226
   as miso raw material, **28**:250
   products, fermented, **28**:242–245
Rice straw
   basidiomacromycetes, **37**:292–293, 295, 298, 300–302
   composition, **23**:121
   feed value, **23**:123–124
Ricin, antibody technologies and, **38**:183–184
Rifampicin, bacterial gene transfer in soil and, **35**:81
Rifampin, genetically engineered microorganisms and, **38**:93
Rigidometer, gel strength, **39**:232
Ring cleavage, herbicides and pesticides and, **36**:26–29
Ring fission, herbicides and pesticides and, **36**:29, 44
Risk assessment, biotechnological processes and, **36**:73–76, 82
Risk/benefit analysis, in biotechnology market development, **40**:215
R-loop hybridization, use in gene isolation, **27**:18
RNA
   basidiomacromycetes, **37**:244, 249
   biotechnology and
     crop improvement, **34**:285, 288
     monoclonal antibodies, **34**:295

technology, **34**:271–274
complementary, **27**:13–18
  as a probe, **27**:16–17
  translation of, **27**:17–18
Ganoderma, **37**:112, 118
gibberellins and, **34**:40, 78, 79, 87
messenger
  antibody technologies and, **38**:155
  biotechnology and, **34**:272
  haloperoxidases, **37**:44
  hydrodynamic shear stress, **37**:202, 223
  microbial cytochromes P450 and, **36**:147
  protein analysis and, **36**:288, 322
  patent law and, **35**:277
  role in bacterial injury, **23**:264–275
  substances from fungi and, **34**:230, 232, 233, 235
RNA polymerase, and sigma factor, **41**:63–65
Rocket immunoelectrophoresis, of carboxymethylcellulase, **33**:19, 20
Rocking drum reactor, solid-state fermentation and, **38**:110–111
Roots, xenobiotics and, **35**:205, 206, 231–233, 242
rop gene, recombinant *E. coli* K-12 and, **36**:89, 93, 95–96
Roridins, substances from fungi and, **34**:229
Rose bengal chloramphenicol chlortetracycline, foodborne yeasts and, **36**:232
Rose bengal chlortetracycline, foodborne yeasts and, **36**:232
Rotary biological contactor, Kraft effluent treatment, **39**:325–326
Rotating drop method, **41**:106
Rotating drum fermenter, solid-state fermentation and, **38**:108–111
Rotations, in resistance management, **42**:27–28
Rotavirus, **30**:133
  adsorption, activated sludge floes, **30**:157
  removal, during sludge treatment, **30**:157
  SA-11, removal, from water, **30**:158
  survival, **30**:149
Ruminant feed, basidiomacromycetes, **37**:316–321
Ruminococcus albus, cellulase complex, **33**:38–39

S

Sabouraud dextrose agar, foodborne yeasts and, **36**:231
Saccharification
  α–amylase production and, **35**:1–3, 46
  advantages, **35**:11
  modes for economy, **35**:4–6
  present status, **35**:41, 42, 46
  enzymes, basidiomacromycetes, **37**:325–326
Saccharomyces
  cytochrome P450 systems in, **25**:178–179
  foodborne yeasts and, **36**:181
  acid-preserved foods, **36**:227
  dairy products, **36**:222
  ecology, **36**:184, 187, 189, 193–194
  fermented foods, **36**:224–225
  identification, **36**:241, 244, 253, 257
  methods for isolation, **36**:232–233
  specific habitats, **36**:202–203, 208–214, 217–218
  protein analysis and, **36**:294
Saccharomyces cerevisiae
  antibody technologies and, **38**:171
  benzo[*a*]pyrene hydroxylase, **30**:53–55
  culture feeding processes, **41**:38–39, 42, 44
  foodborne yeasts and acid-preserved foods, **36**:227
  dairy products, **36**:222–223
  ecology, **36**:186, 191
  fermented foods, **36**:224–226
  identification, **36**:243, 253, 256
  specific habitats, **36**:202, 206–208, 210–218
  foreign proteins expressed, **41**:30–31
  growth rate, **41**:39, 40, 47
  heterologous protein production
    gene expression technology, **41**:26–30
    introduction, **41**:25–26
    high-density fermentation, **41**:37–44
    hydrodynamic shear stress, **37**:194–195

Saccharomyces cerevisiae (continued)
  microbial cytochromes P450 and,
    36:133, 162–166, 173
  nutrition and growth, **41:**31–37
  PAH metabolism, **30:**36
  partition affinity ligand assay,
    28:138–141
  promoter systems, **41:**26–27, 28
  protein analysis and, **36:**326
Saccharomycodes ludwigii, foodborne
  yeasts and, **36:**240, 251
Saccharomycopsis, foodborne yeasts and,
  36:226, 247, 256
Saccharum, basidiomacromycetes, **37:**284,
  293
Sacchropolyspora erythraea, microbial
  cytochromes P450 and, **36:**151–152
Safety, biotechnological processes and,
  36:77, 79
Sake, brewing flow sheet for, **28:**244
Salicylate, **41:**73–75, 76
  haloaromatic transformations in
    Pseudomonas
    biochemical mechanisms, **40:**299–300
    effects on batch growth, **40:**309–313
  herbicides and pesticides and, **36:**2, 7,
    20, 36, 39
Salinity, nickel toxicity and, **29:**233–237
Salinomycin
  microbial source of, **22:**190
  structure of, **22:**184
Salmonella
  in drinking water, **30:**91
    public health importance, **30:**98–99
  microbial cytochromes P450 and, **36:**157
  from pipe sediments, **30:**98
  recombinant *E. coli* K-12 and,
    36:109–111
  stormwater, **37:**24, 26–29
  typhi, disinfection, from drinking water,
    30:85
  typhimurium, **30:**48
    in water supply systems, **30:**94
Salmonella typhi, biotechnological
  processes and, **36:**71
Salmonella typhimurium
  microbial cytochromes P450 and,
    36:157–159
  recombinant *E. coli* K-12 and,
    36:100–102, 105, 109, 118

Salts
  dissolved, subsurface microbial ecology
    and, **33:**118–119
  foodborne yeasts and, **36:**223, 228, 233
    ecology, **36:**185, 189, 191–192
    identification, **36:**237, 250, 254
    specific habitats, **36:**224, 226
    tolerance, foodborne yeasts and, **36:**186,
      192, 226
Salt systems, **41:**127, 157
  gravity separation, **41:**112
  partitioning, **41:**136, 138–139, 149, 152
  salt type, **41:**101, 103–104, 120
  waste treatment, **41:**159, 161
Sampling
  bacterial gene transfer in soil and,
    35:153
  methods, for subsurface material, **33:**121
  preparation, foodborne yeasts and,
    36:228–229
Sapogenins, plant cell
  biosynthesis of, **25:**226
  transformation of, **25:**222–223
Saponins
  antibody technologies and, **38:**154, 185
  plant cell biosynthesis of, **25:**226
Saprolegnia parasitica, PAH metabolism,
  30:36
Sarcina, in water supply systems, **30:**94
Scale-up, in biotechnology process
  development
  geometric, **40:**179–181
  multivariable screening, **40:**194
  new products, **40:**182–184
  pattern analysis, **40:**195–196
  qualitative methods, **40:**188–193
  quantitative methods, **40:**194–203
  regime analysis, **40:**199–201
  scale-down analysis, **40:**201–203
Scenedesmus, **30:**106
Schiff-type dyes, and mechanism of
  fluroescence fading, **30:**212–213
Schizophyllan, substances from fungi and,
  34:237
Schizophyllym commune
  applications of spent substrate, **37:**322
  values, **37:**249
Schizosaccharomyces, foodborne yeasts
  and, **36:**182
  identification, **36:**239, 244, 247

specific habitats, **36**:203, 214–216
Schizosaccharomyces plombe 972h,
  cytochrome P450 systems in, **25**:179
Schizothrix, **30**:106
Scleroglucan, substances from fungi and, **34**:242
Sclerotium glucanicum gum, production and properties, **23**:32–33
Sclerotium rolfsii, growth substrate changes, **37**:271, 334
SCP, *see* Single-cell protein
Screening
  multivariable, **40**:194
  new products, **40**:222–223
  in product discovery, **40**:115–121
  random, **40**:131
Scrub sinks, water bacteria in, **23**:162
Secondary alcohol, oxidation of, by C_1 utilizers grown on methanol, **26**:62
Secondary alcohol dehydrogenase
  inhibition studies, **26**:67
  metal content, **26**:67
  properties, **26**:65–68
  purification, **26**:62–67
  substrate specificity, **26**:66–67–259
Secondary metabolism, **28**:27–115
  catabolite repression in, **28**:77–81
  control of, **28**:53–86
  energy charge in, **28**:85–86
  environmental factors in, **28**:38–39
  enzymes of, **28**:32–39
  factors in, **28**:82
  feedback inhibition in, **28**:74–76
  gene isolation in, **28**:51
  genetics of, **28**:39–53
    chromosomal mapping, **28**:41–42
    extrachromosomal elements, **28**:42–48
  glutamine synthetase in, **28**:82–85
  growth-linked suppression in, **28**:55–58
  history of, **28**:29–30
  microbial, *see* Microbial secondary metabolism
  modification, **28**:81
  nutrition factors in, **28**:38
  pH effects on, **28**:39
  plasmid role in, **28**:42–43
  primary metabolism relationship to, **28**:59
  reciprocal genetics of, **28**:51–53
  role of, **28**:97–101

sporulation, exoenzyme formation, and, **28**:94–97
Secondary metabolites
  autotoxicity of, **28**:86–94
  examples of, **28**:29
  genetic engineering of, **28**:48–51
  gibberellins and
    downstream processing, **34**:95
    production, **34**:87
    submerged fermentation, **34**:74, 78, 79, 81
  multivalent induction of, by precursors, **28**:58–74
  solid-state fermentation and, **38**:100
  substances from fungi and, **34**:185, 229, 230
Second messengers, hydrodynamic shear stress, **37**:214, 217, 223
Secretory enzymes, biochemical characterization of, **25**:44–47
Sediment microbiology
  general concerns
    microbial cells as packaged products, **31**:216–218
    microbial products, molecular recalcitrance and microbial fallibility *versus* legislative requirements, **31**:219–219
    microorganisms as driving force in aquatic sediments, **31**:210–211
    relationship of sediment oxidation-reduction potential to microbiological processes, **31**:215–216
    sources of energy and concept ot biologically available organic substrates, **31**:211–215
  management strategies-cure of problems through treatment of symptoms, **31**:226–227
    remove the product, **31**:227
    remove the substrate, **31**:22S
    restrict product mobility, **31**:227
  microbial manganese oxidation in, **33**:296–299
  new frontiers, **31**:220–221
    flooded soil, **31**:22]-223
    in transition-marshes and new reservoirs, **31**:223–225
    true aquatic sediment, **31**:225–226

Selection
  bacterial gene transfer in soil and, 35:141–143, 151
  foodborne yeasts and, 36:189, 224, 227–228
  recombinant *E. coli* K-12 and, 36:90–91
Selective isolation, product discovery, 40:131
Selective markers, genetically engineered microorganisms and, 38:92
Selective pressure
  foodborne yeasts and, 36:183, 195
  herbicides and pesticides and, 36:42, 48
  recombinant *E. coli* K-12 and, 36:122
Selective procedures, foodborne yeasts and, 36:232–233
Sensitivity of biocatalysts to hydrodynamic shear stress, *see* Hydrodynamic shear stress
Separators, 41:111–112
Septacidin, tolerance to, in producer organisms, 25:152
Septamycin
  microbial source of, 22:191
  structure of, 22:186
Sequences, *see also* Amino acid sequences; Microsequence analysis
  anoxygenic phototrophic bacteria and, 38:216, 255
  antibody technologies and
    enzyme immunoassay, 38:189
    monoclonal antibodies, 38:165, 169–170
    recombinant antibodies, 38:172, 174, 177
    recombinant DNA, 38:192
  biphenyl degradation, 37:143, 150–154
  foodborne yeasts and, 36:235
  haloperoxidases, 37:42, 44, 48, 55
  microbial cytochromes P450 and
    eucaryotes, 36:163, 165–168
    procaryotes, 36:145–147, 153–154
    protein analysis and, 36:280, 322, 326–327
      electroblotting, 36:306–307
      purification, 36:315–317
      structural analysis, 36:291, 300–303
  recombinant *E. coli* K-12 and, 36:95–96
Serological techniques
  bacterial gene transfer in soil and, 35:151, 152, 154

  for coliform counting, 27:172–174
Serotyping, 33:49
Serrata marcescens
  2,3-butanediol generation, 32:94
  stereoisomers of, 32:93
  diol-formate fermentation, 32:103
  glucose dissimilation, 32:91, 104
Serratia
  in drinking water, public health importance, 30:98–99
  in water supply systems, 30:94
Serratia liquifaciens, recombinant *E. coli* K-12 and, 36:117
Serum-free medium, antibody technologies and, 38:163–164
Serum proteins, effects of lentinan, 39:161
Sewage
  bacterial conjugation in, 31:108–112
  biotechnological processes and, 36:73, 78
  herbicides and pesticides and, 36:35, 48
  recombinant *E. coli* K-12 and, 36:88–89, 108–109, 121–122
    conjugational transfer, 36:109–113
    water, 36:101–102
  treatment, 30:156
Sewers, stormwater, 37:21–22, 29, 32, 34–36
Sexual reproduction, foodborne yeasts and, 36:181–183, 235, 245
Shanghai Institute of Biological Products, biological products produced by, 33:333, 336
Shear stress, hydrodynamic, *see* Hydrodynamic shear stress
Shigella
  recombinant *E. coli* K-12 and, 36:111, 117–118
  stormwater, 37:26, 28
Shiitake mushroom, *see also* Lentinan
  antibiotics, 39:172
  anti-clotting, 39:174
  asthma prevention, 39:174
  bone formation accelerator, 39:174
  cosmetic industry, 39:175
  history, 39:153–154
  immunoregulatory substances, 39:173
  medicinal benefits, 39:171
  neoplasm inhibitor, 39:173

patented products and processes, **39**:171–175, 176
properties
  antibiotic, **39**:155
  anti-cancer/anti-tumor, **39**:156
  anti-thrombotic, **39**:155
  antiviral, **39**:155–156
  hypolipidemic, **39**:154–155
  ulcer suppression, **39**:174
  viricides, **39**:172–173
Shikimate, secondary metabolism and, **34**:11
Shikimic acid, pathway, **25**:81–91; **28**:63–65
  metabolites of, **25**:81
Shope papilloma, isoelectric points, **30**:142
Shultz-Hardy rule, **33**:82
Shunt metabolite, secondary metabolism and, **34**:6, 11
Sib selection, of genes, **27**:9
Sickle-cell anemia, biotechnology and, **34**:297
Sigma factor, **41**:63–65
Signal-to-noise ratio, of culture process instruments, **27**:144
Signal transduction, hydrodynamic shear stress, **37**:222
Silica, *see* Silicon dioxide
Silicon
  emulsions, selection as antifoam agent, **33**:188–189
  xenobiotics and, **35**:199
Silicon dioxide
  basidiomacromycetes, **37**:327
  viral inactivation mechanisms, **33**:91–92
Silver, viral inactivation by, **33**:90–91, 91
Simazine, xenobiotics and, **35**:222, 232
Simulium vitattum, **42**:224–226
Single-cell proteins
  anoxygenic phototrophic bacteria and, **38**:268, 279–280
  basidiomacromycetes, **37**:328
  as by-product of waste treatment, **41**:213
  commercial-scale production, **41**:187–190
  foodborne yeasts and, **36**:186–187, 223
  pectin, **39**:234
  processes

economics of, **22**:291
  capital costs, **22**:296
  competing animal and plant products, **22**:296–298
  manufacturing costs, **22**:294–295
  raw material costs, **22**:291–294
historical, **22**:267–268
microbial processes and, **22**:269, 271–272
  on gaseous hydrocarbons, **22**:270–274
  on liquid and solid hydrocarbons, **22**:274–283
  on alcohols, **22**:284–290
nutritional value and, **22**:299–300
use of product as food, **22**:268–269
production by anoxygenic phototrophic bacteria, **41**:180–186
utilization, **41**:186–187
yeast, **39**:206–207
Single-chain antibodies, antibody technologies and, **38**:177–179
Single-stage extraction, **41**:112–114
Siomycin, tolerance to, in producer organisms, **25**:153
Site-directed mutagenesis
  antibody technologies and, **38**:174
  microbial cytochromes P450 and, **36**:142, 156
Sitosterol
  beer fermentation, **39**:188
  biotechnology and, **34**:264
  biotransformation, **39**:63
Sitreptomyces lividans
  genetically engineered microorganisms and, **38**:93
  haloperoxidases, **37**:53
Skeletal abnormalities, from cadmium, **23**:68
Slime, bioreactor, **39**:3
Sludge, *see also* Activated sludge
  genetically engineered microorganism effects, **40**:248–249
Smallpox, isoelectric points, **30**:142
Smittium
  culicis, PAH metabolism, **30**:36
  culisetae, PAH metabolism, **30**:36
  simulii, PAH metabolism, **30**:36
Snails, **42**:231–233
  in drinking water distribution systems, **30**:108

Sodium
  Ganoderma, **37**:114
  monosaccharides and, **34**:167
  use in interesterification, **39**:203
Sodium alkoxide, use in
    interesterification, **39**:203
Sodium azide, **33**:288
  ethanol production, **39**:132
Sodium dithionite, to reduce fading,
    30:208
  comparison studies, **30**:217–230
Sodium dodecyl sulfate–polyacrylamide
    gel electrophoresis
  antibody technologies and, **38**:187–188,
    192
  protein analysis and, **36**:280, 283–287,
    283–288, 327
    electroblotting, **36**:303–304, 308,
      313–314
    microsequence analysis, **36**:321
    one-dimensional, **36**:315–317
    purification, **36**:315
    structural analysis, **36**:290, 292–296,
      300, 302
    two-dimensional, **36**:316–318
Sodium hydroxide
  genetically engineered microorganisms
    and, **38**:9–12, 14–16
  lignocellulose treatment with, **39**:307
  solid-state fermentation and, **38**:132
  use to treat straw, **23**:124–128
Soil
  ameliorants, basidiomacromycetes,
    37:327–328
  bacteria, *see* Bacteria, soil
  bacterial conjugation in, **31**:112–117
  bacterial gene transfer in, **35**:60–62
  biotechnological processes and, **36**:70,
    73
  foodborne yeasts and, **36**:184, 195, 229
  genetically engineered microorganism
    effects, **40**:249–261
  genetically engineered microorganisms
    and, **38**:4–7, 90–95
    2,4-dichlorophenoxyacetate, **38**:69,
      74–78
    enzymes, **38**:36–41, 62, 68–72
    growth rates, **38**:48
    metabolic activity, **38**:8–9, 11, 15–16,
      52–53
    methods of study, **38**:49
    microbial assays, **38**:16–18, 32–36
    nitrogen transformations, **38**:41–43,
      78, 87
    pH, **38**:69
    preparation, **38**:7–8
    results, **38**:50–52
    species diversity, **38**:53, 56, 62
    survival, **38**:87–90
  herbicides and pesticides and, **36**:2, 5–7
    anaerobic aromatic metabolism, **36**:33
    chloroaromatics, **36**:22, 29, 42
    dicamba degradation, **36**:44, 46, 48
    growth kinetics, **36**:53–62
    kinetics of biodegradation, **36**:10,
      12–15, 17–19
  levan and, **35**:174
  recombinant *E. coli* K-12 and, **36**:88–89,
    104–105, 121–122
  substances from fungi and, **34**:185, 202
  xenobiotics and, *see* Xenobiotics, effects
    on soil microorganisms
Soil extract agar, genetically engineered
    microorganisms and, **38**:19–20
Soil extract medium, genetically
    engineered microorganisms and,
    38:30–31, 36
Soil moisture, herbicides and pesticides
    and, **36**:12, 17–18
Solenoid valves, in automatic antifoam
    addition devices, **33**:193, 196
Solid-state fermentation, **38**:99–102,
    141–142
  α-amylase production by, *see* α-
    amylase
  basidiomacromycetes
    applications of spent substrate,
      37:317–318
    growth substrate changes, **37**:295–297
    lignocellulosic substrates, **37**:259–268
  bioreactor design, **38**:108–111
  experimental measurements
    biomass, **38**:130–134
    diffusivity, **38**:140–141
    temperature, **38**:134–140
  gibberellins and, **34**:122
    analytical methods, **34**:114, 115
    concomitant products, **34**:107, 108
    downstream processing, **34**:108–111
    economics, **34**:119–121

fed-batch process, **34**:106
growth pattern, **34**:107
history, **34**:34
large-scale trial, **34**:105, 106
nutrition, **34**:104, 105
physical factors, **34**:104
potential, **34**:100–103
heat dissipation, **38**:111–112
heat transfer, **38**:106–108
mass transfer, **38**:102–103
  degradation, **38**:105–106
  interparticle, **38**:103–104
  intraparticle, **38**:104
  oxygen diffusion, **38**:104–105
mathematical modeling, **38**:118
  concentration gradients, **38**:123–128
  kinetics, **38**:119–123
  temperature gradients, **38**:128–130
nomenclature, **38**:142–144
physical parameters, **38**:114–118
water activity, **38**:112–114
Solid substrates
  cY-amylase production and, **35**:23, 24
  fermentations, **28**:201–237
    advantages and disadvantages of, **28**:229–231
    characteristics of, **28**:226–227
    equipment for, **28**:224–226
    examples of, **28**:203
    future developments in, **28**:231–232
    history of, **28**:202–224
    physiological aspects of, **28**:227–229
Solid support, multipoint attachment of enzymes to, **29**:12–14
Solubility, basidiomacromycetes, **37**:287, 290, 294
Soluble disinfectants, halogens, mechanisms of viral inactivation, **33**:85–88
Solvent extraction, **42**:84–85
Solvents
  production, yeast, pentose metabolism, **39**:112–113
  selection of, **41**:120–122
Somatostatin, biotechnology and, **34**:268
Sophorose lipids
  alkane-utilizing microorganisms, **39**:74
  methyl carboxylates, **26**:237
  from *Torulopsis*, **26**:236, 237
Sorbose, monosaccharides and, **34**:142

applications, **34**:161–164, 167, 171
fermentation, **34**:160
structure, **34**:151, 153
L-Sorbose, monosaccharides and
  applications, **34**:162–164, 167
  fermentation, **34**:158, 160
L-Sorbosone productions by immobilized cells, **22**:3
Sordaria fimicola, PAH metabolism, **30**:36
Sorption, herbicides and pesticides and, **36**:14–15
Soybean cyst nematode, **42**:229–231
Soybeans
  foodborne yeasts and, **36**:225
  genetically engineered microorganisms and, **38**:93
  herbicides and pesticides and, **36**:60–62
  microbial cytochromes P450 and, **36**:148, 155, 160, 168–169
  as miso raw material, **28**:248–250
Soy paste, *see* Miso
Soy products
  debittering of, **29**:46
  fermented, **28**:241–242
Species diversity, genetically engineered microorganisms and, **38**:92, 94
  nitrogen transformations, **38**:41
  results, **38**:53, 56–67
Spectrin, hydrodynamic shear stress, **37**:206–207
Spectrofluorodensitometry, gibberellins and, **34**:115, 122
Spectrophotometry, gibberellins and, **34**:114
Spectroscopy
  anoxygenic phototrophic bacteria and, **38**:256–258
  genetically engineered microorganisms and, **38**:78
  haloperoxidases, **37**:44, 46, 48, 55, 71
Spent sulfite liquor, ethanol production, **26**:202–204
Spermidine, secondary metabolism and, **34**:15
Sphaerotilus-Leptothrix group, oxidation of manganese, **33**:305, 307–308
Spironolactone, as drug metabolism model, **25**:194–195
Spleen, substances from fungi and, **34**:237

Spodoptera frugiperda, hydrodynamic shear stress, **37**:208
Spoilage, foodborne yeasts and, **36**:180
 acid-preserved foods, **36**:227
 dairy products, **36**:221–222
 ecology, **36**:183, 185, 188–189
 fermented foods, **36**:224–225
 fish, **36**:221
 meat, **36**:219–220
 specific habitats, **36**:207, 209, 211–213, 215, 218
Sponges, in drinking water distribution systems, **30**:108
Sporangia, foodborne yeasts and, **36**:181–182, 247, 251, 253
Sporangiomycin, tolerance to, in producer organisms, **25**:153
Spore formation, foodborne yeasts and, **36**:181–182, 191, 237, 247, 250
Sporeformers, nisin effects on, **27**:94–96
Spores, bacterial
 developmental stages, **23**:245–248
 heat injury to, **23**:245–261
 injury to, types, **23**:248–258
 significance, **23**:259
Sporidesmins, substances from fungi and, **34**:243
Sporidiobolus, foodborne yeasts and, **36**:207, 245
Sporobolomyces, foodborne yeasts and, **36**:182
 identification, **36**:239, 244–246
 specific habitats, **36**:203, 206–207, 216–217, 222
Sporobolomyces salmonicolor, on water pipes, **30**:105
Sporocybe, from drinking water, **30**:102
Sporotrichum
 applications of spent substrate, **37**:318, 326
 growth substrate changes, **37**:299–302, 313
 lignocellulosic substrates, **37**:259
Sporotrichum pulverulentum, cellulase activity related to foam formation, **33**:176
Sporulation
 secondary metabolism and, **28**:94–97
 solvent production and, **31**:44–45, 46–47
Spray column, **41**:108–111, 118–120

limitations, **41**:140–141
Squalene screening method, **41**:3
SRB, *see* Sulfate-reducing bacteria
Stability, recombinant *E. coli* K-12 and, **36**:97–98
Stabilizing factors, miscellaneous, **29**:20–21
Standard Methods for the Examination of Water and Wastewater, **30**:86, 100, 102, 103, 106
 viral recovery technique, **30**:89
Standards for the Examination of Water and Wastewater, **30**:104
Staphylococcus
 growth inhibition in milk, **40**:79–80
 stormwater, **37**:29–31
 in water supply systems, **30**:94
Staphylococcus aureus
 biotechnological processes and, **36**:71
 in drinking water, public health importance, **30**:98–99
 microwave irradiation, effect on, **26**:141
 thermonuclease activity, **26**:142
 partition affinity ligand assay of, **28**:134–138
 protein analysis and, **36**:292, 308
 stormwater, **37**:26–27
 in water supply systems, **30**:96
Staphylococcus saprophyticus, in water supply systems, **30**:96
Starch
 α-amylase production and, **35**:1–3, 46, 47
 autoclaving, **35**:31
 clarification, **35**:40
 enzymes, **35**:35, 41, 42
 industrial production, **35**:13, 14, 17
 inoculum, **35**:32
 modes for economy, **35**:3–5
 moisture, **35**:27
 present status, **35**:19, 20, 25, 36
 technique, **35**:11, 12
 ethanol production, **26**:165
 foodborne yeasts and, **36**:186, 190, 193, 226
 levan and, **35**:174
 microbial conversion to sucrose
 enzymes, **32**:193–195
 by starch and sucrose phosphorylases in batch reactor, **32**:193

novel sources, ethanol production, **26**:175–176
solvent production and, **31**:65–67
xenobiotics and, **35**:244
Starch phosphorylase, *see* Phosphorylase
Steam, lignocellulose pretreatment, **39**:304–305
Stearic acid, yeast production, **39**:198
Stemlon, substances from fungi and, **34**:236
Sterigmatocystins
  NMR studies and, **29**:74–75
  substances from fungi and, **34**:229
Sterile soil, recombinant *E. coli* K-12 and, **36**:104–106, 108
Sterility
  assessment methodology, bioreactor, **39**:7–8
  bioreactor, *see* Bioreactor, asepsis
Sterilization
  α–amylase production and, **35**:12, 15, 23
  bacterial gene transfer in soil and, **35**:65, 113, 154, 155
  bioreactor
    batch, **39**:10–11
    external continuous, **39**:11
    filtration, **39**:11–12
  lactic acid, **42**:63
Stern layer, **30**:134–135
Steroid hydroxylation by immobilized cells, **22**:3
Steroids
  biotechnology and, **34**:264, 286, 287
  microbial cytochromes P450 and, **36**:147–149
  plant cell biosynthesis of, **25**:226
Sterol metabolism by microorganisms
  conversions
    by mutants, **22**:50–52
    in presence of enzyme inhibitors, **22**:44–49
    of sterols with modified structure, **22**:37–43
  mechanisms of degradation
    of steroid nucleus, **22**:33–34
    of sterol side chain, **22**:35
Sterols
  biotechnology and, **34**:266, 286, 287
  production

alkane-utilizing microorganisms, **39**:61–63
biotransformation and production, **39**:62–63
Sterol side-chain cleavage
  chemical, **22**:29–30
  historical, **22**:29
  microbial, **22**:29–30
  as part of complete metabolism, **22**:30–33
Stigmasterol, biotransformation, **39**:63
Stilonium iodide, effects on microorganisms, **28**:182–183
Stimulators, *see* Growth stimulators
Stirred tank reactors, hydrodynamic shear stress, **37**:170–171
  collision-related damage, **37**:181–185
  turbulent regime, **37**:171–181
Stirrer shaft seal, bioreactor, **39**:13–14
Storage, foodborne yeasts and, **36**:195, 217–218, 220
Stormwater, treatment of, **37**:21–22, 34–36
  bacterial criteria development, **37**:22–26
  disinfection, **37**:31
    alternative techniques, **37**:33–34
    chemical, **37**:32–33
  human disease potential, **37**:26–31
Strains, selection of, for extracellular enzymes, **25**:58–60
Straw
  annual production, **23**:120
  characteristics, **23**:121–123
  compositions, **23**:121
  composting, **23**:145–146
  ensilation, **23**:143–144
  enzymic hydrolysis, **23**:131, 142–143
  fermentation, **23**:139–142
  microbial utilization, **23**:119–153
  in single-cell protein production, **23**:133–139
  treatment to improve digestibility, **23**:124–133
    chemical, **23**:124–130
    microbial and enzymic, **23**:133–135
    physical, **23**:130–135
  usages, **23**:120, 143, 144, 145, 146
Streptavidin, antibody technologies and, **38**:162
Streptococcal protein G, antibody technologies and, **38**:157–158

Streptococci
  biotechnological processes and, **36:**75
  fecal, stormwater, **37:**22, 26–27
  group N, **30:**1
  lactic, **30:**1–29
    adsorption reactions, **30:**7
    changes in resistance to
      bacteriophages, **30:**5–6
    concentrated cultures, **30:**16–18
    interactions with bacteriophages,
      30:1–29
    lysogenic and phage-carrying
      cultures, **30:**13–15
    multiple strain starters, **30:**19–20
    new strains, **30:**3
    phage-insensitive, **30:**3, 22–23, 26
    in phage resistance, **30:**23–25
    phage-resistant mutants, **30:**20–22, 26
    plasmid DNA, **30:**23–25
    pseudolysogeny, **30:**14–15
    restriction and modification systems,
      30:11–12
    restriction enzymes in, **30:**12–13
    strain rotation, **30:**18–19
    transduction in, **30:**15–16
  stormwater, **37:**31
Streptococcus B1, partition affinity ligand
    assay of, **28:**141–145
Streptococcus cremoris, **30:**1, 5
  799, **30:**12
  AML, **30:**12
  EB7, **30:**6
  F, restriction endonuclease, **30:**12
  KH, **30:**11, 12
    plasmid DNA, **30:**24
    restriction/modification system,
      lysogeny, **30:**13–14
  M12R, plasmid DNA, **30:**24
  phage receptors, **30:**6
  R1, **30:**12
  restriction/modification systems, **30:**11
  SK11, **30:**7
  transduction in, **30:**15
Streptococcus lactis, **30:**1, 5
  diacetylactis, **30:**1, 5–25
    phage-resistant mechanism, **30:**25
    transduction in, **30:**15
  lysogeny in, **30:**13–14
  ME2, **30:**7
  ML3 phage receptors, **30:**6

  phage-insensitive strain, **30:**22–23
  restriction/modification systems, **30:**11
  transduction in, **30:**15
Streptococcus mutans, **24:**77–80
Streptokinase
  adsorption, **33:**331–333
  precipitation, **33:**334
Streptomyces
  antitumor anthracycline production,
    32:208
  bacterial gene transfer in soil and,
    35:73, 76, 77, 84
  carbon assimilation pathway, **26:**28
  from drinking water, **30:**100, 101
  enzymes of secondary metabolism in,
    28:35
  microbial cytochromes P450 and,
    36:152, 154
  nitroaromatic compounds, **37:**3
  patent law and, **35:**257, 258
Streptomyces aureofaciens
  haloperoxidases
    reactions, **37:**64–65, 68–69, 78
    mechanisms of, **37:**88–89
    sources, **37:**53
  nitroaromatic compounds, **37:**5
Streptomyces carbophilus, microbial
    cytochromes P450 and, **36:**152
Streptomyces griseolus, microbial
    cytochromes P450 and, **36:**153–154
Streptomyces griseus
  haloperoxidases, **37:**53, 68
  microbial cytochromes P450 and,
    36:155–162, 168, 173
Streptomyces lividans, genetically
    engineered, in soil, **40:**250–253
Streptomyces peucetius
  anthracycline production
    heterogeneity in strain groups, **32:**202
    mutation-oriented selection and,
      32:203–204
    high-yielding mutants, **32:**205
    var. aureus, characteristics, **32:**204,
      205, 207
  blocked mutants, anthracycline
    bioconversion, **32:**210
  culture media, **32:**204
  strain groups, morphology, **32:**201–202
Streptomyces phaeochromogenes,
    haloperoxidases, **37:**48

Streptomyces setonii, microbial
  cytochromes P450 and, **36:**152–153
Streptomyces thermovulgaris,
  lignocellulosic wastes, **37:**271
Streptomyces venezuelae,
  haloperoxidases, **37:**53, 68
Streptomyces viridosporus, genetically
  engineered, in soil, **40:**250–253
Streptomycetes
  antifungal agents from tolerance to, in
    producer organisms, **25:**152
  DNA host-vector systems from,
    27:39–43
  genetics of secondary metabolism in,
    28:40–41
  herbicides and pesticides and, **36:**36
Streptomycin
  bacterial gene transfer in soil and,
    35:78, 122
  biphenyl degradation, **37:**142, 150
  resistance, recombinant *E. coli* K-12
    and, **36:**92, 102–103, 116, 118
  substances from fungi and, **34:**184
  tolerance to, in producer organisms,
    25:159–161
Stropharia
  applications of spent substrate, **37:**319,
    321
  biology, **37:**240
  growth substrate changes, **37:**292
  lignocellulosic substrates, **37:**269
Styrene, biodegradation in subsurface,
  33:149
Subclones, antibody technologies and,
  38:193–194
Subculturing, repeated, acetone/butanol
  fermentation and, **31:**80–81
Submerged batch fermentation,
  gibberellins and, **34:**117, 118
Submerged fermentation, **38:**100–101,
  134, 141
  α–amylase production and, **35:**2, 46, 47
  advantages, **35:**8–13
  aeration, **35:**33
  bacterial strains, **35:**8
  cultures, **35:**22, 23
  economics, **35:**42, 43
  enzyme yields, **35:**36
  incubation, **35:**32
  industrial production, **35:**13–15, 17, 18
  modes for economy, **35:**6, 7
  pH, **35:**30
  present status, **35:**19, 20
  research needs, **35:**43, 44
  bioreactor design, **38:**108
  foam formation in, **33:**174
  gibberellins and, **34:**31, 122
    analytical methods, **34:**114, 115
    concomitant products, **34:**90–94
    downstream processing, **34:**95–98
    economics, **34:**117, 118, 120
    growth phases, **34:**75–79
    history, **34:**34
    kinetic studies, **34:**81–83
    liquid surface fermentation, **34:**58
    mathematic models, **34:**83, 84
    nutrition, **34:**64–75
    physical factors, **34:**61–64
    process operation, **34:**84–90
    regulation, **34:**79–81
    routes, **34:**48, 49
    solid-state fermentation, **34:**101, 105,
      107–109
    technique, **34:**59, 60
  heat transfer, **38:**106
  mass transfer, **38:**102, 104–105
  mathematical modeling, **38:**123–125
Substrate, of inulinase
  affinity, **29:**162–166
  specificity, **29:**160–162
Substrate conversion efficiency,
  anoxygenic phototrophic bacteria
  and, **38:**224–229
Substrate cycling, in high-density
  fermentations, **41:**46–47
Substrate specificity
  Flavobacterium sp. DS5, **41:**16–17
  Pseudomonas aeruginosa PR3 system,
    41:10–12
Subsurface, terrestrial
  aquifers, *see* Aquifers
  characterization of microorganisms
    detection, enumeration and metabolic
      activity methods, **33:**121–126
    sampling, **33:**121
    types, abundance and activities of,
      33:126–134
    vertical distribution, **33:**134–136
  contaminated, surface effects,
    33:117–118

Subsurface, terrestrial (*continued*)
  depth of biosphere, core sample microbiology, **33**:120
  environments, **33**:107–108
  groundwater, *see* Groundwater
  as microbial habitat
    depth of biosphere, **33**:119–120
    environmental factors
      activity on surfaces, **33**:116–118
      dissolved salts, **33**:118–119
      hydrostatic pressure, **33**:118–119
      nutrient availability and redox conditions, **33**:112–116
      pH, **33**:118–119
      spatial limitation, **33**:111–112
      temperature, **33**:118–119
    general description, **33**:110–111
  nutritional ecology, questions on, **33**:115–116
  sediments, surface area of, influence on microbial activity by, **33**:118
Subsurface microbiology research programs
  emergence of, **33**:108–110
  purpose of, **33**:110
Subtilisin, biotechnology and, **34**:274
Succinate
  anoxygenic phototrophic bacteria and, **38**:224–226, 260, 266
  haloaromatic transformations in *Pseudomonas*
    effects on batch growth, **40**:309–314
    pDK1 curing, **40**:314–317
Succinic acid, production, pentose fermentation, **39**:124
Succinoglucan, production and properties, **23**:29–31
Sucrose
  anoxygenic phototrophic bacteria and, **38**:226
  conversion by sucrose phosphorylase to
    fructose, **32**:163–164, 196
    glucose-1-phosphate, **32**:163–164, 196–197
  determination, enzymatic assay, **32**:197
  foodborne yeasts and, **36**:216, 229
  gibberellins and
    liquid surface fermentation, **34**:58
    submerged fermentation, **34**:60, 64–67, 80, 85

  glucose-labeled, synthesis by sucrose phosphorylase, **32**:197–198
  as glucosyl donor for sucrose phosphorylase, **32**:177, 182, 187
  hydrolysis by immobilized cells, **22**:3
  levan and, **35**:171, 172, 191
    biosynthesis, **35**:174, 176, 178
    chemistry, **35**:178, 181
    occurrence, **35**:172–174
    production, **35**:186–188
    utilization, **35**:190
  metabolism by L. mesenteroides, scheme, **32**:171
  microbial production from starch, **32**:193
    by combined action of starch phosphorylase and sucrose phosphorylase in batch reactor, **32**:193
    enzymes, **32**:193–195
  solid-state fermentation and, **38**:133
  worldwide consumption increase, **32**:192–193
  xenobiotics and, **35**:244
Sucrose phosphorylase
  activity changes by
    pH, **32**:176, 180
      buffer systems and, **32**:179
    temperature, **32**:175–176, 177
  applications
    fructose production from sucrose, **32**:196
    glucose-labeled sucrose synthesis, **32**:197–198
    glucose-1-phosphate production from sucrose, **32**:196–197
    high energy P-bond formation without ATP, **32**:199
    inorganic phosphate enzymatic determination, **32**:197
    novel disaccharide production, **32**:198–199
    sucrose production from starch, **32**:193–194
  discovery in microorganisms, **32**:163, 166
  fermentation
    media, composition, **32**:167–169
    pattern, **32**:169–170
    pH and, **32**:171–172
    temperature and, **32**:172, 173

glucose-enzyme complex
  formation, **32:**184, 186
  proteolysis, **32:**186
for glucosyl donors, **32:**177, 182
immobilization, **32:**188–192
  pH effect on activity, **32:**189, 190
  procedures, **32:**189, 191–192
  productivity in continuous column
    reactors, **32:**190–191
inhibition by
  glucose, **32:**181, 185
  glucosyl acceptors, **32:**182, 186
  dissociation constants, **32:**186
kinetic constants with various donors
  and acceptors, **32:**187
liberation from bacterial cells,
  32:173–174
mode of action, **32:**186, 188
physicochemical properties, **32:**178
purification, **32:**174–175
substrate specificity, for glucosyl
  acceptors, **32:**183, 184
  good, **32:**177, 180, 181
  poor, **32:**177
Sufactin, **24:**208–209
Sugar, *see also* Foods, high-sugar-content
  α-amylase production and, **35:**2, 13, 35
  anoxygenic phototrophic bacteria and,
    38:265–266
  basidiomacromycetes
    growth substrate changes, **37:**287,
      290–292, 299–300
    lignocellulosic substrates, **37:**252,
      268
    lignocellulosic wastes, **37:**281
    values, **37:**241
  concentration, acetone/butanol
    fermentation and, **31:**73
  foodborne yeasts and, **36:**233
    ecology, **36:**185–186, 189, 191–193
    identification, **36:**247–248, 253, 256
    specific habitats, **36:**215–216, 224
  Ganoderma, **37:**115
  haloperoxidases, **37:**45–46
  levan and, **35:**171, 173, 191
    analysis, **35:**184
    biosynthesis, **35:**176, 177
    production, **35:**188
  solid-state fermentation and, **38:**131
  xenobiotics and, **35:**232

Sugar beet
  molasses, 2,3-butanediol production
    commercial, **32:**136–146
    experimental, **32:**127–128
  pulp, conversion to 2,3-butanediol by K.
    pneumoniae, **32:**128
Sugarcane rubbish, basidiomacromycetes,
  37:284
Sugar derivatives, in secondary
  metabolism, **28:**73–74
Sulfatases, genetically engineered
  microorganisms and, **38:**17, 78
Sulfate
  biphenyl degradation, **37:**144, 149, 154
  herbicides and pesticides and, **36:**33–34
  protein analysis and, **36:**286
Sulfate-reducing bacteria
  cathodic depolarization of metals
    FeS as depolarizer, **32:**13–14
    gaseous HzS as depolarizer, **32:**14
    hydrogenase system, **32:**12–13
  corrosion of
    ferrous alloys, **32:**21–22
    zinc, **32:**25–26
  corrosive agents
    hydrogen sulfide, **32:**18
    volatile phosphorus compound, **32:**15
  growth prevention by
    alkaline environment, **32:**28
    anaerobic condition avoidance, **32:**27
    biocides and biostats, **32:**29
    protective film disruption on metals,
      32:13, 19
Sulfite liquors, acetone-butanol,
  39:120–121
Sulfonylurea
  biotechnology and, **34:**287
  microbial cytochromes P450 and,
    36:153–154
Sulfur
  anoxygenic phototrophic bacteria and
    carbon assimilation, **38:**260
    classification, **38:**213, 217
    enzymes, **38:**243, 253, 255–258
    hydrogen production, **38:**220
  availability, in subsurface, **33:**112–113
  genetically engineered microorganisms
    and, **38:**3, 36
  haloperoxidases, **37:**44, 78
  herbicides and pesticides and, **36:**23, 26

Sulfur (continued)
  microbial cytochromes P450 and,
    36:135, 138, 151, 160
  photosynthesis based on, 41:176–178
  xenobiotics and, 35:245, 246
    activity, 35:205, 206, 209
    assessment, 35:234, 238, 240, 243
    classification, 35:213
    effects, 35:227
Sulfur dioxide
  foodborne yeasts and, 36:193–194, 210,
    247, 251, 257
  lignocellulose treatment, with, 39:312
Sulfuric acid
  lignocellulose treatment with,
    39:309–311
  sulfur-oxidizing bacteria, as corrosive
    agent, 32:16–17, 23
  effects on underground copper pipes,
    32:23
  use in cellulose hydrolysis, 39:313
Sumithion/fenitrothion, metabolism in
  microorganisms, 28:163–166, 172–173
Supercritical fluid extraction, gibberellins
  and, 34:110
Supplementation, nutrient,
  basidiomacromycetes, 37:281
Surface properties, proteins, 41:124–125
Surfaces
  mating of, recombinant *E. coli* K-12
    and, 36:100
  terrestrial, physiological processes in,
    33:116–118
Surfactants
  alkane oxidation, 39:73–74
  environment effects, 39:78–79
Surfactin, 39:75
  analogs, structure, 26:240
Surgical/endocrine therapy, lentinan and,
  39:167
Surgical patients, water bacteria
  infections of, 23:166–167
Surgical water supplies, water bacteria in,
  23:162
Surrogate receptors, antibody technologies
  and, 38:155
SV40 virus, as DNA host-vector, 27:46
Sweeteners, levan and, 35:171, 190
Swimming-associated illnesses,
  stormwater, 37:22, 24, 26, 30

Swine, waste digestion profitability, 32:64
  herd size effect, 32:64
Symbiosis, xenobiotics and, 35:226, 227,
  232, 240
Syncephalastrum, PAH metabolism,
  30:36
Synechococcus cedrorum, hydrogen
  production technology and,
  38:268–269
Synedra, PAH metabolism, 30:37
Syneresis-based foam breakers,
  33:210–211
Synergism
  of Cu^{2+} with formaldehyde adducts,
    33:255, 256–257
  in formaldehyde condensate biocidal
    mixtures, 33:252–255
  xenobiotics and, 35:219
Syntex adjuvant formulation, antibody
  technologies and, 38:153
Synthetic peptides, antibody technologies
  and, 38:151–153
Synthetic polyesters, biodegradation,
  42:194–198
Syntrophy, bacterial gene transfer in soil
  and, 35:122
Syringyl, delignification and, 39:321
Systematics
  B. brevis, 42:243–244
  B. circulans, 42:246
  B. laterosporus, 42:249–250
  Bacillus alvei, 42:241–243
  definition, 42:238
  general description, 33:53–54
  use of clonal population concept,
    33:54–56

T

Tallow, breakdown by yeast, 39:206
Tangential shear stress, hydrodynamic
  shear stress, 37:174–175
Tan-ginbozu dwarf microdrop bioassay,
  gibberellins and, 34:112
Tartaric acid, monosaccharides and,
  34:161
Tauroline, 33:242–243, 273
Taxonomy
  foodborne yeasts and, 36:180–181, 183

identification, **36**:235, 245
  specific habitats, **36**:195, 215
  herbicides and pesticides and, **36**:5–7
Tay-Sach's disease, biotechnology and, **34**:297
T cell receptor, antibody technologies and, **38**:172, 174
T cells, antibody technologies and, **38**:194–195
  immunotherapy, **38**:181
  polyclonal antibodies, **38**:152–153
  radiolabels, **38**:186
  recombinant antibodies, **38**:176
Tegafur, lentinan therapy and, **39**:166
Tempeh, yeast lipids, **39**:190
Temperature
  acetone and butanol
    fermentation and, **31**:79
    production, **39**:132–133
  α-amylase production and, **35**:4, 9, 10
    enzyme characteristics, **35**:42
    industrial production, **35**:13, 15
    present status, **35**:24, 31–33, 38, 39
    research needs, **35**:45
  anoxygenic phototrophic bacteria and, **38**:227, 229, 231, 256, 272–273
  bacterial gene transfer in soil and
    conjugation, **35**:121, 127
    environmental factors, **35**:66–68, 71
    preparation, **35**:113
    quality assurance, **35**:153, 155
    recombinants, **35**:152
    sampling, **35**:114
    storage, **35**:115
    terrestrial microcosms, **35**:106, 110
    transduction, **35**:95, 96, 132, 133, 135
  basidiomacromycetes, **37**:269, 306, 319
    lignocellulosic wastes, **37**:272, 277–278, 299
  biotechnological processes and, **36**:70
  butanediol production, **39**:134
  control in, cell cultures, **27**:145–146
  delignification and, **39**:316
  effect on
    inulinase activity and stability, **29**:157–160
    protein partition behavior, **41**:125–126
  ethanol production, **39**:128
  foodborne yeasts and
    dairy products, **36**:221, 223

ecology, **36**:188–189, 191–193
identification, **36**:246, 252
methods for isolation, **36**:230, 233
specific habitats, **36**:211, 214, 216, 218, 220
  genetically engineered microorganisms and, **38**:5, 8–9, 18
  gibberellins and
    solid-state fermentation, **34**:102, 109, 110
    submerged fermentation, **34**:61, 62, 81–83, 87
  herbicides and pesticides and
    chloroaromatic metabolism, **36**:23
    growth kinetics, **36**:53–55, 57–58, 60–62
    kinetics of biodegradation, **36**:9, 12, 17–18
  inulinase production and, **29**:151–152
  levan and, **35**:176, 180, 181, 184, 186
  lignocellulose hydrolysis and, **39**:304–306
  nickel toxicity and, **29**:252
  patent law and, **35**:265
  and polymer concentration, **41**:103
  protein analysis and, **36**:290
  recombinant *E. coli* K-12 and, **36**:99, 101, 103, 106, 111
  solid-state fermentation and, **38**:101, 142
    experimental measurements, **38**:131, 141
    heat dissipation, **38**:111–112
    heat transfer, **38**:106–108
    mathematical modeling, **38**:118, 127–130
    physical parameters, **38**:117–118
    water activity, **38**:112–113
  subsurface microbial ecology and, **33**:118–119
  xenobiotics and, **35**:196, 246
    activity, **35**:205
    effects, **35**:222
    environment, **35**:216, 218
    interactions, **35**:214
Tempilistiks, bioreactor sterilization, **39**:22
Tenuazonic acid
  substances from fungi and, **34**:233
  tolerance to, in producer organisms, **25**:150

Termitomyces
  applications of spent substrate, **37**:326
  growth substrate changes, **37**:299
Terpenes
  biotechnology and, **34**:264
  description and sources, **29**:34–35
  gibberellins and, **34**:52–54
  menthol, **29**:37–39
  production of monoterpenes by microorganisms, **29**:35–37
Terpenoids
  Ganoderma, **37**:105–106
  gibberellins and, **34**:52–54
Terrestrial microcosms, bacterial gene transfer in soil and, **35**:105–111
Terrestrial subsurface, *see* Subsurface, terrestrial
Terrestrial surface, physiological processes in, **33**:116–118
Tertiary butyl alcohol, biodegradation in subsurface, **33**:151
Testicular injury, from cadmium, **23**:68
Tetrachloroethylene
  biodegradation in subsurface, **33**:145
  contaminated aquifer, **33**:154–155
Tetracycline
  biotechnological processes and, **36**:73
  resistance to, recombinant *E. coli* K-12 and, **36**:89, 102–103
    mammalian intestinal tract, **36**:117, 119–120
  tolerance to, in producer organisms, **25**:155–156
Tetradecane
  microbial cytochromes P450 and, **36**:167, 169
  oxidation, lipids from, **39**:49
Tetrahymena, hydrodynamic shear stress, **37**:187, 194
N,N,N8,N8-Tetramethylethylenediamine, protein analysis and, **36**:281
Tetrazolium dye
  reduction test, hydrodynamic shear stress, **37**:189
  reduction variation, **33**:124
Thamnidium anamolum, PAH metabolism, **30**:36
Thaumatin, biotechnology and, **34**:287
Thawing, foodborne yeasts and, **36**:193
Thermal conductivity, solid-state fermentation and, **38**:129–130, 140

Thermal diffusivity, solid-state fermentation and, **38**:117–118, 140–141
Thermal foam breakers, **33**:198–199
Thermoactinomyces, solid-state fermentation and, **38**:116
Thermodynamics
  equilibrium, solid-state fermentation and, **38**:114
  solid-state fermentation and, **38**:118
Thermophilic bacteria
  pentose fermentation, **39**:100–101
  properties, **39**:101
  sterilization time, **39**:101
Thermothrix thiopara
  cell morphology and fine structure, **31**:249–251
  comparison to other extreme thermophiles, **31**:259–267
  ecology
    adaptation to sulfide-oxygen interfaces, **31**:251–257
    mineral weathering, **31**:257–258
  growth kinetics, **31**:243–244
    in continuous culture, **31**:244–247
    within surface microenvironments, **31**:247–249
  isolation and cultivation, **31**:234–235
  metabolism
    autotrophic, **31**:235–241
    heterotrophic, **31**:241–243
Thiactin, *see* Thiostrepton
Thinking methods, in biotechnology research and development, **40**:103–105
Thin-layer chromatography
  biphenyl degradation, **37**:141
  gibberellins and, **34**:111, 115
  nitroaromatic compounds, **37**:11
Thiobacillus
  aerobic corrosion induction, **32**:8
  biotechnological processes and, **36**:79
  iron oxidation, **32**:8
  sulfuric acid as corrosive agent, **32**:8, 17, 23
  underground copper pipe damage, **32**:23
Thiocapsa roseopersicina, hydrogen production technology and, **38**:214, 250–254, 256–257
Thiocyanate, bacterial growth inhibition in milk, **40**:61

Thioglycolate, use in sterility assessment, **39**:7
Thiopeptin, tolerance to, in producer organisms, **25**:153
Thiostrepton
  effect in producer organisms, **25**:152–154, 153
  tolerance to, in producer organisms, **25**:152–153
Thraustochytrium, PAH metabolism, **30**:36
Thymidine kinase, bacterial gene transfer in soil and, **35**:76
Thymus, lentinan activity, **39**:158–160
Thyroid
  haloperoxidases, **37**:63
  peroxidase, **37**:42
  reactions, **37**:63
  sources, **37**:48
Time-dependent forces, hydrodynamic shear stress, **37**:179–181
Time-independent forces, hydrodynamic shear stress, **37**:177–179
Tissue plasminogen activator, biotechnology and, **34**:268, 291, 292
Tissue specificity
  biotechnology and, **34**:274
  secondary metabolism and, **34**:8
Tn, *see* Transposons
TNT, *see* 2,4,6-Trinitrotoluene
Tobacco, antibody technologies and, **38**:171
Tofu production, foam control in, **33**:185
Toluene
  biodegradation in subsurface, **33**:149
  biotransformation rate in aquifer, **33**:141
  herbicides and pesticides and, **36**:2, 26, 36–37
  microbial degradation, **41**:58, 59, 61–63, 88, 89
Toluene dioxygenase, **30**:41
Torulaspora, foodborne yeasts and, **36**:182–183, 185
  cereal, **36**:218
  dairy products, **36**:223
  fermented foods, **36**:224
  identification, **36**:241, 244, 250, 253–255, 257
  specific habitats, **36**:203, 207–209, 213, 215
Torulopsis sp., cytochrome P450 system in, **25**:179

Total coliform, stormwater, **37**:22–23, 25–27, 29, 31, 33, 35
Toxicants, genetically engineered microorganisms and, **38**:50
Toxic compounds, degradation by anoxygenic phototrophic bacteria, **41**:209–211
Toxicity
  anoxygenic phototrophic bacteria and, **38**:280
  antibody technologies and, **38**:153–154
  basidiomacromycetes, **37**:320
  biotechnological processes and, **36**:76–77
  formaldehyde, **33**:225–226
  condensate biocides, **33**:259–269
  Ganoderma, **37**:113, 121
  genetically engineered microorganisms and, **38**:74
  of manganese, **33**:283
  pollutants, biotechnology and, **34**:275
Toxins
  antibody technologies and, **38**:182–183
  B. thuringiensis
    classification, **42**:6–10
    Cry gene structures, **42**:10–14
    delivery systems, **42**:21–26
    mechanisms of action, **42**:14–16
  Bacillus spp., **42**:253–256
  biotechnological processes and, **36**:70, 80
  dosages, **42**:29–30
  genes, *see* Genes, *Cry*
  microbial cytochromes P450 and, **36**:170
  mixtures, in Bt resistance management, **42**:28
  proteins, **42**:30
  structure, **42**:10–14
  recombinant *E. coli* K-12 and, **36**:101
Toxoid, **33**:273
Trace elements
  availability in subsurface, **33**:112–113
  gibberellins and, **34**:73
Trace metals
  effect on secondary metabolism, **28**:38–39
  medium supplements, 2,3-butanediol bacterial production and, **32**:115
Trametes
  applications of spent substrate, **37**:320, 322

Trametes (continued)
  mycelium, **37**:330, 333
  versicolor, growth substrate changes, **37**:293, 299, 305
Tranduction, bacterial gene transfer in soil and, **35**:60, 72, 94–105
  environmental factors, **35**:65, 68, 69, 71
  recombinants, **35**:148, 152
  study methods, **35**:132–139
Transconjugants, bacterial gene transfer in soil and, **35**:128
Transcription
  antibody technologies and, **38**:155, 171
  bacterial gene transfer in soil and, **35**:63
Transfection, antibody technologies and, **38**:171
Transfectomas, antibody technologies and, **38**:172
Transferases, xenobiotics and, **35**:207
Transferrins, antibody technologies and, **38**:163, 184, 191
Transformation
  bacterial gene transfer in soil and, **35**:60, 68, 69, 71, 72
  in clostridia, **31**:41–43
  genetic transfer and, **31**:120–121
  by recombinant DNA, **27**:31–32
Transgenic microbe construction, **42**:19–20
Transgenic organisms, biotechnological processes and, **36**:80
Transgenic plants
  insect-tolerant, **42**:21–26
  in pest management programs, **42**:31
  PHA accumulation, **42**:125–126
Transients, recombinant *E. coli* K-12 and, **36**:114
Translation
  antibody technologies and, **38**:155, 171
  protein analysis and, **36**:326–327, 329
Transplantation
  antibody technologies and, **38**:186
  immunotherapy, antibody technologies and, **38**:181, 195
Transport phenomenon, aqueous two-phase systems, **41**:106–120
Transposons, bacterial gene transfer in soil and, **35**:76, 77, 96
Tray fermenter, solid-state fermentation and, **38**:108, 111, 135–136, 138–140

Trehalose lipid
  alkane-utilizing microorganisms, **39**:74–75
  in biosurfactants, **26**:231–234
  effect on growth of *Nocardia*, **26**:233
Trehalose phosphorylase
  detection in Euglena gracilis, **32**:166
  reaction catalyzed by, **32**:165
Tremella
  biology, **37**:240, 242
  growth substrate changes, **37**:301
  values, **37**:249
Tremella mesenterica gum, properties, **23**:38, 143
Triacylglycerol lipase
  cheese flavoring, **39**:189–190
  detection, **39**:204
  sources, **39**:192
  use in interesterification, **39**:202–204
  wine flavoring, **39**:188
  yeast, use in lipid modification, **39**:192
Triacylglycerols, *see* Acylglycerols
Triazines, microbiological problem with, **33**:241
1,2,4-Trichlorobenzene, biodegradation in subsurface, **33**:145
1,1,1-Trichloroethane, biodegradation in subsurface, **33**:146
Trichloroethylene, biodegradation in subsurface, **33**:146
Trichlorofon dipterex
  effect on microorganisms, **28**:184
  metabolism in microorganisms, **28**:168, 173
2,4,6-Trichlorophenol, biodegradation in subsurface, **33**:147
2,4,5-Trichlorophenoxyacetic acid
  biotechnological processes and, **36**:78
  herbicides and pesticides and, **36**:2–3
  anaerobic aromatic metabolism, **36**:36
  chloroaromatic degradation, **36**:39–42
  kinetics of biodegradation, **36**:18–19
Trichoderma
  from drinking water, **30**:102
  growth substrate changes, **37**:298, 300
  lignocellulosic wastes, **37**:281
  on pipe surfaces, **30**:103
Trichoderma cellulose, ethanol production, **26**:182–186

Trichoderma reesei
  cellulase
    activity and foam formation, **33:**176
    biosynthesis, **40:**27–35
  cellulolytic enzymes
    analysis, **40:**13–19, 25–26
    sources, **40:**3–5, 8
Tricholoma
  biology, **37:**240–24
  values, **37:**249–250
Trichosporon, foodborne yeasts and
  acid-preserved foods, **36:**227–228
  dairy products, **36:**221
  fermented foods, **36:**225–227
  identification, **36:**239, 244, 246, 255
  meat, **36:**219–220
  specific habitats, **36:**203–207, 217
Trichosporon cutaneum, microbial
  cytochromes P450 and, **36:**171
Trichostrongylus colubriformis,
  42:228–229
Trichothecenes, substances from fungi
  and, **34:**229
Trickling filter reactor, solid-state
  fermentation and, **38:**110
Tricothecin, substances from fungi and,
  34:229
Tridecapeptins, **24:**192–193
Triethylamine, protein analysis and,
  36:286, 295
4-Trifluoromethyl-2,6-dinitroaniline,
  degradation, **37:**2
Triglycerides, *Ganoderma,* **37:**115
Trihydroxytetralones, substances from
  fungi and, **34:**231
Triiodothyronine, partition affinity ligand
  assay of, **28:**129
1,3,5-Trinitrobenzene, degradation, **37:**9
2,4,6-Trinitrotoluene, degradation, **37:**1–2,
  4, 7, 9, 11–14
Triomicin, substances from fungi and,
  34:232
Triparental mating, recombinant *E. coli* K-
  12 and, **36:**91, 97, 99
  mammalian intestinal tract, **36:**118,
    120
  sewage, **36:**111–112
Triphenylformazan, genetically
  engineered microorganisms and,
  38:36

Tris(ethylenediamine)cadmium
  dihydroxide, lignocellulose treatment
  with, **39:**313
Tris(hydroxymethyl)aminomethane,
  protein analysis and, **36:**282,
  284–285, 313
Tris(hydroxymethyl)nitromethane,
  synergism with
  methylchloroisothiazolone, **33:**253,
  254
Trisnitro, **33:**249–250
Triterpene acids, substances from fungi
  and, **34:**241
Triterpenes, *Ganoderma,* **37:**103–104, 107,
  114, 116, 119
Triterpenoids, *Ganoderma,* **37:**103–107
Tritium, distribution in shallow aquifers,
  33:140
Tropane alkaloids, plant cell biosynthesis
  of, **25:**225
Trophophase
  definition of, **28:**55
  gibberellins and, **34:**78, 81, 87
  substances from fungi and, **34:**185
Troysan 192, **33:**244
Trypan blue, hydrodynamic shear stress,
  37:189, 209
Trypanosoma, antibody technologies and,
  38:156
Trypsin, **33:**339
  inhibitor, purification from *Rheum
    palmatum,* **33:**342–343, 346
  microbial cytochromes P450 and,
    36:146
  protein analysis and, **36:**291–292, 314
Tryptic peptides, protein analysis and,
  36:315, 321, 325
Tryptone glucose yeast
  extract, bacterial gene transfer in soil
    and, **35:**124
  foodborne yeasts and, **36:**231
Tryptophan production by immobilized
  cells, **22:**5
Tubular bioreactors, **42:**71
Tumor necrosis factor, antibody
  technologies and, **38:**167
Tumors, *see also* Cancer
  biotechnology and, **34:**282, 295, 296
  cadmium-induced, **23:**69
  Ganoderma, **37:**108–112, 121–122, 125

Tumors (continued)
  inhibitors, substances from fungi and, **34:**240, 241
  lentinan effects, **39:**158
  levan and, **35:**180
  shiitake mushroom effects, **39:**156
  substances from fungi and, **34:**183
    ascomycetes, **34:**242, 243
    basidiomycetes, **34:**236–241
    fungi imperfecti, **34:**229, 231–235
  technologies and, **38:**177, 180–182, 184–186
Turbidity of water, effect on disinfection, **33:**84
Turbosep, bioreactor asepsis, **39:**16
Turbulence, hydrodynamic shear stress
  cell architecture, **37:**166, 168
  fluid mechanics, **37:**170, 182, 184
  insect cells, **37:**210
  physical effects, **37:**220
  plant cells, **37:**215
  regime, **37:**171–181
  sensitivity of biocatalysts, **37:**192, 195, 197, 203–205, 218
Two-dimensional PAGE, protein analysis and, **36:**280–281, 287–290
  electroblotting, **36:**305–307, 309, 314
  microsequence analysis, **36:**318, 323
  purification, **36:**315–318
  quality control of recombinant proteins, **36:**324, 327–328
  structural analysis, **36:**290, 292, 299
Two-phase extraction, see Aqueous two-phase extraction
Tyrocidins, **24:**194
Tyrosine
  microbial cytochromes P450 and, **36:**141–142, 156
  protein analysis and, **36:**301, 303
Tyrosine kinase, antibody technologies and, **38:**175
Tyrosine production by immobilized cells, **22:**4

U

Ubiquinone 10, plant cell biosynthesis of, **25:**226–227
Ubiquinones, from anoxygenic phototrophic bacteria, **41:**195–201
UFT, lentinan therapy with, **39:**166
Ultrafiltration of bioproducts, **33:**338, 339
Ultrahigh-fructose glucose syrups, **35:**190
Ultrasonic defoamers, **33:**196–198
Ultraviolet light
  α-amylase production and, **35:**22, 23
  bacterial gene gransfer in soil and, **35:**82, 141
  haloperoxidases, **37:**84, 87
  induction of disinfection, **33:**92–94
  stormwater, **37:**33–34
Ultraviolet radiation, bacterial gene transfer in soil and, **35:**70
Ultraviolet spectroscopy
  gibberellins and, **34:**108, 115
  haloperoxidases, **37:**44, 55, 71
Ulvafasciata, PAH metabolism, **30:**37
Union for the Proteciton of New Varieties of Plants, **35:**275, 285–287
United States Department of Agriculture, cloning studies, **42:**288–290
Urea
  foodborne yeasts and, **36:**187
  medium supplement, 2,3-butanediol bacterial production and, **32:**113–114
  protein analysis and, **36:**325
  PAGE, **36:**285, 287–288, 290
  structural analysis, **36:**292, 302
Urease, foodborne yeasts and, **36:**183, 245–247, 255
Uridine monophosphate, **33:**86
Urocanic acid production
  by immobilized *Achromobacter liquidum,* **22:**15, 21
  by immobilized cells, **22:**5
Urokinase
  adsorption, **33:**332–333
  hydrodynamic shear stress, **37:**98
  modified *vs.* natural, properties of, **33:**350
  precipitation, **33:**335
  recovery by protein modification, **33:**344, 347–350
Uronema, on reservoir surfaces, **30:**108

V

Vaccines
  antibody technologies and, **38**:152–153, 156–157, 194–195
  antiviral, production by recombinant DNA technology, **27**:55–56
  biotechnology and, **34**:264, 292, 294, 300; **36**:68, 77
Vaccinia, isoelectric points, **30**:142
Vaccinia virus, substances from fungi and, **34**:234, 235
Vacuoles, antibody technologies and, **38**:189
Vacuum-based foam breakers, **33**:211
Valine, in antibiotic biosynthesis, **28**:69
Valinomycin structure of, **22**:181–182
Vanadium, haloperoxidases, **37**:90–91
  reactions, **37**:65, 75, 86–89
  sources, **37**:46–47, 52–53
Van der Waals interactions, **30**:134–135
  general theory of, **33**:82–83
  quantification, Lifshitz theory, **30**:146–147
Vanillin, production of, **29**:46
Vectors, foodborne yeasts and, **36**:184, 195
Vegetables, foodborne yeasts and, **36**:195–208, 223–225, 227
  identification, **36**:245–246, 248, 252–255, 258
Velocity
  hydrodynamic shear stress, **37**:170, 176, 179, 182, 185, 220
  solid-state fermentation and, **38**:112
Velocity vector, hydrodynamic shear stress, **37**:171, 175
Verrniculine, substances from fungi and, **34**:232
Verrucarins, substances from fungi and, **34**:229
Versicolorin A, NMR studies and, **29**:73–74
Versiconal hemiacetal acetate, NMR studies and, **29**:72–73
Verticillium
  from drinking water, **30**:102
  on pipe surfaces, **30**:103
Vesiculogen, substances from fungi and, **34**:243
Viable but nonculturable bacteria, gene transfer in soil and, **35**:142, 143
Vibrio cholerae, biotechnological processes and, **36**:70
Vicia faba, immobilized protoplasts of, **28**:24
Vinegar production
  by solid-state fermentation, **28**:207
  white, mechanical foam breakers for, **33**:200
Vinyl ether, biodegradation in subsurface, **33**:145
Viral inactivation
  by disinfectants, factors affecting efficiency, **33**:76–77
  mechanisms
    general concerns, **33**:83
    of metal ions, **33**:90–91
    of ozone, **33**:88–89
  multiplicity reactivation, **33**:95–97
  vs. bacterial inactivation, **33**:75–76
  by water disinfectants, kinetics, **33**:77–83
Virial expansion model, **41**:136–138
Virus, *See also specific virus*
  adsorption, **30**:141–149
  applied aspects, **30**:155–163
  effect of
    nature of surface, **30**:144–147
    nature of virus, **30**:141–144
    organic matter, **30**:148–149
    salts and pH, **30**:147–148
  hydrophobic interactions, **30**:142–144
  isoelectric points of solids important in, **30**:144–145
  isothermal relationships, **30**:136–137
  kinetic studies, **30**:137
  mechanisms, **30**:134–141
  protective effects of, **30**:149–152
  to surfaces, **30**:133–168
  from suspension, **30**:136
  theoretical aspects, **30**:134–141
  variables affecting, **30**:141–142
  in wastewater treatment, **30**:155–157
  biotechnology and, **36**:77–78
  crop improvement, **34**:288, 289
  human protein, **34**:292
  inherited diseases, **34**:296
  technology, **34**:271, 274

Virus (continued)
  vaccines, **34:**294
  cadmium effects on, **23:**92–93
  chemisorption of, **33:**83
  clumping or aggregation, **33:**79–80, 84
  concentration from water, filters for, **30:**162
  conformation of, **33:**86
  disinfection, **30:**151–152, 163
    from drinking water, **30:**81–82
    in drinking water, **30:**88–89
    importance of, **30:**89–90
    in drinking water distribution systems, **30:**88–90
  effect of
    cations, **30:**139–140
    chaotropic and antichaotropic agents, **30:**138–140
    pH, **30:**139–140
  elution, strain dependence, **30:**161
  enteric, **30:**133
  in environment, **30:**133
    detection, **30:**161–163
  inactivation
    in aquatic environment, **30:**153
    by disinfectants, **30:**89–90
    by drinking water treatment, **30:**81–82
    on metal surfaces, **30:**153–154
    in soils, **30:**155
    on solid surfaces, **30:**153–155
  interaction with
    adsorbent, **30:**145
    disinfectants, **33:**76
  isoelectric points, **30:**141–142; **33:**80–81
  lentinan effects, **39:**169–170
  migration, in subsurface, **30:**161
  overt toxicity of nickel toward growth of, **29:**209–211
  particles, colloidal behavior, **30:**134
  patent law and, **35:**263, 266
  pathogenic, in groundwater, **30:**160
  protection against disinfection, **33:**77, 79–80
  removal from drinking water, **30:**81–82
  retention, by soil, **30:**160–161
  sensitivity to disinfectants, **33:**80–81
  shiitake mushroom effects, **39:**155–156
  stormwater, **37:**22
  substances from fungi and basidiomycetes, **34:**236, 240
  fungi imperfecti, **34:**229, 230, 232, 233, 235
  surface interactions, hydrophobic effects, **30:**138
  survival
    in aquatic and soil environments, **30:**149–151
    in soils, **30:**150
  transport, in environment, **30:**163
  vaccines against, production by recombinant DNA technology, **27:**55–56
Viscometers, hydrodynamic shear stress, **37:**181, 188, 223
  insect cells, **37:**208
  plant cells, **37:**213, 215
  sensitivity of biocatalysts, **37:**194, 202–205, 207
Viscosity
  α-amylase production and, **35:**3, 12
  anoxygenic phototrophic bacteria and, **38:**239
  aqueous two-phase systems, **41:**104–105
  control in cell cultures, **27:**146–148
  hydrodynamic shear stress, **37:**169
    fluid mechanics, **37:**170, 174, 176–179, 183–184
    insect cells, **37:**210
    physical effects, **37:**221
    plant cells, **37:**211
    sensitivity of biocatalysts, **37:**191, 194, 204, 206
  levan and, **35:**183, 189, 190
Viscous stress, hydrodynamic shear stress, **37:**174, 176
Vitamin B12 medium, genetically engineered microorganisms and, **38:**31–32
Vitamin C
  gibberellins and, **34:**73
  monosaccharides and, **34:**142, 163, 170–174
Vitamins
  from anoxygenic phototrophic bacteria, **41:**190–194
  anoxygenic phototrophic bacteria and, **38:**217, 280

bacterial growth stimulation in milk, **40**:75–76
basidiomacromycetes, **37**:244, 258, 318, 326
foodborne yeasts and, **36**:187, 233, 258
requirements, for acetone/butanol fermentation, **31**:72
in SCP, **41**:185
Volatile fatty acids, biodegradation in subsurface, **33**:143
Volutin, inclusions, **39**:33
Volvariella
applications of spent substrate, **37**:327
biology, **37**:236, 238–239, 241
growth substrate changes, **37**:293, 298, 310
lignocellulosic substrates, **37**:258
lignocellulosic wastes, **37**:272, 274, 281, 284
Vortexing, hydrodynamic shear stress, **37**:210
Vorticella, on reservoir surfaces, **30**:108

W

Waldof fermentors, **33**:213–214
Waste disposal, **42**:97
recombinant DNA use in, **27**:61
Wastes, *see also* Animals, waste
land application of, **30**:160–161
solid substrate fermentation of, **28**:220–224
sulfite liquor, butanediol production from, **32**:124–126
treatment
by anoxygenic phototrophic bacteria, **41**:204–215, 257
advantages, **41**:214
organisms used, **41**:206–208
practical utilization, **41**:214–215
by aqueous two-phase extraction, **41**:159, 161
biotechnological processes and, **36**:76, 78
by hydrogen photoproduction, **41**:257
Wastewater
adsorption, **30**:159–160
advanced treatment, **30**:157–160
biological treatment, **30**:155–157

coagulation, **30**:157–159
filtration, **30**:159–160
microbial quality, **30**:73
utilization, anoxygenic phototrophic bacteria and, **38**:267–268
Water, *see also* Wastewater
absorbents of viruses in, **30**:149
baths and tanks, bacteria in, **23**:163
biotechnological processes and, **36**:70, 73, 79
chlorination, **30**:73, 91, 110–111
for reducing algal blooms, **30**:107
systems model, **30**:110–113
for virus inactivation, **30**:81–82
chlorine residual, and bacterial levels, **30**:110–113
coagulation, **30**:79–81
content
bacterial gene transfer in soil and, **35**:69, 106, 112, 114
solid-state fermentation and, **38**:108
xenobiotics and, **35**:196, 246
effects, **35**:222
environment, **35**:216
interactions, **35**:214
soil as microbial habitat, **35**:201, 202
disinfectants, *see* Disinfectants
disinfection, **30**:79–80
disadvantages of ultraviolet light for, **33**:94
research needs, **30**:113–114
two-stage, **33**:97
distribution systems, **30**:78–79
dynamics, **30**:109–113
ecological processes, **30**:109–110
microbial aftergrowth, **30**:88–108
drinking
adsorption, **30**:159–160
advanced treatment, **30**:157–160
coagulation, **30**:157–159
disinfection in relation to coliforms, **30**:99
filtration, **30**:159–160
other organisms in, **30**:108
trihalomethane precursors in, **30**:103, 106
filtration, **30**:79–80
flash chlorination, **30**:81
flocculation, **30**:79–81

Water (*continued*)
  flow rates, and bacterial levels,
    30:110–111
  foodborne yeasts and, **36:**185–186,
    220–221
  hardness, nickel toxicity and,
    29:232–233
  herbicides and pesticides and, **36:**2, 4–7
    anaerobic aromatic metabolism, **36:**33
    dicamba degradation, **36:**44, 48
    growth kinetics, **36:**60
    kinetics of biodegradation, **36:**12
  microbial quality, **30:**73
    historical perspective, **30:**75–76
  microbiology, future research,
    30:113–117
  molecules, microbial cytochromes P450
    and, **36:**141, 164
  phi, effect on viral conformation,
    33:81–82
  pipe surfaces, microbial detachment
    from, **30:**110
  potable
    biological sedimentation, **30:**82
    coagulation and filtration, **30:**83
    disinfection, **30:**84–86
    indicator bacteria reduction by
      chemical coagulation and
      filtration, **30:**83–84
    microbiology, **30:**73–132
    microstraining, **30:**82
    pretreatment, **30:**82
    rapid sand filtration, **30:**83
    roughing filtration, **30:**82
    slow sand filtration, **30:**83
    trihalomethane precursors in, **30:**87
  potential, solid-state fermentation and,
    38:112–113
  pretreatment, **30:**79–80
  quality
    measures, **30:**114
    in natural streams, biofilms and,
      29:131
    recombinant *E. coli* K-12 and, **36:**88–89,
      100–104, 121–122
    retention value, basidiomacromycetes,
      37:322
    sedimentation, **30:**79–81
    slow-growing pigmented bacteria in,
      23:155–171
  source, **30:**76–79
  microbial quality, indicator
    organisms, **30:**77–78
  quality, **30:**77
  storage, **30:**79–80
  systems management, bacteria counts as
    evaluative tools, **30:**99–100
  tap, virus concentration from, **30:**162
  total organic carbon in, and bacterial
    numbers, **30:**92
  treated, **30:**79–88
  treatment
    disinfectants for, **33:**75, 76–77
    and distribution, research needs,
      30:115–117
    schemes, **30:**79–81
    systems, sanitary requirements, **30:**77
    turbidity, effect on disinfection, **33:**84
    virus concentration from, microporous
      filters for, **30:**145
Water activity
  2,3-butanediol-producing bacteria and,
    32:121, 123
  butanediol production, **39:**135
  solid-state fermentation and,
    38:112–114, 142
Waterborne coliform bacteria
  chlorination and enumeration of,
    29:177–181
  physiological chlorine injury in,
    29:181–187
Waterborne disease, **30:**73–74, 88, 133, 160
  in developing countries, **30:**74
  and indicator organisms, **30:**115–116
  in United States, **30:**74, 77
Water-holding capacity
  bacterial gene transfer in soil and,
    35:69, 84, 112, 114
  xenobiotics and, **35:**198, 216
Water hyacinth
  bioconversion to methane, **32:**48
    computer program for, **32:**44–47
    input baseline variables, **32:**39–40
    process parameters, **32:**49, 50
  digestion profitability
    electricity generation and, **32:**84
    fertilizer production and, **32:**84
    pond size and, **32:**68–69, 70
    technical and cost parameters, **32:**66,
      68

production in water effluents, **32**:52–53
Water lice, in drinking water distribution systems, **30**:108
Water tension, genetically engineered microorganisms and, **38**:9, 11–12
Water vapor, solid-state fermentation and, **38**:107
Wax production, alkane-utilizing microorganisms, **39**:66–67
Weeds
  biotechnological processes and, **36**:79
  herbicides and pesticides and, **36**:4, 44, 46, 62
WHC, *see* Water-holding capacity
Wheat
  2,3-butanediol commercial production
    B. polymyxa inoculation, **32**:144
    estimated cost, **32**:151
    fermentation, **32**:146
    flowsheet of operations, **32**:147
    mass flow rates, **32**:150
    plant design, **32**:148–151
    recovery, **32**:148
  solid-state fermentation and, **38**:101
Wheat bran
  α-amylase production and, **35**:9, 12
    bacterial cultures, **35**:20
    clarification, **35**:39, 40
    inoculum, **35**:32
    present status, **35**:22–29
    recovery of enzyme, **35**:39
    research needs, **35**:44, 45
  gibberellins and, **34**:103–107, 109
  substances from fungi and, **34**:232, 244
Wheatcraft plasmid isolation method, from *Pseudomonas*, **40**:302–304
Wheat straw, basidiomacromycetes
  applications of spent substrate, **37**:317–318, 320–321, 325
  growth substrate changes, **37**:290–297, 313, 315
  lignocellulosic wastes, **37**:284
Whirling paddle foam breaker, **33**:201
Whisky, protein analysis and, **36**:297, 300, 308, 313
White-rot reactions, basidiomacromycetes
  applications of spent substrate, **37**:317–320, 322–323, 327
  growth substrate changes, **37**:310–312, 315–316

mycelium, **37**:330, 332–333
Wickerhamiella domercqii, foodborne yeasts and, **36**:204, 240, 244, 250
Wild-type YS, ultrastructural comparison with AD2, **33**:32–37
Wine
  fermentation, yeast lipids in, **39**:187–189
  foodborne yeasts and, **36**:184
  identification, **36**:247–255, 257–258
  methods for isolation, **36**:230–233
  specific habitats, **36**:195–206, 209–211
Wood
  chemical composition, **39**:298–300
  extractive and nonextractive components, **39**:299–300
Wood hydrolysates, butanediol production from, **32**:128–132, *see also* Hemicellulose
World Intellectual Property Organization, patent law and, **35**:269–271, 275, 276
Wort production, lipids in, **39**:188

X

Xanthan gum
  production, **23**:23–25
  properties, **23**:21–22
  strain variability, **23**:22–23
Xanthobacter, microbial cytochromes P450 and, **36**:148, 150
Xanthomonas
  various gums from, **23**:25, 26
  in water supply systems, **30**:93
Xanthomonas campestris
  biotechnological processes and, **36**:79
  polysaccharides from, **23**:20, 21, 22
  variability, **23**:22
Xanthomonas hyacinthi, polysaccharide from, **23**:26
Xanthomonas maculofoliigard eniae, polysaccharide from, **23**:26
Xanthomonas manihotis gum, production and properties, **23**:25
Xanthomonas phaseoli gum, production and properties, **23**:25–26
Xanthomonas stewartii, polysaccharide from, **23**:26

Xanthoria parietina, haloperoxidases, 37:52
Xenobiotics
  bacterial gene transfer in soil and, 35:108
  biotechnological processes and, 36:78
  compounds, biotransformation rate in aquifer, 33:141
  detoxification of, 41:55–95
  effects on soil microorganisms, 35:195–198, 209, 210, 245, 249
    activity, 35:203–209
    assessment, 35:234, 235
      efficacy, 35:242–245
      laboratory tests, 35:235–238
      methods, 35:238–242
    classification, 35:210–213
    effects, 35:219, 220
    mode of aciton, 35:233, 234
    processes, 35:220–233
    environment, 35:216–219
    interactions, 35:213–216
    soil as microbial habitat, 35:198
      gaseous phase, 35:202, 203
      solid phase, 35:198–201
      water phase, 35:201, 202
  genetically engineered microorganisms and, 38:74
  herbicides and pesticides and, 36:1, 13, 32
    degradation, 36:36–37
    growth kinetics, 36:62–63
  metabolism, microbial cytochromes P450 and, *see* Cytochrome P450
Xerotolerant yeast
  ecology, 36:185–186, 189
  methods for isolation, 36:233, 247–248, 250, 253–254, 257
  specific habitats, 36:215–216, 218
X-ray crystallography
  antibody technologies and, 38:156, 179
  microbial cytochromes P450 and, 36:141–142, 156
X-rays
  α–amylase production and, 35:22
  bacterial gene transfer in soil, and, 35:154
  lentinan therapy and, 39:167
  use in lipid modification, 39:199
Xylan, residue distribution, 39:93
Xylene
  biodegradation in subsurface, 33:150
  herbicides and pesticides and, 36:36–37
  microbial degradation of, 41:63
Xylene sulfonic acid, lignocellulose treatment with, 39:311
Xylitol
  production, xylose fermentation, 39:130
  yeast production, 39:97
Xylitol dehydrogenase, yeast, 39:105–106
D-Xylonate, monosaccharides and, 34:169
Xylose
  2,3-butanediol bacterial production, 32:104–106
    aeration of media and, 32:120–122
    nutrient supplements and, 32:112–114
    substrate concentration and, 32:109–111
  conversion to pyruvate, 32:95, 97
  fermentation
    acetone and butanol from, 39:119–121
    aeration effects, 39:129–131
    butanediol from, 39:109, 121
    ethanol
      from, 39:112–119
      tolerance, 39:137–138
    fumaric acid from, 39:126
    itaconic acid from, 39:127
    lignocellulosic hydrolysate, 39:118–119
    organic acids from, 39:123–127
    strain improvement, 39:139–141
    xylose isomerase, 39:116–118
    yeast, 39:96–98
  metabolism
    anaerobic scheme, 39:109
    bacteria, 39:107–112
    early enzymes in yeast, 39:102
    transport, 39:101–102
    yeast, 39:102–107
Xylose dehydrogenase, bacteria, 39:108
Xylose isomerase
  bacteria, 39:107–108
  genetic transformation, 39:140
  xylose fermentation with, 39:116–118
  yeast, 39:104
Xylose reductase
  bacteria, 39:108
  yeast, 39:104–105
Xylulokinase
  bacteria, 39:108
  yeast, 39:106

D-Xylulose, monosaccharides and, **34:**158, 159, 161
Xylulose, yeast fermentation, **39:**96–98

Y

Yarrowia lipolytica, foodborne yeasts and
 identification, **36:**239, 244, 247
 specific habitats, **36:**204, 208, 219–221, 223, 228
Yeast, see also Fungi; Saccharomyces cerevisiae; specific species
 acetone-butanol production, **39:**119–121
 alkane oxidation site, **39:**47–48
 α–amylase production and, **35:**5, 13, 34
 anoxygenic phototrophic bacteria and, **38:**230
 antibody technologies and, **38:**170–171
 ascomycetous, **36:**207, 245
 benzo[a]pyrene hydroxylase, **30:**53
 biotechnological processes and, **36:**68, 77
 biotechnology and
  crop improvement, **34:**285
  energy, **34:**277
  human protein, **34:**290–292
  industrial organism, **34:**266, 269
  inherited diseases, **34:**297
  technology, **34:**269–271
  vaccines, **34:**292
 C. boidinii, formate dehydrogenase isolation and purification using ATPE, **41:**155
 cadmium effects on, **23:**83–92
 chlorinated alkane assimilation, **39:**55–56
 chlorine resistance, **30:**105
 cold-osmotic shock, **23:**211–212
 cytochrome P450 systems in, **25:**178–179, 183–184
 DNA host-vector systems from, **27:**43–44
 in drinking water, **30:**86, 104
  importance, **30:**105
 on drinking water distribution system wall/pipe surfaces, **30:**104–105
 as enriching agents, **39:**206
 enzymes, applications, **39:**192, 197
 ethanol
  production, **39:**112–113, 118–119
  tolerance, **39:**137
 fatty acid composition, alkanes as substrates, **39:**48–53
 foodborne, see Foodborne yeasts
 freezing, **23:**212–213
 gibberellins and, **34:**49, 51, 102
 glycol metabolism by, **23:**188
 hydrocarbon-utilizing, **39:**31–35
 hydrodynamic shear stress, **37:**167, 169, 195
 induction, **25:**186–187
 injury and recovery of, **23:**203–217
  in growth and cell properties, **23:**206–208
  subcellular, **23:**208–211
 levan and, **35:**178, 186, 187
 lipase
  detection, **39:**204
  use in lipid modification, **39:**192
 lipids
  beverage and food importance, **39:**187–189
  biotechnology, **39:**204–207
   commercial significance, **39:**204–207
  cocoa butter substitute for, **39:**198
  composition, factors affecting, **39:**193
  content, alkane utilization and, **39:**39–41
  dairy and baked products, **39:**189–190
  linoleic and linolenic content, **39:**192
  as lipid source, **39:**186–187
  medical importance, **39:**190–192
  metabolism, lipid modification, **39:**187
  modification
   biological, significance, **39:**204–207
   fermentative synthesis and, **39:**193–199
   genetic engineering aspects, **39:**199–201
   interesterification, **39:**201–204
   yeast metabolism and, **39:**187
  oriental foods and pickles, **39:**190–191
  stress effects, **39:**200
  vegetable oils and, **39:**185–186
 low-temperature injury to, **23:**211–213
 membrane damage to, **23:**213–214
 microbial cytochromes P450 and, **36:**162
 oil and fat modification by, **39:**198

Yeast (*continued*)
  overt toxicity of nickel toward growth of, **29**:203
  ozone resistance, **30**:105
  PAH metabolism, **30**:64
  patent law and, **35**:260, 262, 266
  pentose fermentation, **39**:96–98
  pentose metabolism, **39**:102–107
  phospholipid composition, **39**:68, 196
  production for food, prevention of foaming, **33**:213–214
  protein analysis and, **36**:324
  single cell protein, **39**:206–207
  solid-state fermentation and, **38**:100
  sterols, alkane utilization and, **39**:61–63
  thermal injury to, **23**:204–206
  triacylglycerol accumulation, **39**:60, 193
  xenobiotics and, **35**:205
  xylose fermentation
    aeration effects, **39**:129–131
    with xylose isomerase, **39**:116–118
  xylose transport, **39**:101–102
Yeast extract medium
  genetically engineered microorganisms and, **38**:30–32
  supplement, 2,3-butanediol bacterial production and, **32**:112–114
Yellow affinity substance, **33**:31–32
Yersinia
  enterocolitica, in drinking water, public health importance, **30**:98–99
  survival, in water, **30**:78
Yersinia ruckeri, multilocus enzyme electrophoresis of, **33**:55
York–Sheibel column, **41**:142, 144
  hydrodynamics, **41**:110–111
  mass transfer in, **41**:119–120

Z

Zea mays, genetically engineered microorganism effects, **40**:263
Zearalanol, structure of, **22**:61
Zearalenone
  acute toxicity of, **22**:78
  assay of, **22**:62–63
  chronic toxicity studies, **22**:79–81
  endocrine activities and, **22**:75–77
  fermentation process and
    for cultures, **22**:63–64
    for submerged culture, **22**:68–73
    for surface culture, **22**:64–67
  general drug action of, **22**:74–75
  historical, **22**:59–60
  mechanism of biosynthesis of, **22**:73
  metabolism of in animals, **22**:77–78
  occurrence of in molded grain, **22**:60
  pharmacology of, **22**:74
  recovery of from solutions, **22**:63
  safety of, **22**:78
  structure of, **22**:61
    chemical name, **22**:62
Zebra mussels, **42**:233–236
Zeiss Zonax microscope, **30**:200–201, 215–216
  calibration, **30**:216–217
Zidovudine, lentinan therapy, **39**:169
Zinc
  basidiomacromycetes, **37**:331
  effect on secondary metabolism, **28**:38–39
  microbial corrosion, SRB role, **32**:25–26
  viral inactivation mechanisms, **33**:90–91
  xenobiotics and
    effects, **35**:221–223, 226, 232
    environment, **35**:216, 217
    interactions, **35**:213
Zulauf process, for *Saccharomyces cerevisiae* production, **41**:38
Zygoascus hellenicus, foodborne yeasts and, **36**:204, 241, 244, 252
Zygosaccharomyces, foodborne yeasts and, **36**:182
  cereal, **36**:218
  ecology, **36**:185–186, 189, 191, 193–194
  fermented foods, **36**:224, 226
  identification, **36**:240–241, 244, 251–254
  specific habitats, **36**:204–206, 208–211, 214–216
Zymosan, substances from fungi and, **34**:242
Zyugorhynchus moelleri, PAH metabolism, **30**:36

CONTRIBUTOR INDEX

Boldface numerals indicate volume number.

A

Abiose, Sumbo H., **28**:239
Adams, Daniel M., **23**:245
Aidoo, K. E., **28**:201
Allan, M. C., **28**:239
Atlas, R. M., **22**:226

B

Babich, H., **23**:55; **29**:195; **31**:93
Bajpai, Rakesh K., **37**:166
Baldwin, R. S., **22**:59
Bano, Zakia, **37**:234
Bartha, R., **22**:226
Bayer, Edward A., **33**:2
Bennett, J. W., **29**:53; **34**:1
Bentley, Ronald, **34**:1
Beuchat, L. R., **23**:219
Birmingham, J. M., **37**:101; **39**:153
Birmingham, Jeannette M., **35**:256
Bogosian, Gregg, **36**:87
Brannan, Daniel K., **31**:233
Brodelius, P., **28**:1
Broder, M. W., **38**:2
Bulla, Jr., Lee A., **23**:1
Busta, F. F., **23**:195

C

Cadmus, M. C., **23**:19
Caldwell, Douglas E., **31**:233
Camper, Anne K., **29**:177
Cerniglia, Carl E., **30**:31
Characklis, W. G., **29**:93
Chibata, Ichiro, **22**:1
Chipley, John R., **26**:129
Christensen, Siegfried B., **29**:53
Chu, F. S., **22**:83
Constabel, F., **25**:209
Cooksey, K. E., **29**:93
Cooney, Charles L., **24**:55
Cooper, D. G., **26**:229
Cork, Douglas J., **36**:1; **40**:289
Costilow, Ralph N., **23**:1
Cox, Donald P., **23**:173
Cundell, A. M., **27**:169

D

Dalton, Howard, **26**:71
De Laporte, Andre, **32**:163
Deak, T., **36**:179
Derycke, Dirk G., **29**:139
Devanas, Monica A., **35**:58
Dhanaraj, P. S., **41**:55
Donovick, Richard, **34**:183
Doyle, J. D., **38**:2
Doyle, Jack D., **40**:237

E

Erickson, R. J., **24**:257
Eveleigh, Douglas E., **25**:58

F

Field, Richard, **37**:21
Fleischaker, Robert J., **27**:137
Franssen, M. C. R., **37**:41

G

Gennaro, Robert N., **32**:37
Gerba, C. P., **33**:75
Gerba, Charles P., **30**:133
Ghildyal, N. P., **33**:173
Ghiorse, William C., **33**:107
Ghosh, Purnendu, **39**:295
Godfrey, John C., **27**:125
Godtfredsen, W. O., **25**:95
Gomez, R. F., **23**:263

Gowthaman, M. K., **41**:98
Graumlich, T. R., **23**:203
Greasham, R. L., **22**:59
Grein, A., **32**:203
Gunnison, Douglas, **31**:207
Gurtu, A. K., **39**:1

H

Hallaert, Johan, **39**:213
Han, Youn J., **35**:171
Han, Youn W., **23**:119
Hanson, R. S., **26**:3
Harrison, David E. F., **24**:129
Hayashi, Kiyoshi, **40**:1
Heckly, Robert J., **24**:1
Hendricks, Charles W., **40**:237
Hendry, R., **28**:201
Herman, Lloyd G., **23**:155
Herrmann, John E., **31**:271
Hicks, R. J., **35**:197
Hidy, P. H., **22**:59
Higson, Frank K., **37**:1, 135
Hongo, Motoyoshi, **25**:241
Hou, Ching T., **41**:1
Hou, Ching-Tsang, **26**:1, 41
Hurst, A., **27**:85
Ingle, M. B., **24**:257

I

Iverson, Warren P., **32**:1
Izumi, Yoshikazu, **22**:145

J

Jacob, Z., **39**:185
Jones, R. A., **38**:2
Jong, S. C., **37**:101; **39**:153
Jong, Shung-Chang, **34**:183
Jong, Shung-Chang, **35**:256
Justice, Carol A., **31**:294

K

Kane, James F., **36**:87
Kaplan, D. S., **30**:197

Karanth, N. G., **33**:173; **36**:67; **38**:99; **41**:98
Kato, Nobuo, **24**:165
Keith, C. L., **22**:59
Kempler, G. M., **29**:29
Kennedy, M. J., **36**:67
Khalil, Amjad, **40**:289
Klaenhammer, Todd R., **30**:1
Klibanov, Alexander M., **29**:1
Kosaric, N., **26**:148
Kosaric, Naim, **32**:89
Kovacs, K. L., **38**:211
Kristiansen, B., **31**:61
Krueger, James P., **36**:1
Kulhanek, Milos, **34**:141
Kumar, P. Ananda, **42**:1
Kumar, P. K. R., **34**:30
Kurz, W. G. W., **25**:209

L

Lal, Rup, **28**:149; **41**:55
Lal, Sukanya, **41**:55
Lamed, Raphael, **33**:2
Laskin, Allen I., **26**:41
Lillehoj, Eric P., **36**:280; **38**:150
Ling, Torbjorn G. I., **28**:117
Litchfield, John H., **22**:267; **42**:45
Lonsane, B. K., **34**:30; **35**:1
Lonsane, N. G., **33**:173

M

Machtelinckx, Lieve, **32**:163
Magee, Robert J., **32**:89
Malik, V. S., **34**:263; **42**:1
Malik, Vedpal S., **25**:75; **36**:280; **38**:150
Malik, Vedpal Singh, **27**:2; **28**:28
Martin, Christoph K. A., **22**:29
Martin, S. E., **23**:263
Mattiasson, Bo, **28**:117
McClung, Gwendolyn, **40**:237
McClung, L. S., **27**:185
McFeters, Gordon A., **29**:177
McMullen, J. R., **22**:59
McNeil, B., **31**:61
Mishra, Prashant, **39**:91
Modelevsky, Joseph L., **30**:169
Montenecourt, Bland S., **25**:58
Montville, Thomas J., **24**:55

Mosbach, K., **28**:1
Murthy, M. V. Ramana, **38**:99

N

Nagy, Laslo A., **30**:73
Nealson, Kenneth H., **33**:279
Ng, D. C. M., **26**:148

O

O'Shea, Marie L., **37**:21
O'Sullivan, Joseph, **31**:181
O'Toole, D. K., **40**:45
Ogata, Koichi, **22**:145
Ogata, Seiya, **25**:241
Okafor, Nduka, **24**:237
Olson, Betty H., **30**:73; **31**:294

P

Parker, William L., **31**:181
Patel, Ramesh N., **26**:41
Perry, Jerome J., **26**:89
Picciolo, G. L., **30**:197
Pierson, M. D., **23**:263
Pipes, Wesley O., **24**:85
Prokop, Ales, **37**:166
Prokop, Ales, **40**:95, 155

R

Radwan, Samir S., **39**:29
Raghava Rao, K. S. M. S., **38**:99
Raghavarao, K. S. M. S., **41**:98
Raghuveer Rao, P., **38**:211
Rajarathnam, Somasundaram, **37**:234
Ramaley, Robert F., **25**:37
Ramana, Ch. V., **38**:211; **41**:173, 227
Ramesh, M. V., **35**:1
Ramstorp, Matts, **28**:117
Rasmussen, P. R., **25**:95
Rastogi, N. K., **41**:98
Reuveny, S., **31**:139
Richardson, Tom, **25**:7
Rogers, Palmer, **31**:1
Rosazza, John P., **25**:169

Rossmoore, H. W., **33**:223
Rosson, Reinhardt A., **33**:279
Russell, I., **26**:148

S

Sakai, Takuo, **39**:213
Sakamoto, Tatsuji, **39**:213
Sariaslani, F. Sima, **36**:133
Sasikala, Ch., **41**:173, 227; **42**:97
Sasikala, K., **38**:211
Saxena, D. M., **41**:55
Schipper, M. A. A., **24**:215
Scholla, Michael H., **32**:37
Sharma, M. C., **39**:1
Sharma, R. P., **42**:1
Sharpe, Eugene S., **23**:1
Shashirekha, Mysore Nanjarajurs, **37**:234
Shoji, Jun'ichi, **24**:187
Singer, Samuel, **33**:47; **42**:219
Singh, Ajay, **39**:91, 295; **40**:1
Sinskey, Anthony J., **24**:55
Sinskey, Anthony J., **27**: 137
Slodki, M. E., **23**:19
Smith, Robert V., **25**:169
Sondossi, M., **33**:223
Sorkhoh, Naser A., **39**:29
Stevenson, K. E., **23**:203
Stewart, G. C., **26**:148
Stotzky, G., **23**:55; **29**:195; **31**:93; **35**:58, 197; **38**:2
Stotzky, Guenther, **40**:237
Sykes, Richard B., **31**:181

T

Takahashi, Joji, **26**:117
Tani, Yoshiki, **24**:165
Taylor, Matthew J., **25**:7
Tebo, Bradley M., **33**:279
Thakur, M. S., **36**:67
Thoma, R. W., **31**:139
Thurman, R. B., **33**:75
Tosa, Tetsuya, **22**:1

U

Ullah, A. H. J., **42**:263

V

van der Plas, H. C., **37**:41
Van Loo, Jan, **32**:163
Van Voris, P., **35**:197
Vandamme, Erick J., **29**:139; **32**:163; **39**:213
Vasavada, Amit, **41**:25
Vining, Leo C., **25**:147
Von Arx, J. A., **24**:215
von Daehne, W., **25**:95

W

Ward, N. Robert, **31**:294
Weaver, James C., **27**:137
Westley, J. W., **22**:177
Wilson, John T., **33**:107
Wodzinski, Rudy J., **25**:1; **32**:37; **42**:263
Wolfe, Roy L., **31**:294
Wood, B. J. B., **28**:201, 239

Y

Yamada, Hideaki, **24**:165

Z

Zajic, J. E., **26**:229
Zeph, Lawrence R., **35**:58
Zhenping, Xiong, **33**:319

ISBN 0-12-002646-5